星球健康

Planetary Health

朱永官　主编

科学出版社
北　京

内 容 简 介

本书以“星球健康”为核心理念，系统阐释了人类健康与地球生态系统健康的耦合与互馈。全书11章，从概念溯源出发，逐层探讨了传染病和慢性病负担、人与自然共同演化、生态系统服务退化、资源开采与全球贸易足迹、食物系统与营养安全、多圈层环境污染、气候变化、生物多样性危机及城市化挑战，并展望了可持续发展科学的未来。编者综合最新研究与案例，交叉运用公共卫生、生态学、地球科学、经济学与政策分析，揭示环境压力、社会经济驱动力与健康风险的复杂网络，提出以系统思维、跨学科合作和协同治理推动人类与地球共生共荣的行动路径，为应对全球环境危机提供科学基础与实践指南。书中配以丰富的图表与思考题，既可作理论读本，亦便于教学与研讨。

本书适合环境科学、公共卫生、生态与可持续发展等领域的高校师生、科研人员、政策制定者及关心地球未来的公众阅读参考，亦可作为高年级本科生及研究生跨学科课程的参考书。

图书在版编目（CIP）数据

星球健康 / 朱永官主编. -- 北京 : 科学出版社, 2025. 6. -- ISBN 978-7-03-082543-8

Ⅰ. X21

中国国家版本馆CIP数据核字第2025799RF8号

责任编辑：王海光　王　好 / 责任校对：郑金红

责任印制：赵　博 / 封面设计：赫　健

科学出版社 出版

北京东黄城根北街16号

邮政编码: 100717

http://www.sciencep.com

北京市金木堂数码科技有限公司印刷

科学出版社发行　各地新华书店经销

*

2025年6月第　一　版　开本：720×1000　1/16

2025年9月第二次印刷　印张：21 1/4

字数：428 000

定价：198.00元

（如有印装质量问题，我社负责调换）

编者名单

主　　编　朱永官

副 主 编　张宏亮　刘　珏

主要编写者（按姓氏笔画排序）

王梓萌　李　刚　李　伟　李彬彬　杨　易
吝　涛　汪俊峰　张晓玲　陈伟强　周伟奇
郑　华　徐耀阳　黄存瑞

其他编写者（按姓氏笔画排序）

马凤姝　王姝欢　王瑞奇　文　志　刘泽桦
孙思雨　张　宁　张崇崇　陈嘉玥　林翰哲
周　淼　郑毅诚　秦宸媛　耿红凯　龚　一
韩立建　蔡嘉瑜　戴　源　戴宗仁

交叉评阅人（按姓氏笔画排序）

王　帅　王海鲲　史建波　白志鹏　刘　刚
刘　阳　刘　珏　刘蓓蓓　杨　军　宫　鹏
唐志尧　黄存瑞　彭　建

序　言

在我 40 多年的公共卫生工作经历中，最令我感触深刻的一点，是人类健康与地球生态的命运从未像今天这样紧密相连。作为曾在香港卫生署带领团队应对禽流感和 SARS 的公共卫生工作者，我深知微生物跨越物种与国界的速度，远超传统卫生体系的反应能力；而在世界卫生组织（WHO）担任总干事的 11 年里，我亲历了现代医学战胜单个病原体的辉煌，也目睹了生态系统崩溃带来的连锁健康危机——“健康的地球与健康的人类是同一枚硬币的两面”。当澳大利亚山火的烟尘飘至南美海岸，当西非的埃博拉病毒与文明只隔了一个航班的距离，我们不得不承认：唯有将“以人为本”的公共卫生与“以地球为本”的生态守护融为一体，才能真正守护人类长期福祉。当今，健康问题的尺度已经从诊室病床扩展到了整个星球。

《星球健康》这本书的出版恰逢其时。它不仅记录了一场认知革命，更为人类在“人类世”的生存提供了路线图。作者以跨学科视角，将公共卫生、生态学、经济学与政策研究有机融合，系统呈现了传染病、慢性病、气候危机、环境污染与社会不平等多重议题的内在耦合机理。全书 11 章脉络清晰，从概念溯源到方法框架，再到具体案例与行动路径，可谓一部联结科学与治理的“路线图”。书中对“协同治理”“系统思维”与“共建共享”的强调，呼应了我在 WHO 提出的“预防先行”理念：没有任何国家能够仅靠治疗摆脱疾病负担，唯有预防才是最经济有效的途径。读毕全稿，我深切体会到作者对于科学严谨度的坚持，以及对人类共同未来的诚挚关怀。

我尤为赞赏该书对“多圈层环境污染–健康风险–社会经济驱动力”复杂网络的量化剖析。过去，公共卫生研究常聚焦单一暴露源；而今，我们必须用系统科学的方法，捕捉跨尺度、跨部门的耦合效应。清华大学万科公共卫生与健康学院正因看到了这一趋势，于 2020 年在新冠疫情大流行的全球震荡中成立，肩负“汇聚全球健康智慧，培养卓越公共卫生领导者”的使命。作为清华大学万科公共卫生与健康学院的创始院长，我始终强调“厚植中国土壤、放眼全球治理、心系人类福祉”的教育理念，而该书的学术格局与人文情怀与此高度契合。

现如今，健康治理必须升级为行星尺度的系统工程。然而，在全球化深度发展的当下，没有任何一个国家能独自解决跨边界的健康挑战；同样，没有任何群体应被留在身后。我们当下处于“后疫情时代”的十字路口，需要的不只是科学证据，更是面向行动的集体愿景。该书通过丰富的数据和案例，倡导可持续发展理念和机制以及人与自然和谐共生的健康星球路径，向读者展示了如何把宏大理念转化为具体干预：从绿色能源到可持续粮食系统，从城市韧性设计到生物多样性保护，为政策制定者与基层实践者提供了可操作的工具箱。

从个体健康到星球健康的范式革命要求我们超越传统公共卫生框架，我深知未来道路仍布满未知，科技进步与不确定性并生，大数据与隐私保护并行，人工智能既可能加速精准防控，也可能放大全球健康鸿沟。正因如此，我对《星球健康》这本书寄予厚望—— 愿它不仅成为学界的权威参考，更成为决策者、产业界与普通公民的共同读本。我们每个人的选择，都在悄然塑造地球的健康轨迹，而《星球健康》像一面镜子，既照出人类文明的痼疾，也映现出希望的微光，引导我们在复杂世界中作出有利于人类与地球双赢的决定。

在此，我诚挚推荐《星球健康》予各位读者。愿我们携手同行，以科学为基，以人文为魂，共同守护“健康的人类，健康的星球”。

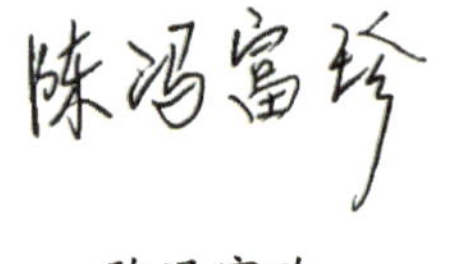

陈冯富珍

世界卫生组织荣誉总干事（2007~2017）

清华大学万科公共卫生与健康学院创始院长

2025 年 5 月

前　言

在当今全球化和技术高速发展的时代，环境问题与健康危机日益交织，展现出前所未有的复杂性和紧迫性。我们不仅需要关心个人和社区的健康，更应关注全球生态系统的整体健康。星球健康（planetary health）作为一个新兴的跨学科概念，正是为了应对这一时代性挑战而提出的。它提醒我们，人类的健康与地球的生态平衡密不可分，只有在可持续发展的框架内，人类才能实现长期的健康与福祉。

本书编写团队汇集了来自多个领域的专家学者，书中深入探讨了“星球健康”这一核心议题，并从多个角度提供了深刻的见解和理论支撑，具体涵盖了人类活动对地球生态系统的影响、健康问题的全球负担、环境变化对健康的潜在威胁，以及如何通过可持续发展策略缓解这些挑战。

本书共分为 11 章，结构清晰，内容丰富。第 1 章概述了星球健康的概念，讨论了它与公共卫生、全球健康等相关领域的异同，并深入分析了人类社会发展对地球生态系统的深远影响及二者之间的关联。第 2 章着眼于人类健康，探讨了重要疾病和伤害的全球负担，尤其是环境因素如何在其中发挥作用。

随着社会的演变，人与自然环境的互动关系也在持续变化。第 3 章系统梳理了农业时代、工业化时代和信息时代的进程，并分析了这些阶段对全球环境问题的贡献。紧接着，第 4 章深入研究了生态系统的健康状态，着重强调了生态功能与人类健康之间的紧密联系。

物质资源的合理利用是当今社会面临的一个重要挑战。第 5 章探讨了社会经济系统中资源的开采与贸易对星球健康的影响，而第 6 章则专注于食物系统，深入剖析了食物生产和消费对环境的压力，并强调了可持续食物系统的重要性。

第 7 章详细阐述了环境污染对星球健康的影响，讨论了空气、水、土壤污染及其对人类健康的威胁。第 8 章广泛探讨了气候变化问题，特别是气候变化对地球环境及人类健康的直接和间接影响。第 9 章聚焦生物多样性，从农业生产到医疗健康等多个领域，阐述了生物多样性对星球和人类健康的重要性。

最后，第 10 章和第 11 章分别讨论了城市化进程对星球健康的影响以及可持续发展科学的未来前景。特别是，第 11 章强调了人类系统与自然系统之间的复杂相互作用，并提出了面向未来的健康星球行动路径。

全书展现了星球健康领域的最新研究成果，并为全球的政策制定者、学者以及相关从业者提供参考，旨在引导人类社会朝着人与自然和谐共生的方向迈进。我们希望本书能为正在应对全球健康和环境挑战的各界人士提供有益的思路和启发，助力构建一个更加可持续的未来。

在此，衷心感谢所有参与本书编写的专家、学者及相关工作人员，是各位的辛勤付出与智慧结晶，使得这本书得以顺利完成。同时，感谢每一位读者的关注与支持，愿本书能够给您带来启发，共同为守护我们的蔚蓝星球贡献一份力量。

朱永官

2024 年 10 月

目 录

第 1 章

星球健康概论

朱永官

本章要点

- 星球健康的概念及其重要性
- 星球健康与其他健康相关概念的异同及其交互作用
- 人类社会发展对地球生态系统的影响
- 人类健康与地球生态系统健康的耦合与互馈关系

逻辑框图

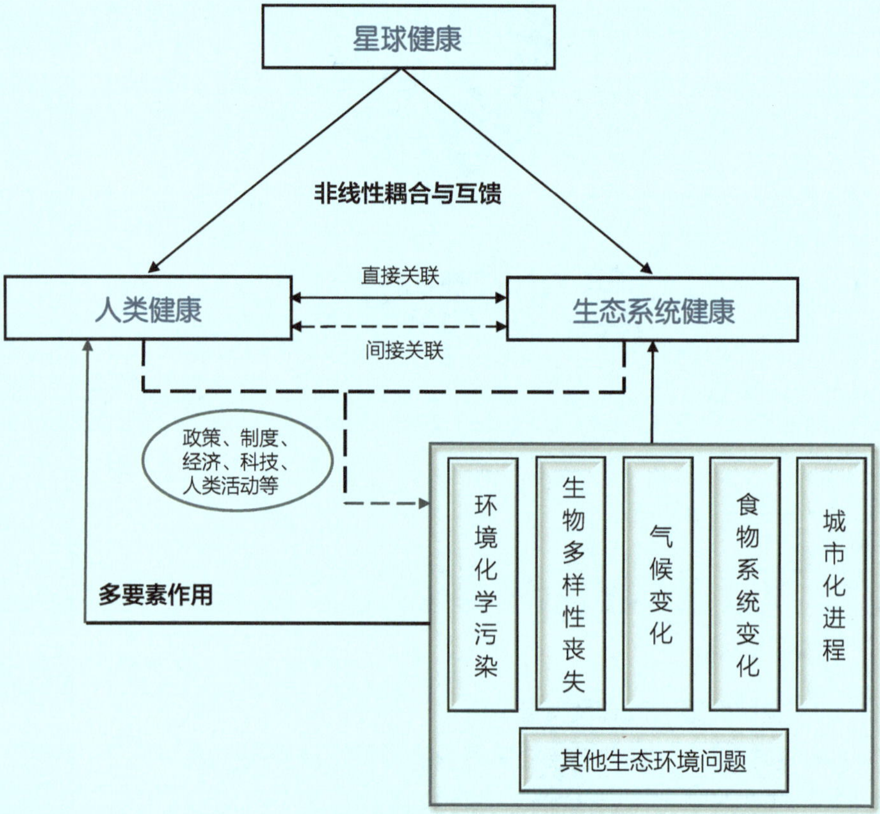
星球健康
非线性耦合与互馈
直接关联
人类健康
生态系统健康
间接关联
政策、制度、经济、科技、人类活动等
多要素作用
环境化学污染
生物多样性丧失
气候变化
食物系统变化
城市化进程
其他生态环境问题

地球的年龄大约是 46 亿年。在这漫长的岁月里，生命与地球环境共同演化，而人类的存在只是地球演化长河中的短暂瞬间。目前，化石证据和研究表明，人类演化历史只有六七百万年。最早人科（分类学）成员，也就是能够常规性直立行走的人，出现在距今 600 万~700 万年前。晚期智人则出现于距今约 5 万年前。从距今 4 万~5 万年开始，晚期智人开启了全球范围的迁徙和扩散，逐渐占据了当今世界上的大部分地区，也开启了人类与地球环境的相互影响。

人类在狩猎时代对环境影响是有限的，甚至和其他物种一样作为地球生态系统的一个物种，共同推动了地球生命和环境的协同演化。人类从丛林中走出来，通过耕作土壤和驯化动植物开启了原始农业文明，并持续改变着人类与地球生态系统演化的相互关系。原始农业文明的出现也是人类真正改变地球环境的开始。

人类对环境的改变首先源自对食物的获取。食物提供能量和营养，是生命之必需。人类对土地的耕作意味着原始生态系统的开垦，自然栖息地的破坏，自然生态系统原本的平衡状态被打破，也势必带来生物多样性的丧失。

随着人类从自然界获取衣食住行所需物质和能量的能力持续提升，人类文明不断向前演进。自然环境始终是人类文明进步和繁荣的基础，然而，由于人口剧增、工业化和城市化的快速推进，人类的发展已经对自然环境造成了不可忽视的破坏，引发了当今世界人类面临的三大环境危机：气候变化、生物多样性丧失和化学污染。这些环境危机通过不同途径影响人类健康。例如，跑步是一种常见的身体锻炼方式，但是如果在雾霾天晨跑，空气污染对健康的危害可能会抵消运动所带来的健康益处。同样，气候变化带来的热浪、洪水或干旱等也会对公众健康带来直接的危害。

因此，保障人类健康不仅要考虑人类自身，同时还要维持环境和生态系统的健康。没有健康的环境、健康的生态系统和健康的地球，就无法实现真正的个体健康。2009 年，Rockström 等首次提出“行星边界（planetary boundaries）理论，定义了地球系统的 9 个关键环境边界，一旦突破这些边界，生态系统的稳定性将面临严重威胁。随后，这一理论扩展为“安全运行空间”概念，强调人类活动应控制在这些边界内，以确保自身和其他生物的长期健康与福祉。正是在这样的科学背景下，“星球健康”（planetary health）概念逐渐形成。2015 年，洛克菲勒基金会（The Rockefeller Foundation）支持的《柳叶刀》（*The Lancet*）专题报告中，科学家们首次正式提出星球健康的概念。星球健康强调要保障地球上人类在内的所有物种的安全和健康，其核心在于人类必须与自然生态环境和谐共处（Whitmee et al.，2015）。简言之，星球健康就是要同时保障人类和自然系统的健康。星球健康体现了人类命运共同体的理念，也与习近平生态文明思想一脉相承。自提出以来，这一概念已迅速发展为指导人类与自然和谐共处的系统性框架。

1.1 星球健康与其他健康相关概念之间的异同

健康是一个与医学直接相关的概念。一般来讲，健康是指没有疾病。世界卫生组织（World Health Organization，WHO）在《世界卫生组织组织法》里明确指出："健康不仅为疾病或羸弱之消除，而系体格、精神与社会之完全健康状态。"所以，健康实际是指个体的完整性。

健康不仅是每个人个体的健康，还需要在人群水平上管理和实现健康（即人群的健康）。因为我们每个个体并非孤立存在，而是通过家庭、社区和人口迁徙等相互关联。依据空间尺度和管理水平的差异，人类健康可分为公共健康（常表述为公共卫生）和全球健康。健康相关概念还可以从视角上进行划分：公共卫生重点关注疾病预防和人群健康管理；环境健康（environmental health）侧重于环境污染对健康的影响；生态健康（ecological health）关注生态系统与人类健康的相互作用；而同一健康（one health）则探讨人类与动物健康的密切联系。虽然这些概念在空间尺度上有交叉，但主要区别在于视角和关注焦点的不同。接下来将对这些概念逐一进行介绍。

1.1.1 公共卫生

公共卫生，又称公共健康，是指人群水平上的健康。1920 年，耶鲁大学的 Winslow 教授提出其核心要义，即公共卫生是通过有组织的社区行动，改善环境卫生条件，控制传染病流行，教育每个人养成良好的卫生习惯，组织医护人员对疾病进行早期诊断和预防性治疗，建立健全社会体系以保障社区中每个人都享有维持健康所需的基本生活条件，从而实现预防疾病，延长寿命，促进机体健康的一门科学与艺术。

公共卫生的概念自提出以来在不断丰富和完善。传统公共卫生主要强调环境卫生措施和传染病控制。随着经济的发展和社会结构的演变，人们逐渐认识到影响人类健康的要素不仅是物理环境，还有许多社会要素。1986 年 11 月，WHO 在加拿大渥太华召开的第一届健康促进大会上提出“新公共卫生”的概念。该概念强调在政府主导下，通过社会层面综合开展各种活动来保护公众远离疾病和促进公众健康。新公共卫生包括疾病预防、健康保护和健康促进，不仅局限于医疗卫生领域，还涵盖了全社会和全生命周期。

中国在公共卫生实践中的“大卫生、大健康”理念，以爱国卫生运动为代表，通过全社会参与和环境改善大幅提升了公共健康水平。这一独特的模式在国际上具有重要的借鉴意义。

1.1.2 全球健康

全球健康是一个兼具研究和实践的新兴交叉领域，致力于改善全人类的健康水平，实现全球范围内人人公平享有健康。全球健康的理念于 2005 年在美国费城召开的全球卫生峰会上正式提出。峰会相关文件指出，全球健康的出发点主要是“超越国界的或者可能受到某些国家本身条件和境遇影响的健康问题与重大争议，而联合行动是解决这些问题的最佳途径”。

全球健康的根本目的是要让全球所有地区的每个人都能获得公平且可及的健康服务。美国疾病预防与控制中心（U.S. Centers for Disease Control and Prevention）原主任 Jeffrey P. Koplan 和他的同事提出，“全球健康是促进世界范围内所有人健康公平性的学术、研究和实践的优先选择领域。”全球健康特别关注跨越国界的健康问题及其决定因素，并探索有效的解决途径。作为公共卫生向全球范围的拓展，全球健康聚焦国家、区域和不同人群健康的公平性，整合了基于人群预防的个体层面的临床保健，充分体现了人类命运共同体的理念。

1.1.3 同一健康

同一健康是指人、动物、植物及整个生态系统中多物种（包括看不见的微生物）相互关联和相互影响的整体健康。如果说公共卫生和全球健康的关注点还主要聚焦在人体和人群健康，同一健康将视角拓展至多物种共同健康，是关注和保障生态系统整体层面的健康。

同一健康的理念最早可追溯至《1996 年世界卫生报告——抵御疾病，促进发展》。该报告指出，“我们正处于一场全球性传染性疾病危机的边缘，没有哪一个国家可以免受其害，也没有哪一个国家可以对此高枕无忧。”进入 21 世纪，全球化进程加速推进，大规模的人口流动、国际货物贸易等的日益频繁，导致一些突发传染性、食源性疾病等在内的公共卫生事件频繁发生，加剧了健康问题的复杂性。为了寻找这些问题的解决方案，同一健康理念应运而生，并在越来越多的国际组织和国家健康治理过程中实践和应用。

如图 1.1 所体现，公共卫生、全球健康、同一健康和星球健康是在不同尺度对健康的关注和管理。星球健康是从全球生态系统相互关联的角度，整合了上述多个“健康”概念的要点，即系统之系统（system of system）的耦合，体现了人与自然和谐共处的根本理念。

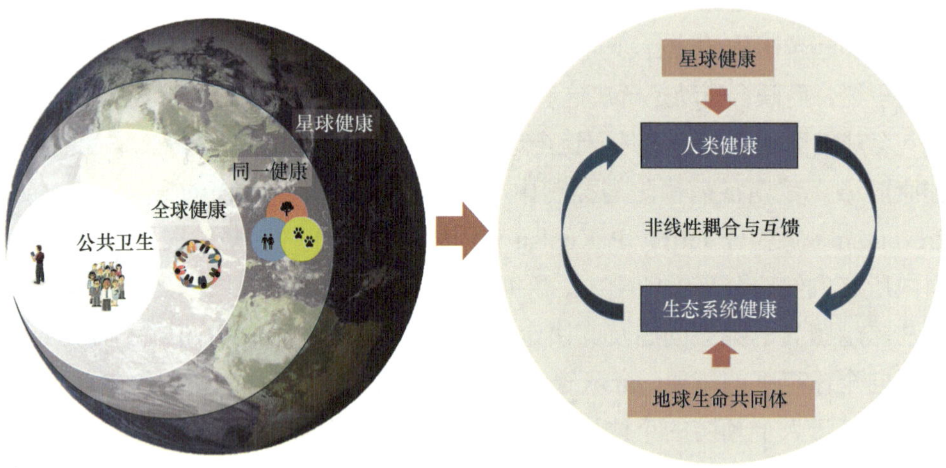

图 1.1 公共卫生、全球健康、同一健康和星球健康的逻辑关系与内涵

1.2 人类社会发展对地球生态系统的影响

过去几十年，人类社会的发展对地球自然系统的影响不断加剧。这种影响是多维度和多尺度的，主要包括：矿产资源的开发、能源的消耗（特别是化石能源）、土地利用方式的改变、物种迁徙与生物多样性丧失、人造物质的使用与排放、元素生物地球化学循环及其效应（特别是气候变化效应）等。

人口增长、消费水平提升和技术进步是调节人类社会发展对生态系统影响的主要因素。为满足人口增长和消费需求，食品生产的集约化程度不断提高。化肥、农药和转基因农作物等农业生产技术的应用，显著提高了农产品产量，保障了全球食品安全，改善了人类健康。然而，这些进步也带来了负面影响，如水源污染、传粉昆虫的减少等，将人类健康的进步建立在生态系统的损失之上。这一悖论正是洛克菲勒基金会（The Rockefeller Foundation）在 2015 年支持的《柳叶刀》专题报告中试图揭示的核心问题之一：为什么在生态环境持续恶化、生物多样性锐减情况下，人类的健康水平却呈上升趋势？

有关人类活动加剧生物多样性丧失和气候变化的论述已经很多，这里不再赘述。为了更全面地阐述人类活动对地球自然系统的影响，本节聚焦几个典型环境污染案例展开论述。

1.2.1 能源与矿产开发利用及其环境污染

20 世纪以来，以工业化、城市化、全球化为显著特征的现代生产生活方式极大地驱动了地球表面物质和能量的迁移转换过程，其规模和结构受到人类活动的极大干扰和改变。第二次世界大战后，人类社会生产和使用的物质资源的种类与数量持续快速增长。如今，人类不仅需要使用元素周期表中几乎所有的元素，更是每天都在发明和应用新的化合物、合金元素与新产品。

能源与矿产资源开发带来的环境污染已经遍及地球的每一个角落，导致了多种健康影响。例如，1955 年在日本神通川沿岸的一些地区出现了一种怪病——“痛痛病”。“痛痛病”是由于神通川上游铅锌矿排放的重金属镉污染导致的。这些地区用镉污染河水灌溉水稻田，导致当地大米镉含量严重超标。当地居民长期食用被镉污染的大米和饮用受镉污染的河水，久而久之就造成了镉中毒。

我国西南和中南地区也分布有许多金属矿床。采矿和冶炼通过大气沉降和废水排放两个途径，造成区域性重金属污染，主要影响河流和农田。该区域比较典型的重金属污染有镉、砷[①]和汞，这些重金属容易在水、稻米和蔬菜等农作物中积累，不仅严重影响农产品安全和作物产量，还通过食物链的传递导致重金属污染，最终威胁人体健康。

1.2.2 食物生产与消费对生态和环境的影响

农业的发展是人类历史上的一项具有里程碑意义的进步。自新石器时代起约一万年间，人类先后经历了三次重大的农业革命，显著提升了粮食生产能力，为日益增长的人口提供了充足的粮食资源。然而，现代科学证据显示，粮食生产已成为全球环境退化的主要原因之一，对地球生态系统产生了深远的影响。当前，全球约 40%的可居住土地被用于农业（相较之下，城市用地仅占 3%），总面积约 4800 万 km^2，大约是我国陆地面积的 5 倍。从太空视角观察，除海洋外，农业用地已成为地球表面最显著的特征之一。正因如此，全球可持续性领域的知名学者 Jonathan A. Foley 教授曾在《自然》（*Nature*）的一篇引用广泛的文章中将地球称为“一个耕种的星球”。回溯至 1000 年前，全球农业用地估计仅约 400 万 km^2，不到可居住土地的 4%。随着农业用地面积的迅猛扩张，大量森林、灌木和草原等野生动植物的栖息地被转化为耕地和牧场，粮食生产导致的栖息地丧失和破碎化也不可避免地引发了生物多样性的减少。当前，许多科学家认为地球已经步入了第六次大规模物种灭绝期，物种消失的速度是全新世以来的 100~1000 倍。农业用地扩张带来的栖息地消失是物种灭绝的主要驱动因素。

现代农业生产不仅导致了土地利用方式的变化和生物多样性的损失，还引发了一系列环境问题。粮食生产对化肥（尤其是氮和磷）的依赖极高。化肥的生产、使用和贸易对全球的氮磷循环造成了严重的干扰，引发了土壤退化、水

① 砷不是重金属元素，因其化合物在环境污染和毒性上与重金属高度类似，本书将其视为重金属。

体富营养化、地下水硝酸盐污染以及臭氧层的破坏等全球性的环境问题。在全球用水结构中，农业灌溉约占淡水使用量的 70%。上游灌溉农业的过量取水还可能影响到下游地区关键的生态功能，如饮用水供应和污染控制。同时，农业食品系统所产生的温室气体排放占全球人为排放总量的 1/3，显著加剧了气候变化。气候变化又进一步加剧了极端天气事件的频率及强度，对陆地和海洋生态系统造成了严重破坏，具体表现为树木死亡率的增加、海洋酸化以及物种的灭绝等。

农业和食物是人类生存与发展的永恒主题。食物是生态系统的供给性服务，但是人类持续高强度的农业生产将会削弱地球生态系统的这一服务功能。因此，星球健康需要在食物生产全过程中协调和权衡生态系统的各个服务要素。为了有效保障未来的可持续发展，需要系统性地认识可持续食物系统所面临的挑战，并在此基础上提出解决方案。

1.2.3　人为制造物质的使用与排放

人类活动需要大量物质资源和基础设施作为支撑。2020 年，《自然》发表的一篇文章指出：20 世纪初期，人造物质的总质量仅占地球生物总质量的 3%；而到 2020 年，这一数字可能增长至原来的 2 倍，人造物质的总质量可能已经超过地球上所有生物质量的总和，估计约为 1.1 万亿 t，其中塑料质量已经超过地球动物质量的 2 倍。研究预测，到 2040 年，人造物质总质量可达到地球生物总质量的 3 倍，约 3 万亿 t（Elhacham et al.，2020）。这种人造物质的急剧增加，对地球的生态环境及行星健康带来了前所未有的影响。根据联合国环境规划署（United Nations Environment Programme，UNEP）在 2024 年发布的《2024 年全球资源展望》报告：物质资源的开发和利用已成为全球温室气体排放的主要来源，占到了 60%以上，同时导致了超过 90%的全球生物多样性损失；在水资源利用方面，人造物质消耗的水资源从 2000 年的约 3.5 万亿 m^3 增加到 2020 年的 4 万亿 m^3；此外，人造物质资源开发活动引起的空气污染每年造成超过 2 亿个生命年的损失。报告警示，如果不立即采取紧急且协调一致的措施来改变人造物质资源的开发和利用方式，这些负面影响将会进一步恶化，对人类生态安全及地球行星边界构成直接威胁。

1945~2018 年，3 种典型化合物——合成纤维、合成橡胶和塑料的生产和使用量分别增长了 1708 倍、35 倍、720 倍，达到 6491 万 t、1523 万 t、3.6 亿 t，历史累积生产量分别达到 13 亿 t、6 亿 t、83 亿 t。这些人造物质材料的大规模使用，带来了资源耗竭、环境污染、生态破坏、温室气体排放等一系列影响可持续发展与星球健康的问题。如今，塑料（人工合成聚合物）污染已经遍布全球，甚至触及极地和大洋深部。由于塑料大量使用带来的微塑料颗粒已经可以通过食物链和饮用水等进入人体，给健康带来潜在危害。

新型人工合成化学品持续涌现。根据化学文摘社（Chemical Abstracts Service，CAS）登记的数据，全球已知化学品数量从 2002 年的 2000 万种激增至 2019 年的 1.5 亿多种。人工合成的化学品（包括药品活性成分）会在生产、使用和废物处置过程中释放到环境中，特别是多种化学品在环境中复合存在，已对人类和地球生态系统健康造成威胁。

1.3 人类健康与地球生态系统健康的耦合和互馈关系

人类对地球生态系统的改变一旦超出其自身的恢复力，必然会导致生态系统服务功能的退化，其主要根源在于环境化学污染、生物多样性丧失和气候变化等当今人类面临的主要生态环境问题。大量的研究表明，这些全球性的生态环境问题相互关联，并可以通过不同的途径和机制影响人类健康和福祉，严重制约全球可持续发展。如果不能有效遏制生态环境问题的进一步退化，地球生态系统将难以维持人类社会的长期存续和繁荣发展。

星球健康概念的提出不仅关注个人和人群的健康，更着眼于人类文明的整体健康。正如 Richard Horton 在“地球健康：引领非凡行动的新兴科学（Planetary Health：A New Science for Exceptional Action）”一文中指出的，星球健康要应对的不仅是环境问题，也是人类的政治、经济、社会和知识系统的局限和不足。该文明确提出了三大挑战：认知的局限、知识的不足和治理机制的欠缺，这些系统性问题正在削弱我们与自然和谐共存的能力。

因此，星球健康概念的核心使命在于克服这些挑战，推动人类和自然系统的共同健康。星球健康的概念还要把生态系统各要素中同时影响人类和地球健康的因子有效地整合起来，从而在系统层面解析人类健康与地球生态系统健康之间复杂的非线性关系。这种关系既有直接的，如大气污染和极端天气对人类健康的影响；又有间接的，如气候变化通过诱导新发和再发传染病或通过影响农作物生产的级联效应而对人类健康产生不良后果。星球健康就是要突破我们在认知上对人类健康局限于单一因素和线性关系的传统理解，从而推动新研究范式的诞生。在新范式下，人类只是异常复杂的地球生态系统中的一个物种，我们应将研究重点转向如何实现地球生态系统利用和保护之间的平衡，系统解析人类与自然生态系统各要素之间的互馈关系和级联效应，从而实现人与自然的可持续共生。

有关生物多样性和气候变化对人类健康的直接危害已经有大量的阐述，并已经形成广泛共识。这里将通过几个新的视角，进一步阐述人类健康与地球生态系统健康之间的互馈关系和级联效应，从而深化对星球健康内涵的理解（图 1.2）。

图 1.2 人类健康与地球生态系统健康之间的互馈关系和级联效应的新视角

1.3.1 抗生素与抗生素耐药性

抗生素的发明和大规模的使用是人类医学史上里程碑式的重大进展。抗生素是一类环境微生物次生代谢产物或以此为前体经化学修饰和化学合成的抗菌药物，因此，抗生素是大自然给人类的馈赠。但是，随着抗生素在医疗和集约化养殖业中的广泛使用，抗生素耐药性快速产生和广泛传播，并已经成为一类新污染物。抗生素耐药性是指微生物可以耐受抗生素对其的抑制和致死作用而存活和繁殖。人类活动排放的抗生素及其耐药相关因素（耐药微生物和耐药基因）进入环境，并在不同环境条件下，特别是化学污染的驱动下增殖扩散。环境原本是抗生素药物的“出生地”，但是由于抗生素被大量生产和广泛使用，甚至滥用，如今环境已经成为耐药微生物和耐药基因的重要储库。环境中的耐药微生物和耐药基因通过水体、大气和土壤–植物系统等暴露途径，给人类健康带来巨大风险。

抗生素耐药性已经成为全球性的公共卫生和环境健康问题。2011 年，WHO 世界卫生日的主题就是“抗生素耐药性：今天不采取行动，明天就无药可用。”2022 年，《柳叶刀》报道称，2019 年全球有接近 500 万人口的死亡与抗生素耐药相关，其中由抗生素耐药直接导致的死亡人数高达 127 万（Antimicrobial Resistance Collaborators，2022）。

抗生素耐药的本质是由活的微生物携带的耐药基因，可以通过基因横向转移和繁殖在生态系统各要素之间循环并在全球扩散。为了应对全球性的抗生素耐药性问题，基于单一介质、单一物种和单一地点的研究无法给出有效的解决方案。我们必须以系统的观点，从不同的时空尺度去理解抗生素耐药的来源、排放与增殖、扩散与传播以及人类的暴露途径和风险控制等方面。

人类过度使用甚至滥用抗生素，导致耐药微生物和耐药基因的蔓延，大大削弱了抗生素作为药物的医疗功效，这也成为全球健康面临的重大危机。为了准确解析抗生素耐药对人类健康的影响并探寻解决方案，需要明确人类、动物、植物及自然环境共享一个微生物世界，也就是需要在星球健康的框架下系统认识抗生素耐药性问题。

1.3.2 农田生物多样性、农药残留与人体健康

现代高强度、集约化的农业生产体系以相对单一的物种为主，导致农田生

态系统多样性锐减。农田生物多样性的下降会引发作物病虫害频发，对粮食安全造成影响。为了应对病虫害的暴发，农药发挥了至关重要的作用。众所周知，农药是可以保护种子，防范作物免受植物、昆虫、细菌、真菌和啮齿动物侵害的关键投入品，保护了世界上至少 1/3 的农业生产成果。

然而，近几十年，由于农药等化学品向环境的排放量极速增长。自 1950 年以来，农药使用量已增长近 50 倍。土壤微生物群落是土壤生态系统不可或缺的部分，其参与养分循环、有机物分解、促进植物生长以及对病原体的抵抗。农药的过度使用会导致土壤生物群落的失衡，削弱土壤生态系统的多功能性。更为重要的是，农药残留也会通过多种迁移途径进入水环境和食物链，最终影响人类健康。农药残留可能对靶标以外的植物、昆虫等非目标生物造成伤害，降低农田生态系统的生物多样性。农田生物多样性的降低反过来影响昆虫传花授粉，导致病虫害暴发，造成作物减产，进而促使更多农药的使用，在一定程度上形成了恶性循环。据估计，全球农药使用造成的环境污染，导致世界各地蜜蜂数量大幅减少。法国保护生物多样性协会统计显示，这在 2016 年威胁了全球 3/4 的农作物。此外，气候变化，如极端降水和湿热天气，也会导致作物病原微生物的传播和暴发，从而增加农药的使用量，给农田生态系统和人类健康带来危害。农药在农田生态系统中残留会通过地表径流等过程影响水环境质量，威胁水生态健康。

由此可见，农田生物多样性、作物健康、农药使用和人类健康之间存在复杂的互馈关系，且这种关系还与全球变化因子相互叠加，给生态系统和人类健康带来影响。为了有效降低农药使用带来的危害，我们必须把生物多样性、农田生态系统健康和人类健康视为一个整体。未来需要以保护生物多样性作为主要抓手，通过构建具有韧性的农田生态系统来应对有害生物入侵和气候变化的胁迫等，有效降低农药的使用，保障地球生态系统和人类的共同健康——星球健康。

1.3.3 大气二氧化碳浓度升高与隐性饥饿

自工业革命以来，大量化石能源的燃烧和土地利用方式的改变，人类活动所排放的二氧化碳等温室气体不断增加，大气二氧化碳浓度已由工业革命前的 280 ppm（百万分之一）升高至当前的 420 ppm。根据现有趋势预测，到 21 世纪末，大气二氧化碳浓度大概率会升高至 600 ppm。

大气二氧化碳浓度上升对地球生态系统的影响是多方面的，包括植物生长速率及其元素组成。作为光合作用的底物，大气二氧化碳浓度升高会直接增加 C3 作物（如水稻、小麦和大豆等）的光合速率，导致碳水化合物积累量增加，进而刺激生长与增加产量。但是在高二氧化碳浓度下，作物对营养元素（如氮和矿质元素）的吸收速率赶不上二氧化碳的同化速率，而且营养元素向籽粒的转运和分配降低，由此导致在大气二氧化碳浓度升高的情景下几乎所有的粮食作物籽粒营养元素的浓度下降。以水稻为例，研究发现大气二氧化碳浓度升高 200 ppm 会使稻米中蛋白质、铁、锌及维生素含量降低 5.1%~30.3%。食物中（特别是大米等主食）矿质元素含量的不足会造成人体营养不良，导致隐性饥饿，威胁人类营养健康。这种隐性饥饿的问题对贫困人群而言尤甚，因为主食在他们膳食中的占比相对较高（McGrath and Lobell，2013；Myers et al.，2014；Zhu et al.，2018）。据估计，大气二氧化碳浓度升高导致的大米营养元素含量降低将波及全球大约 6 亿以大米为主食的（贫困）人群的健康风险（Zhu et al.，2018）。

上述分析表明，大气二氧化碳浓度升高作为全球变化因子可以通过土壤-作物系统的生理和生态过程的传递而影响到人类健康。大气二氧化碳浓度升高引发隐性饥饿是一个间接过程，这正体现了地球系统与人类健康之间的关系级联效应。因此，为保障人类健康，我们必须从地球生态系统全局出发，解析气候变化对人类健康的级联效应，并提前谋划系统性的解决方案，以实现星球健康。

1.4 结束语

长期以来，人类社会的发展以刺激生产、扩大消费和追逐利润为主要驱动力。但是，科学研究已表明，这样的社会发展方式是不可持续的，因为自然资源的枯竭、生态环境质量的退化和生物多样性的丧失是不可逆的。离开了地球生态系统的活力，人类无法保障自身在地球上长期的健康和繁荣。地球生态系统健康和人类健康之间的互馈关系和级联效应，需要我们重新审视财富与健康的关系。我们必须秉承系统的思维，以地球生命共同体的理念推动可持续生产和可持续消费，真正实现人与自然和谐共生。

地球是浩瀚宇宙中已知的唯一存在生命的星球。为了我们以及子孙后代的健康，让我们守护地球这一共同家园。

思　考　题

1. 什么是星球健康?
2. 星球健康为何在当今社会中显得尤为重要?
3. 请列举星球健康与公共卫生、全球健康与同一健康之间的主要异同。
4. 人类社会发展过程中，你认为哪些活动对地球生态系统造成了明显的影响?
5. 如何评估能源开发与环境污染之间的关系? 请讨论具体案例。
6. 食物生产与消费对生态系统的影响有哪些? 请讨论具体案例。
7. 人造物质的使用和排放如何影响生态系统的健康? 请举例说明。
8. 如何看待星球健康、人类健康与生态系统健康三者的关系?
9. 人类健康与地球生态系统健康之间的耦合关系如何影响政策制定? 请结合实例分析。

参 考 文 献

任明辉. 2016. 全球健康概论. 北京: 人民卫生出版社.

Antimicrobial Resistance Collaborators. 2022. Global burden of bacterial antimicrobial resistance in 2019: A systematic analysis. Lancet, 399(10325): 629-655.

Elhacham E, Ben-Uri L, Grozovski J, et al. 2020. Global human-made mass exceeds all living biomass. Nature, 588(7838): 442-444.

Foley J A, Ramankutty N, Brauman K A, et al. 2011. Solutions for a cultivated planet. Nature, 478(7369): 337-342.

Horton R, Lo S. 2015. Planetary health: A new science for exceptional action. Lancet, 386(10007): 1921-1922.

Koplan J P, Bond T C, Merson M H, et al. 2009. Towards a common definition of global health. Lancet, 373(9679): 1993-1995.

McGrath J M, Lobell D B. 2013. Reduction of transpiration and altered nutrient allocation contribute to nutrient decline of crops grown in elevated CO_2 concentrations. Plant, Cell & Environment, 36(3): 697-705.

Myers S S, Zanobetti A, Kloog I, et al. 2014. Increasing CO_2 threatens human nutrition. Nature, 510(7503): 139-142.

Rockström J, Steffen W, Noone K, et al. 2009. Planetary boundaries: Exploring the safe operating space for humanity. Ecology and Society, 14(2): art32.

United Nations Environment Program (UNEP), International Resource Panel (IRP). 2024. Global Resources Outlook 2024. (2024-03-01) [2025-05-09]. https://www.unep.org/resources/Global-Resource-Outlook-2024.

United Nations Environment Program (UNEP). 2023. World Health Day: How UNEP is fighting back against harmful chemicals. (2023-04-07) [2025-05-09]. https://www.unep.org/gef/index.php/news-and-stories/story/world-health-day-how-unep-fighting-back-against-harmful-chemicals.

Whitmee S, Haines A, Beyrer C, et al. 2015. Safeguarding human health in the anthropocene epoch: Report of the Rockefeller foundation-lancet commission on planetary health. Lancet, 386(10007): 1973-2028.

Winslow C E. 1920. The untilled fields of public health. Science, 51(1306): 23-33.

World Health Organization. 1986. The 1st International Conference on Health Promotion, Ottawa, 1986. (1986-11-21) [2025-05-09]. https://www.who.int/teams/health-promotion/enhanced-wellbeing/first-global-conference.

World Health Organization. 1996. The world health report 1996: fighting disease, fostering development. (1996-03-25) [2025-05-09]. https://iris.who.int/handle/10665/178481.

World Health Organization. 2011. Antimicrobial resistance: no action today, no cure tomorrow. (2011-04-07) [2025-05-09]. https://www.who.int/director-general/speeches/detail/antimicrobial-resistance-no-action-today-no-cure-tomorrow.

World Health Organization. 1948. WHO remains firmly committed to the principles set out in the preamble to the Constitution (Forty-ninth edition). (1948-04-07) [2025-05-09]. https://www.who.int/zh/about/governance/constitution.

Zhu C W, Kobayashi K, Loladze I, et al. 2018. Carbon dioxide (CO_2) levels this century will alter the protein, micronutrients, and vitamin content of rice grains with potential health consequences for the poorest rice-dependent countries. Science Advances, 4(5): eaaq1012.

第2章

人类健康

刘 珏 秦宸媛

本章要点

- 人类健康与地球生态系统健康之间存在复杂的非线性关系
- 传染性疾病的疾病负担、趋势及其与环境因素的关联概述
- 非传染性疾病和伤害的疾病负担、趋势及其与环境因素的关联概述
- 人类心理健康现状及其与环境因素的关联概述

逻辑框图

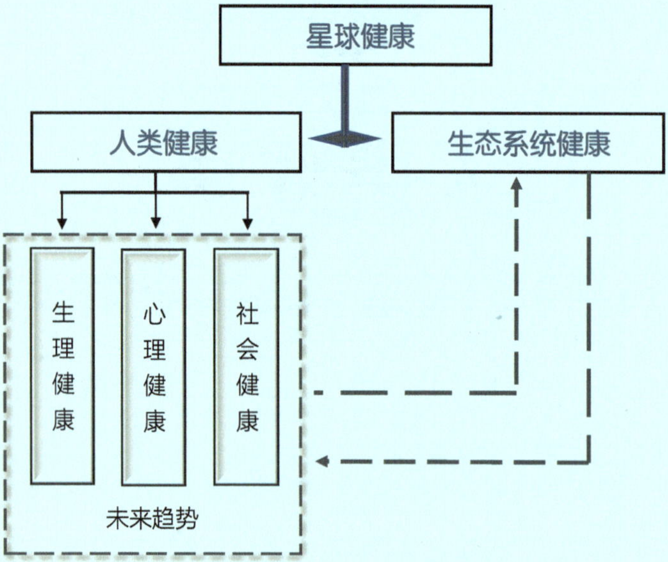

世界卫生组织（World Health Organization，WHO）提出：“健康不仅为疾病或羸弱之消除，而系体格、精神与社会之完全健康状态。”这一理念突出了健康的多维度本质，不仅将其视作生物学上的正常状态，更强调心理和社会层面的和谐。人是一个结构与功能相协调、躯体与精神相适应、生物–心理–社会和谐统一的整体。

作为地球生命体的一员，人类与微生物、动植物、环境等相互适应，彼此共存。星球健康就是人类文明的健康，也包括其所依赖的自然系统的健康。人类健康作为星球健康的重要组成部分，不仅受医疗水平和社会发展程度的影响，更与全球环境变化和生态系统健康密切相关。尽管人类文明在世界不同地区的发展存在时间差异，但就某一区域而言，人类社会形态从狩猎采集到农业社会、再到城市化的这一演进历程与其他区域别无二致。这一演进不仅改变了人类的生活方式，还推动了健康问题的阶段性变迁。由于人类健康史藏匿于文明史之中，故而人类主要健康问题在不同地区的历史中具有相似的演变规律。随着医学技术的发展、医疗保障体系的完善以及公共卫生的普及，人类预期寿命明显延长。自20世纪中叶以来，全球健康的主要威胁从急性传染病逐渐向非传染性慢性疾病转变。如今，心血管疾病、癌症、糖尿病等慢性疾病已成为导致全球发病率和死亡率上升的主要原因。同时，全球化和城市化带来了新的健康挑战，特别是在心理健康领域。生活压力、社会孤立以及应对机制的不完善，导致焦虑症、抑郁症等心理健康问题愈发普遍。此外，气候变化的加剧带来了前所未有的自然灾害和环境挑战。热浪、洪水、干旱等极端天气事件频发，不仅直接影响人类的生命安全，还对全球食物供应、居住环境及卫生设施构成威胁。这些变化不仅影响人类的身体健康，也对心理健康和社会健康产生了深远的影响。

星球健康这一概念为我们提供了揭示人类健康与地球生态系统健康之间的复杂非线性关系的全新视角。在此背景下，本章将探讨人类健康核心领域的负担和现状，以期为识别和应对全球健康挑战提供更加系统的科学依据，以及更加协调、有效的全球健康行动。

2.1 传染性疾病的全球负担及影响因素

2.1.1 传染性疾病的全球负担和现状

1. 概述

在人类历史长河中，传染病不仅威胁着人类的健康和生命，更深刻影响着人类文明的发展进程。19 世纪以来，随着医学认知的深入和综合防控措施的实施，众多历史上曾经肆虐一时的传染病得到了有效控制。1980 年，人类成功消灭了天花。1988 年，世界卫生大会通过了一项全球消灭脊髓灰质炎的决议，标志着全球消灭脊髓灰质炎行动（Global Polio Eradication Initiative，GPEI）正式启动，目前大多数国家已实现无脊髓灰质炎的目标。然而，传染病仍然是威胁人类健康的重要因素，尤其是在发展中国家。根据《2024 年世界卫生统计报告：SDGs 背景下的健康监测》，2019 年全球传染病致死率占死亡总人数的 18.2%，而该比例在 2020 年和 2021 年分别飙升至 23%和 28.1%，相当于倒退至 2005 年的水平。值得注意的是，伴随着传统传染病的减少，新发传染病（emerging infectious disease，EID）不断出现。

2. 与可持续发展目标相关的重点传染病

可持续发展目标（sustainable development goals，SDGs）旨在终结人类免疫缺陷病毒（human immunodeficiency virus，HIV）/获得性免疫缺陷综合征（acquired immune deficiency syndrome，AIDS，又称艾滋病）、结核病、疟疾以及被忽视的热带病的流行，并继续与病毒性肝炎、水源性传染病和其他传染病做斗争。

1）艾滋病

截至 2022 年底，全球估计有 HIV/AIDS 患者 3900 万人，其中 3750 万人为 15 岁及以上人群，150 万人为 15 岁以下儿童。自 2015 年以来，东地中海地区的 HIV 新发感染率上升了 45%，尽管该地区在 2022 年仍是新增感染人数最少的地区；相较之下，东南亚地区的 HIV 新发感染率下降了 31%，成为新发感染率和新增感染人数最低的地区。虽然全球在降低 HIV 新发感染率方面取得了显著进展，但非洲地区仍然承受着沉重的疾病负担。2022 年，全球新增 HIV 感染病例 130 万例，新发感染率 0.17 例/1000 人。根据全球倡议目标，到 2025 年将新增感染人数降至 37 万例（新发感染率 0.05 例/1000 人），并进一步在 2030 年减少至 33.5 万例（新发感染率 0.025 例/1000 人）。

2）结核病

2022 年，全球估计新发结核病患者约有 1060 万例，其中 15 岁以下儿童占 12%。2022 年，全球结核病新发感染率为 133 例/10 万人，较 2015 年的 146 例/10 万人有所下降。WHO 的《终止结核病战略》呼吁，到 2025 年要将结核病新发感染率在 2015 年基础上降低 50%，这一目标被视为实现 2030 年可持续发展目标和 2035 年终止结核病目标的重要里程碑。尽管在 2020 年之前结核病新发感染率连续多年下降，但 2021 年和 2022 年全球结核病新发感染率连续两年回升至 2019 年水平。总体来看，2015~2022 年全球结核病新发感染率的相对下降幅度仅为 8.7%，远未达到《终止结核病战略》设定的 2025 年目标。

3）疟疾

2022 年，全球有 85 个国家和地区存在疟疾流行，估计疟疾病例数约 2.49 亿例，死亡病例 63.1 万例。非洲地区疟疾病例数占全球总病例数的 94%，疟疾死亡病例数占全球疟疾死亡总数的 95%。其中，5 岁以下儿童尤其易感，2022 年该地区约 80%的疟疾死亡病例发生在这些儿童中。根据《2016~2030 年全球疟疾技术战略》设定减少疟疾发病率和死亡率的目标：以 2015 年为基准，力争到 2020 年全球疟疾发病率和死亡率至少降低 40%；到 2025 年至少降低 75%；到 2030 年至少降低 90%。然而，按当前发展趋势，预计这一战略目标难以实现。

4）病毒性肝炎

2022 年，全球估计约有 3.04 亿人患有慢性乙型病毒性肝炎和丙型病毒性肝炎，其中乙型病毒性肝炎患者为2.54亿人，丙型病毒性肝炎患者为5000万人。2019~2022年，乙型病毒性肝炎和丙型病毒性肝炎新增感染人数从250万下降到220万。虽然这一下降趋势令人鼓舞，但距离2030年乙型病毒性肝炎新增感染人数降至17万例、丙型病毒性肝炎新增感染人数降至35万例的目标仍有较大差距。2022年，全球新增病毒性肝炎感染者约220万例，其中乙型病毒性肝炎超过120万例，丙型病毒性肝炎接近100万例。2022年，非洲地区新增乙型病毒性肝炎感染病例77.1万例，占全球新增感染总数的63%；东南亚和东地中海地区丙型病毒性肝炎新增感染病例较多，分别为22.5万例和18.3万例；此外，东地中海地区的慢性丙型病毒性肝炎感染病例最高，为1170万例，占全球总数的23%。

5）被忽视的热带病

WHO认定的21种被忽视的热带病中，已有13种疾病或疾病群被列为消灭传播、消除传播或作为公共卫生问题消除的目标。目前，已有50个国家消除了至少一种被忽视的热带病。《2021~2030年被忽视的热带病路线图》提出，到2030年，针对被忽视的热带病，全球需要接受干预的总人数应在2010年的基础上减少90%。2010~2022年，需要接受群体或个体治疗和护理的患者人数从21.9亿降至16.2亿，降幅达26%。虽然全球防控工作在这一方向已经取得了一定进展，但若不加速干预，仍难以在2030年如期实现既定目标。

6）脊髓灰质炎

脊髓灰质炎是一种具有高度传染性的病毒性疾病，主要影响5岁以下儿童，但任何未接种疫苗的个体，无论年龄，都有可能感染。在三种野生型脊髓灰质炎病毒（1型、2型和3型）中，野生2型脊髓灰质炎病毒已于1999年被消灭，野生3型脊髓灰质炎病毒于2020年被消灭。WHO六大区中，美洲地区、西太平洋地区、欧洲地区、东南亚地区、非洲地区分别于1994年、2000年、2002年、2014年、2020年证实为无本土脊髓灰质炎野生病毒地区。截至2022年，野生1型脊髓灰质炎病毒在阿富汗和巴基斯坦仍有流行。

2023年，阿富汗和巴基斯坦共报告了12例野生脊髓灰质炎病例，其他非流行国家未报告任何病例。尽管2022年全球脊髓灰质炎疫苗的免疫接种覆盖率逐渐从新冠疫情的影响中恢复，但这一进展存在区域不均衡。2022年，全球仍有1430万儿童未接受任何疫苗接种，被称为“零剂量儿童”。其中，阿富汗和巴基斯坦均属于“零剂量儿童”数量最多的15个国家之列。这一现状凸显了在流行地区继续加强免疫规划的必要性，以确保所有未接种或接种不足的儿童能够及时接种疫苗。

7）抗微生物药物耐药性

2015年5月，世界卫生大会批准通过了《抗微生物药物耐药性全球行动计划》，要求成员方制定和实施多部门的国家行动计划。截至2023年11月，全球已有178个国家制定了此类计划。然而，2023年仅有27%的国家报告了其国家行动计划得到有效实施，且其中只有11%的国家为此分配了国家预算。在应对抗微生物药物耐药性的各项工作中，抗微生物药物使用监测被列为优先事项之一。抗微生物药物耐药性和使用监测系统（Global Antimicrobial Resistance and Use Surveillance System，GLASS）提供了一套通用的、标准化的监测和报告方法。

3. 新发、再发传染病

新发传染病是指在人群中新出现的或过去存在于人群中的，但是发病率突然增加或者地域分布突然扩大的传染性疾病。再发传染病是指那些早就为人们所知，并已得到良好控制，不构成重要的公共卫生问题，但现在又重新流行、再度威胁人类健康的传染病。近年来，严重急性呼吸综合征（severe acute respiratory syndrome，SARS）、AIDS、埃博拉出血热（Ebola hemorrhagic fever，EHF）、新变异型克–雅病（new variant Creutzfeldt-Jakob disease，nvCJD）、人感染高致病性禽流感（human infection with the highly pathogenic avian influenza）、中东呼吸综合征（Middle East respiratory syndrome，MERS）、新型冠状病毒感染（coronavirus disease 2019，COVID-19）、猴痘（mpox）等新传染病层出不穷。目前，全球流行的主要新发传染病和主要再发传染病见表2.1和2.2。

表 2.1 目前全球流行的主要新发传染病

	病原体	疾病
病毒	新冠病毒（SARS-CoV-2）	新型冠状病毒感染（COVID-19）
	甲型肝炎病毒（hepatitis A virus）	甲型病毒性肝炎
	埃博拉病毒（Ebola virus）	埃博拉出血热
	汉坦病毒（Hantaan virus，HTNV）	肾综合征出血热
	丁型肝炎病毒（hepatitis D virus）	丁型病毒性肝炎
	人类免疫缺陷病毒（human immunodeficiency virus，HIV）	获得性免疫缺陷综合征（AIDS）
	戊型肝炎病毒（hepatitis E virus）	戊型病毒性肝炎
	丙型肝炎病毒（hepatitis C virus）	丙型病毒性肝炎
	H5N1 禽流感病毒（H5N1 avian influenza virus）	人感染禽流感
	尼帕病毒（Nipah virus）	尼帕病毒病
	SARS 病毒（severe acute respiratory syndrome virus，SARS virus）	严重急性呼吸综合征（SARS）
	甲型 H1N1 流感病毒（influenza A virus H1N1）	甲型 H1N1 流感
	Lujo 病毒（Lujo virus）	Lujo 病毒感染
	发热伴血小板减少综合征布尼亚病毒（severe fever with thrombocytopenia syndrome bunyavirus，SFTSV）	发热伴血小板减少综合征
	中东呼吸[系统]综合征冠状病毒（Middle East respiratory syndrome coronavirus，MERS-Cov）	中东呼吸综合征
	H7N9 禽流感病毒（H7N9 avian influenza virus）	人感染禽流感
	猴痘病毒（mpox virus，MPXV）	猴痘
细菌	嗜肺军团菌（*Legionella pneumophila*）	军团病
	大肠埃希菌 O157：H7（*Escherichia coli* O157：H7）	出血性肠炎
	幽门螺杆菌（*Helicobacter pylori*）	急慢性胃炎、消化性溃疡
	O139 霍乱弧菌（O139 *Vibrio cholerae*）	霍乱
螺旋体	伯氏疏螺旋体（*Borrelia burgdorferi*）	莱姆病
无形体	嗜吞噬细胞无形体（*Anaplasma phagocytophilum*）	人粒细胞无形体病
朊粒	朊病毒（prion）	人朊粒病

表 2.2 目前全球流行的主要再发传染病

病原体		疾病
病毒	麻疹病毒（measles virus）	麻疹
	登革病毒（dengue virus）	登革热
	寨卡病毒（zika virus）	寨卡病毒病
	黄热病毒（yellow fever virus）	黄热病
	马尔堡病毒（Marburg virus）	马尔堡出血热
	脊髓灰质炎病毒（polio virus）	脊髓灰质炎
	流行性腮腺炎病毒（mumps virus）	流行性腮腺炎
细菌	百日咳鲍特菌（*Bordetella pertussis*）	百日咳
	结核分枝杆菌（*Mycobacterium tuberculosis*）	结核病
	布鲁氏菌（*Brucella* spp.）	布鲁菌病
	淋病奈瑟球菌（*Neisseria gonorrhoeae*）	淋病
	艰难梭菌（*Clostridium difficile*）	艰难梭菌相关性腹泻
	霍乱弧菌（*Vibrio cholerae*）	霍乱
真菌	假丝酵母菌（*Candida* spp.）	假丝酵母菌病
	隐球菌（*Cryptococcus* spp.）	隐球菌病
	曲霉菌（*Aspergillus* spp.）	曲霉菌病
	耶氏肺孢子菌（*Pneumocystis jirovecii*）	耶氏肺孢子菌肺炎
螺旋体	梅毒螺旋体（*Treponema pallidum*）	梅毒
寄生虫	疟原虫（*Plasmodium* spp.）	疟疾
	血吸虫（schistosoma）	血吸虫病
	细粒棘球绦虫（*Echinococcus granulosus*）	棘球蚴病

2.1.2 影响传染性疾病的环境因素

地球的生态系统和环境变化对传染性疾病的传播和流行起着至关重要的

作用。随着人类活动的加剧，尤其是气候变化、环境污染、城市化进程以及工业化等的影响，环境因素与社会因素的相互作用逐渐成为全球健康面临的重要挑战。

气候变化是影响传染性疾病流行的关键因素之一。全球气温升高、降水模式变化以及极端天气事件频发，直接改变了病媒的分布和生命周期。例如，温暖潮湿的环境为蚊虫等病媒生物的生长繁殖提供了理想条件，导致疟疾、登革热和黄热病等蚊媒传染病的传播和扩散。气候变化不仅促进了这些疾病的地域扩展，还加剧了低收入和中等收入国家的疾病负担。与此同时，气候变化也加剧了极端天气事件（如洪水、干旱和暴雨）的频率，这些灾害常导致水源污染、卫生设施损毁，增加了水源性传染病（如霍乱、痢疾）的暴发风险。

空气污染和自然灾害等环境压力源同样促进了传染病的传播。空气污染不仅直接导致了呼吸系统疾病发病率的上升，还削弱了人群的免疫力，使得个体更容易感染病毒或细菌。在许多发展中国家，基础设施不足和卫生条件欠佳使得人们长期接触受污染的水源，增加了疾病暴发的风险。土壤污染通过影响农业生产，可能导致食品污染，人们因食用受污染的食物而感染病原体，从而威胁公众健康。此外，生态系统的退化和生物多样性的丧失在病原体传播中扮演了重要角色。例如，森林砍伐、湿地破坏和栖息地丧失使得人类与野生动物的接触频率显著增加，这为新型人兽共患病的传播创造了有利条件。健康的生态系统能够通过维护生物多样性和生态平衡，降低感染人兽共患病的风险。

地球的健康还与社会因素密切相关，尤其是人类活动。随着全球人口不断增长，城市化进程加速，土地利用方式的变化使得原本隔离的生态系统遭到破坏，人类与动物及病原体的接触变得更加频繁。在城市化高度集中的地区，拥挤的居住环境和卫生设施的不足使得传染病传播更加容易。例如，过度拥挤的城市区域，特别是缺乏有效通风的住宅区，已成为呼吸道疾病（如流感、麻疹、结核病）传播的高风险场所。贫困和社会不平等进一步加剧了这些健康风险。在全球化的背景下，人口流动和国际贸易加速了传染病的跨境传播，使全球生态系统和健康问题变得更加紧密相连。

2.2 非传染性疾病和伤害的全球负担及影响因素

2.2.1 非传染性疾病的全球负担和现状

随着人类预期寿命的延长以及针对传染病防控措施的有效开展，20 世纪中叶以后，威胁人类健康的疾病开始由传染病转向非传染性疾病。2021 年全球疾病负担研究共纳入 371 种疾病和伤害，其中 234 种为非传染性疾病（GBD 2021 Diseases and Injuries Collaborators，2024）。在所有一级病因中，非传染性疾病对全球疾病负担的贡献最高。2010~2021 年，非传染性疾病是唯一导致伤残调整寿命年（disability adjusted life year，DALY）从 2010 年的 14.7 亿年增加到 2021 年的 17.3 亿年的疾病类别。根据《2024 年世界卫生统计报告：SDGs 背景下的健康监测》，缺血性心脏病、中风、癌症、慢性阻塞性肺疾病、阿尔茨海默病和其他痴呆以及糖尿病仍然是人类健康的“头号杀手”。从全球角度来看，2000 年 30 岁人群在 70 岁之前死于四大非传染性疾病（心血管疾病、癌症、慢性呼吸系统疾病和糖尿病）的累积风险为 22.7%。到 2019 年，这一风险已降至 18.2%。然而，不同地区间的非传染性疾病过早死亡风险存在显著差异。2000 年，东地中海地区的过早死亡风险居全球首位。尽管到 2019 年该风险已下降 15.4%，但仍维持在 23.0%的高位。同期，南亚地区在降低过早死亡风险方面几乎没有取得显著进展。相比之下，美洲地区在 2000 年归因于非传染性疾病的过早死亡风险最低（18.2%），且至 2019 年继续保持最低水平（13.9%）。非洲、欧洲和西太平洋地区 2000 年的过早死亡风险起点水平相近（22.2%~23.9%），但在 2000~2019 年的变化幅度不同：非洲地区在 2019 年降至 21.3%，下降幅度较小（10.9%）；欧洲和西太平洋地区则表现出较快的下降速度，分别下降了 32.0%和 28.0%。尽管取得了一些进展，但自进入可持续发展目标实施阶段以来，大多数国家的变革步伐明显放缓。2015~2019 年，全球的过早死亡率年均下降与 21 世纪前 15 年相比减少逾 50%，有的甚至不足 1%。因此，全球范围内可能难以如期实现 2030 年可持续发展目标中关于非传染性疾病防控的具体目标。

2.2.2 伤害的全球负担和现状

根据 2021 年全球疾病负担研究，可归因于伤害的 DALY 从 2010 年的 2.84 亿年下降至 2021 年的 2.48 亿年（GBD 2021 Diseases and Injuries Collaborators，2024）。然而，不同地区、年龄组和性别的改善情况存在显著差异，表明伤害负担的变化具有复杂的区域和人口特征。

根据《2024 年世界卫生统计报告：SDGs 背景下的健康监测》，东南亚和西太平洋地区在 2021 年占据了全球一半以上道路交通死亡人数，分别占全球道路交通死亡总数的 27%和 25%。这些数据表明，尽管全球范围内在减少道路交通伤害方面取得了一定进展，但区域差异显著，且整体进展仍不足以实现预期目标。

全球自杀死亡总人数从 2000 年估计的 76.2 万人减少到 2021 年的 71.7 万人。在此期间，自杀导致的粗死亡率在 2000~2020 年稳步下降，从 12.4 例/10 万人下降到 9.0 例/10 万人，随后在 2021 年略微上升至 9.1 例/10 万人。美洲地区是自杀率唯一上升的地区，自杀率从 2000 年的 7.2 例/10 万人上升至 2021 年的 9.8 例/ 10 万人。自杀死亡负担最高的地区从 2000 年的西太平洋地区（24.3 万例死亡）转移到了 2021 年的东南亚地区（20.6 万例死亡）。从性别来看，2021 年全球男性的自杀死亡率是女性的两倍以上（男性 12.3 例/10 万人，女性 5.9 例/10 万人）。然而，不同性别间的差异在各地区分布不均。东南亚地区的男性与女性自杀率性别比最低，仅为 1.4，而美洲地区的性别比接近 4.0。

2021 年，全球共有近 48.1 万人死于他杀，这一数字较 2000 年略有增加，但他杀导致的粗死亡率下降了约 22%，从 2000 年的 7.8 例/10 万人降至 2021 年的 6.1 例/10 万人。2021 年，美洲地区的他杀死亡负担高达 19.9 万人，占全球他杀死亡总数的 41.3%，而该地区人口仅占全球总人口的 13.0%。此外，男性和女性面临的他杀死亡风险不均衡，且性别差异因地区而异。2021 年，全球他杀粗死亡率的男女比为 4.0，其中东南亚、东地中海和欧洲地区男女比约为 2.8，而美洲地区高达 7.1。从年龄分布来看，20~24 岁的年轻成人面临的他杀死亡风险最高。2021 年，该年龄组的全球年龄特异性死亡率达到 12.7 例/10 万人，而美洲地区更是高达 40.6 例/10 万人。

2021 年，全球约有 5.9 万人死于意外中毒，较 2000 年减少了约 4000 人。

同期，意外中毒的粗死亡率下降了 25%，从 2000 年的 1.0 例/10 万人降至 2021 年的 0.7 例/10 万人。从地区分布来看，2021 年非洲地区的粗死亡率最高，为 1.2 例/10 万人，西太平洋地区紧随其后。2000~2021 年，欧洲地区粗死亡率显著下降了近 2/3，而美洲和西太平洋地区则出现了轻微上升。此外，2021 年，美洲地区和欧洲地区的意外中毒死亡率男女比最高，分别为 2.3 和 2.6，而非洲地区意外中毒死亡率男女比最低，为 1.4。从年龄分布来看，意外中毒死亡风险在最年幼（5 岁以下）和最年长（65 岁及以上）的人群中最高。尽管这两个年龄段的人口仅占全球总人口的不到 20%，但这两个年龄段人群在 2021 年的意外中毒死亡人数却占了全球意外中毒死亡人数的近 40%。

2.2.3 与环境因素关联密切的非传染性疾病和伤害

在人类的日常生活和工作中，由于地球环境和生态系统的变化，接触到的有害因素（如空气污染、化学物质、饮用水污染、噪声和重金属）对健康产生的影响正逐步加重。全球疾病负担研究和 WHO 的数据表明，生态系统退化和环境污染已成为多种疾病的关键驱动因素，尤其在非传染性疾病的发生与流行方面。

1）环境污染

环境污染已成为全球范围内推动非传染性疾病发生和流行的关键因素，其对心血管疾病、呼吸系统疾病、癌症和代谢性疾病的影响尤为突出。空气污染、工业废物排放、化学污染和饮用水污染等多种污染源，通过多样化路径对人类健康产生深远影响。

空气污染被认为是其中最重要的致病因素之一，尤其是细颗粒物（particulate matter 2.5，$PM_{2.5}$）和臭氧污染。长期暴露于这些空气污染物中会引发炎症反应和氧化应激，导致心血管系统损伤，显著增加高血压、冠心病和中风的风险。空气污染还会削弱肺部功能，加重哮喘和慢性阻塞性肺疾病等呼吸系统疾病，并增加肺癌的发生风险。此外，水源污染和土壤污染也对人类健康构成严重威胁。工业和农业活动产生的有害物质（如铅、砷、汞等重金属）通过食物链累积或通过饮用水进入人体，对人体神经系统、免疫系统功能及肝肾功能造成损害。这种影响在低收入和中等收入国家尤为严重，已成为这些地区较高公共卫生负担的重要原因。

化学污染物（如多环芳烃、邻苯二甲酸酯和双酚 A）已被证明能够干扰人体的内分泌系统，增加代谢紊乱和肥胖症、糖尿病等代谢性疾病的风险。这类污染物广泛存在于塑料制品、农药和加工食品等日常生活接触源中。环境污染的影响在脆弱群体中尤为突出，包括儿童、老年人和慢性病患者。儿童暴露于空气污染和重金属中，会导致肺功能发育不良、神经系统损伤等健康问题，严重影响其终生健康。而老年人和慢性病患者则对环境污染的抵抗能力较弱，更易受到多种环境暴露的协同危害，从而加重病情并增加早期死亡风险。

2）城市化进程

在星球健康理念下，快速城市化和生活方式现代化显著改变了人类的日常行为模式。这些变化一方面通过减少体力活动、增加久坐行为，促进了肥胖症、糖尿病和高血压等慢性病的流行；另一方面通过改变病原体生态环境和人类社会环境，影响传染病的发生与传播风险。首先，土地利用方式直接影响居民的活动选择和健康机会。在高度集约化的城市发展中，更多的土地被用于商业和住宅开发，忽视了适合步行和骑行的空间，尤其是在密集型居住区，严重限制了人们的日常活动。其次，城市中的蓝绿色空间，包括公园、绿地、河流和湖泊等自然元素，对居民的身心健康起着至关重要的调节作用，还有助于改善空气质量。然而，许多城市蓝绿色空间匮乏，导致居民与自然环境互动较少。此外，无序的交通规划常引发空气污染和噪声污染，这些环境压力源不仅与哮喘和慢性阻塞性肺疾病等呼吸系统疾病的恶化密切相关，还可能对心血管系统和其他多系统健康产生不良影响。此外，城市热岛效应作为城市化进程中的一个典型环境问题，对人类健康构成了独特挑战。建筑密集和绿化不足使城市内温度显著高于周边郊区，尤其在夜间更为明显。这种温度差异加剧了居民的热应激风险，尤其对老年人、儿童及慢性病患者危害尤甚。城市热岛效应还会加重空调需求，增加能耗，导致环境负担加重，形成健康与环境之间的恶性循环。

3）气候变化

随着全球气温升高、极端天气事件频发以及气候模式变化，气候变化对人类健康的影响愈加显著，尤其对那些已经暴露于环境污染和健康不平等的脆弱群体而言。气候变化通过多种途径影响非传染性疾病，如气温上升、热浪频发、极端天气事件增加以及食物和水资源的供应变化。高温暴露显著增加了中暑、心血管疾病和呼吸系统疾病的风险，老年人和慢性病患者尤其容易受到影响。此外，气候变化对农业生产和水资源供应的影响间接加重了非传染性疾病的负担。气温上升和降水模式的变化可能导致粮食供应的不稳定，增加某些地区营养不足或饥饿的风险。这种状况不仅直接危害健康，还通过饮食结构的不均衡，加剧了肥胖症、糖尿病等代谢性疾病的风险。同时，饮用水污染的风险也在增加。水质恶化不仅可能导致水源性疾病的传播，还加剧了与不良水质相关的肝病和肾病。气候变化还通过改变人们的生活方式和行为模式影响非传染性疾病的流行。例如，高温和恶劣天气条件可能迫使人们减少户外活动，导致体育锻炼的机会减少，从而增加代谢性疾病的风险。此外，气候变化可能改变一些地区的饮食模式，增加人们对高热量、高脂肪食物的依赖，进一步加重肥胖和心血管疾病的负担。

2.3 全球心理健康现状及影响因素

心理健康，简而言之，就是个体在心理功能上的完好状态，表现为个体具有生命的活力、积极的内心体验、良好的社会适应能力，能够有效地发挥个人的身心潜力以及作为社会一员的积极的社会功能。在快节奏的现代生活中，人们往往更关注身体健康，而忽视了心理健康的重要性。

2.3.1 全球心理健康现状

WHO 于 2022 年发布的《世界精神卫生报告：向所有人享有精神卫生服务转型》中所指出：我们正经历一场全球性精神卫生危机。据 WHO 估计，2019 年，全球约有 9.7 亿人患有精神障碍，占全球总人口的 13%。其中，焦虑症（31.0%）和抑郁症（28.9%）最为常见，之后依次为：特发性发育障碍（11.1%）、注意缺陷多动障碍（8.8%）、双相障碍（4.1%）、品行障碍（4.1%）、孤独症谱系障碍（2.9%）、精神分裂症（2.5%）和进食障碍（1.4%）。值得注意的是，高收入国家精神障碍患病率明显高于低收入国家。WHO 在 2024 年发布的《青少年精神卫生》报告显示，全球 10~19 岁人群中，约有 1/7 患有精神障碍，占该年龄组全球疾病总负担的 13%，尤其是抑郁症、焦虑症和行为障碍。此外，青少年群体中感到压力、恐惧和孤独的比例还在不断增加。

2.3.2 环境因素与心理健康的密切联系

在星球健康框架下，自然环境和社会环境因素对心理健康的影响不容忽视。极端天气事件（如热浪、洪水和干旱），不仅威胁生态系统和人类生计，还对人类心理健康产生深远影响。例如，经历了严重洪水的社区居民往往面临创伤后应激障碍（post-traumatic stress disorder，PTSD）的风险更高，而长期暴露于自然灾害后的个体更易出现持续的焦虑和恐惧，进而影响其日常生活和社会功能。热浪带来的高温不仅影响生理健康，还可能诱发抑郁症和焦虑症，尤其是对极端温度的适应能力较差老年人群体而言。此外，干旱和水资源短缺导致的生计困难常伴随社会关系紧张和心理压力增加，这在高度依赖农业的社会中表现得尤为突出。

在星球健康的背景下，社会环境因素对心理健康的影响同样重要。快速的城市化进程往往伴随着生活压力的增加和社会支持的削弱，从而加重心理健康问题。例如，大城市中，高密度人口和拥挤的居住条件容易导致社交孤立和情绪压力，这与抑郁症和焦虑症的发生密切相关。城市化引发的绿地面积减少也是一个关键因素。公共绿地和自然空间的缺乏限制了人们接触自然、缓解压力的机会，从而可能进一步增加出现心理健康问题的风险。社会经济不平等和贫困状况也会加剧心理健康问题，特别是在低收入家庭中。此外，工作压力同样是影响心理健康的一个关键社会因素，长时间的工作、过高的工作负荷以及工作与生活的失衡常导致高水平的压力和心理疲劳，从而引发抑郁症和焦虑症。

在星球健康的视角下，这些自然和社会环境因素的综合作用揭示了环境变化对心理健康的深远影响，突显了在应对环境挑战时，实施综合政策干预和加强社会支持系统建设的必要性。通过提升社区韧性、优化社会保障体系，可以有效缓解环境变化带来的心理健康问题，促进社会的适应能力与心理韧性。同时，这种综合性策略有助于推动人类与自然环境的和谐共生，为实现可持续发展的目标提供坚实的基础。

2.4 结束语

人类健康不仅是身体健康的体现，还与全球生态系统的健康状况密切相连。要实现全面的健康提升，必须建立在人与自然和谐共生的基础上。保护生态系统、维持生物多样性和减少人类活动对环境的负面影响是实现可持续健康发展的基础。将环境保护融入日常生活和政策制定，不仅能促进生态与健康的双赢局面，还能为未来健康管理的转型提供保障。

随着技术的发展，未来的健康管理将越来越依赖于系统性整合的环境和健康监测机制，通过集成大数据分析和人工智能技术，可以更准确地预测环境变化对健康的潜在影响，从而为决策提供科学依据。同时，政策层面的调整也至关重要。例如，推动绿色基础设施建设，增加城市绿地、改善空气质量和水资源管理、鼓励可持续的生产和消费模式等，都将对健康促进产生深远影响。社会政策的调整将是实现健康公平的关键，同时，全球范围内的合作与知识共享也尤为重要。

面对未来，人类健康既面临着多重挑战，也蕴藏着丰富的机遇。星球健康的视角为我们提供了新的思路和策略，以应对全球健康的复杂性和不确定性，建立一个更加健康、可持续的未来，让人类与地球共同繁荣。

思考题

1. 为什么要重新定义人类健康？人类健康包含了哪几层含义？
2. 未来全球人类健康的主要挑战是什么？

3. 传染病与非传染性疾病在全球负担的变化趋势有何不同？
4. 环境因素如何在全球传染病的传播中发挥作用？
5. 结合具体实例，讨论自然或社会环境因素对非传染性疾病负担的影响。
6. 请分析与环境因素密切相关的伤害类型，探讨改善这些问题的策略。
7. 星球健康框架下的心理健康问题为何值得特别关注？
8. 结合具体实例，探讨星球健康如何影响全球范围内的心理健康状况。
9. 从星球健康的视角，如何应对未来全球心理健康的挑战？

参考文献

詹思延, 叶冬青, 谭红专. 2017. 流行病学. 第 8 版. 北京: 人民卫生出版社.

Frankish H, Boyce N, Horton R. 2018. Mental health for all: A global goal. The Lancet, 392(10157): 1493-1494.

GBD 2021 Diseases and Injuries Collaborators. 2024. Global incidence, prevalence, years lived with disability (YLDs), disability-adjusted life-years (DALYs), and healthy life expectancy (HALE) for 371 diseases and injuries in 204 countries and territories and 811 subnational locations, 1990-2021: a systematic analysis for the Global Burden of Disease Study 2021. The Lancet, 403(10440): 2133-2161.

GBD 2021 Risk Factors Collaborators. 2024. Global burden and strength of evidence for 88 risk factors in 204 countries and 811 subnational locations, 1990–2021: A systematic analysis for the Global Burden of Disease Study 2021. The Lancet, 403(10440): 2162-2203.

Romanello M, Walawender M, Hsu S C, et al. 2024. The 2024 report of the Lancet Countdown on health and climate change: facing record-breaking threats from delayed action. The Lancet, 404(10465): 1847-1896.

Saxena S, Kline S. 2021. Countdown global mental health 2030: data to drive action and accountability. The Lancet Psychiatry, 8(11): 941-942.

United Nations. 2015. Sustainable Development Goals. (2015-09-25) [2025-05-09]. https://sdgs.un.org/goals.

World Health Organization. 1948. WHO remains firmly committed to the principles set out in the preamble to the Constitution (Forty-ninth edition) . (1948-04-07) [2025-05-09]. https://www.who.int/zh/about/governance/constitution.

World Health Organization. 2016. Global action plan on antimicrobial resistance. (2016-01-01) [2025-05-09]. https://www.who.int/publications/i/item/9789241509763.

World Health Organization. 2022. World mental health report: Transforming mental health for all. (2022-06-16) [2025-05-09]. https://www.who.int/teams/mental-health-and-substance-use/world-mental-health-report.

World Health Organization. 2024a. Mental health at work. (2024-09-02) [2025-05-09]. https://www.who.int/news-room/fact-sheets/detail/mental-health-at-work.

World Health Organization. 2024b. Mental health of adolescents. (2024-10-10) [2025-05-09]. https://www.who.int/news-room/fact-sheets/detail/adolescent-mental-health.

World Health Organization. 2024c. Poliomyelitis. (2025-04-02) [2025-05-09]. https://www.who.int/news-room/fact-sheets/detail/poliomyelitis.

World Health Organization. 2024d. World health statistics 2024: monitoring health for the SDGs, sustainable development goals. (2024-05-21) [2025-05-09]. https://www.who.int/publications/i/item/9789240094703.

第3章

人与自然环境的共同演化及相互影响

王梓萌　李　伟　戴宗仁

本章要点

- 人类社会发展与全球环境变化的关系概述
- 当前环境挑战及其对地球和人类社会的威胁
- 人类活动与生态环境的关系及其对弱势群体的影响
- 全球合作推动可持续发展，促进人与自然和谐共生

逻辑框图

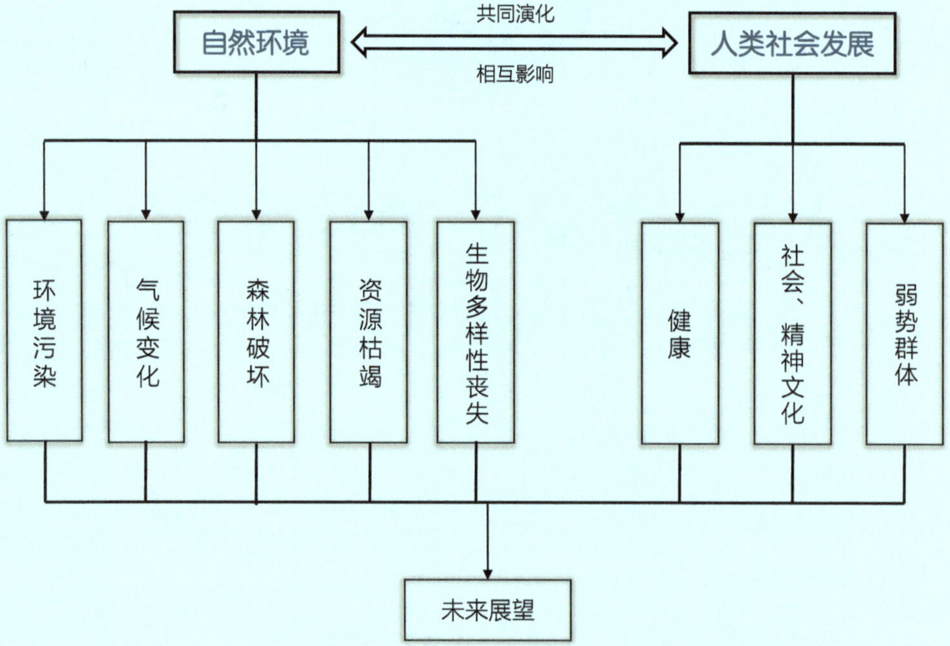

共同演化
自然环境
人类社会发展
相互影响
环境污染
气候变化
森林破坏
资源枯竭
生物多样性丧失
健康
社会、精神文化
弱势群体
未来展望

人类发展对环境具有依赖性。过去 100 年，全球人口和经济总量急速增长，随之而来的是人类社会与环境在规模、深度和性质上的改变，人类活动与生态系统演化过程变得也愈发复杂，并为星球健康带来前所未有的挑战。这些挑战包括全球变暖、生物多样性锐减、生态系统功能退化、淡水资源枯竭和环境污染等。而工业化、城市化、土地利用方式的变化和资源过度开发等人类活动，进一步加剧了环境压力。全球环境变化和生态稳定与人类福祉息息相关，环境恶化不仅威胁社会可持续发展，还对人类健康产生深远影响。

本章系统阐述了人类社会发展对环境的影响。通过实例研究，分析社会进步过程中生态系统、野生动植物、空气质量和水资源等方面的变化；同时，深入探讨了环境退化对生态系统和野生动植物的破坏；阐述了空气、水、土壤等污染对人类社会的影响；并特别关注了环境问题对弱势群体的特殊影响。通过实例和研究，揭示了人类发展与环境之间的复杂关系，并引发关于如何推动可持续发展和环境正义的思考。

3.1　人类发展与自然环境的共同演化

环境变化是自然过程与人类社会发展共同作用的结果。纵观人类文明演进史，从最早的狩猎采集社会到农耕社会，再到现如今复杂的工业化社会，人类的发展轨迹与地球环境变迁息息相关。人类历史上每一个重要里程碑，如农业革命、工业革命及信息时代的兴起，都在不同程度上改变了人类与自然的关系。农业革命带来了大规模的土地开垦和种植，工业革命则引发了大规模的化石燃料燃烧和大量温室气体排放，而信息时代在促进科技的飞速发展的同时，也伴随着不可忽视的数字化环境影响。

这些人类社会发展的重要转折点塑造了我们的社会结构、经济体系和文化习惯，同时也深刻地改变了地球的生态系统。随着技术的进步和人口的增长，人类对自然资源的需求也与日俱增，这导致了土地利用方式的变化、森林覆盖率下降、水资源过度开发以及大气和水体污染等环境问题的加剧。因此，环境变化不仅是自然过程的结果，更是人类活动的直接反映。人类的行为和决策成为塑造地球未来环境的关键因素。本节基于人类活动对自然环境的影响程度及其主导特征，将人类发展历史划分为 5 个阶段：农业时代、工业时代、信息时代、现代消费主义时代以及人类世（anthropocene），以探索人类与自然环境共同演化的过程。

3.1.1 农业时代：耕作与土地改造的起点

早期人类社会以狩猎采集为主，随后逐渐发展出自给自足的农业耕作活动。在这一早期阶段，人类社会与环境之间保持着相对和谐的关系。虽然存在局部的环境影响，但人类活动的规模基本上与生态系统的恢复力和承载力保持着平衡。大约一万年前的新石器时代晚期，人类可能由采集野生作物发展为有意识地栽种，逐步到半定居的农耕生活方式。这一时期的关键里程碑是农业革命的发生，这一重大转折使人类社会的生活方式从狩猎采集为主转变为农业生产为主。农业时代的到来意味着人类活动对环境的影响进入了新的阶段。在各古文明发源地（如美索不达米亚平原、地中海环线区域、黄河流域等），由于农耕文明的发展，均出现了由不合理开垦和灌溉造成的土地退化。以黄河流域为例，最初的黄土高原森林与草原生长茂密，土地肥沃，而随着铁器工具的发明和应用，社会生产力提升，人口规模逐渐扩大，人类对植被的破坏程度不断增强，大片森林、草原逐渐被耕地替代。随着农业的持续发展及人口增长，森林破坏程度不断加剧，至新中国成立初期，黄土高原地区森林覆盖率仅为 6.1%。

3.1.2 工业时代：工业化带来的环境代价

18 世纪，工业革命的兴起标志着人类历史上一个重要的转折点，它不仅带来了经济繁荣和科技进步，也深刻改变了人类与环境之间的关系。随着机械化生产的推广，以煤炭及石油为代表的化石燃料的大规模使用，释放出了前所未有的能量，推动工业化进程迅猛发展。与此同时，工业革命也带来了严重的环境问题。

工业革命以来，生产力的飞速提升催生了人口数量的急剧增长。此外，农业技术的飞跃、土地所有制的改变、家庭结构的调整以及流行病学的进步，也使得死亡率显著下降，进一步推动了人口的膨胀。农业时代，人口增长率仅为0.4%；而进入工业时代后，人口开始快速增长，增长率达 6.4%；当人类社会进入第三次工业革命，人口出现爆炸式增长，增长率高达 17%。1950 年，全球人口仅为 25 亿，随着工业革命的推进，人口规模呈现大幅增长的态势。根据《全球环境展望 6》（Global Environment Outlook 6，GEO-6）的预测，到 2030 年，全球人口将达到 85.5 亿，而到 2050 年，这一数字预计攀升至 97.7 亿（图 3.1）。人口膨胀，环境承受的压力也会相应成比例增大，主要表现为：自然生态系统被城市化取代、生产与放牧导致更多温室气体排放、自然资源供应日益紧张、污染排放增加等。

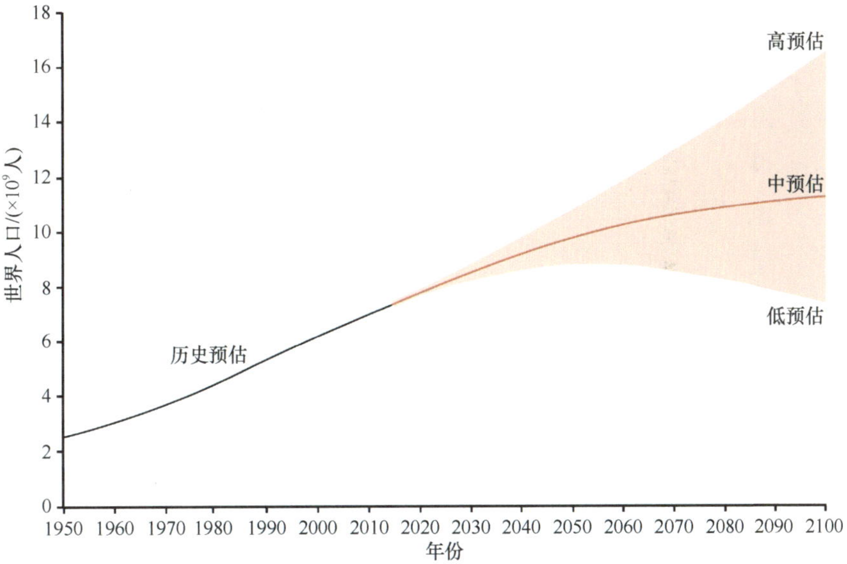

图 3.1　全球人口预估（联合国环境规划署，2019）

蒸汽机发明以来，人类社会的生产力实现了质的飞跃。工业革命的浪潮席卷全球，推动了经济的快速增长和科技的迅猛发展。然而，这种发展模式伴随着巨大的能源消耗和环境破坏代价。为了满足不断增长的能源需求，人类大规模使用煤炭、石油等化石燃料，导致大量的二氧化碳等温室气体被排放到大气中，特别是能源转化、工业和交通的排放均处高位（图 3.2），最终导致全球变暖。大规模的自然资源开采不仅加速了资源的耗竭，开采过程中导致的土地的退化和生态系统的破坏也加剧了人与自然的冲突，如矿山的开采和尾矿污染。城市化进程中，大量的自然生境被开垦、开发，自然生态系统占地面积持续萎缩。亚马孙雨林由于其调节气候以及参与全球碳循环的重要功能被称为“地球之肺”，而如今由于森林砍伐、资源开发以及森林火灾等原因，亚马孙雨林面积较原始状态已经缩减 20%（Rodrigues，2023），也由此引发了一系列环境问题，如洪水泛滥、干旱加剧、全球变暖，以及森林生物多样性急剧减少等。

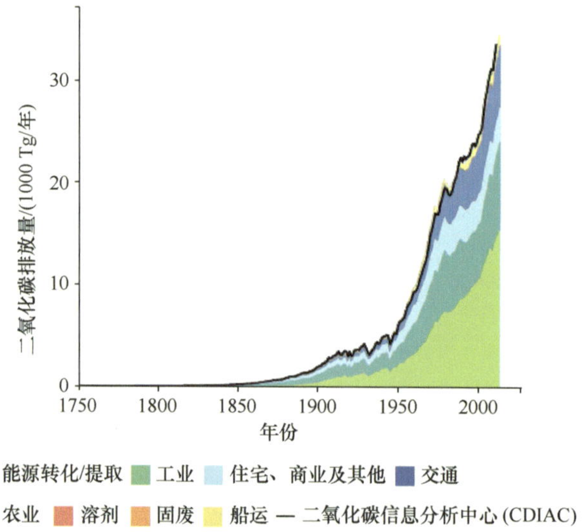

图 3.2 全球二氧化碳排放量（Hoesly et al.，2018）

水和空气污染已成为普遍现象。工业废水和废气的无序排放使得许多地区的水源受到严重污染。我国云南昆明滇池是西南地区的明珠，然而近代工业化进程中却遭受了严重污染，成为我国环境治理方面的重点关注对象。其污染成因是自然和社会经济活动长期交互影响的结果，而人为活动带来的地理环境的改变和污染源的排放是滇池污染的主要原因。滇池为一个半封闭的湖泊，湖水流动性差、置换周期长，随着社会和经济的发展，昆明市区人口愈发密集，人类活动愈发频繁，且当地工农业迅速发展，从而导致大量未经处理或处理不达标的污水直接排入湖体后滞留在滇池内，形成难以根除的内源污染。同时，其流域内的植被和环境常年遭到破坏，生态系统功能持续减弱，从而进一步加剧了滇池生态环境的恶化。

大气中的有害物质也加剧了空气质量的恶化以及大气环境的破坏。近代许多国家在工业化进程中都经历过较为严重的空气污染事件，如比利时马斯河谷烟雾事件（二氧化硫和三氧化硫）和美国洛杉矶光化学烟雾事件（碳氢化合物）等。这些工业废气以及汽车尾气排放所导致的大气污染严重损坏了人类的身体健康以及日常生产生活。工业生产以及日常电器制冷机运行中常用的制冷剂——氟利昂（freon）被认为是臭氧空洞形成的主要原因。卫星观测表明，南极上空的臭氧空洞正在持续扩张，导致到达地球表面的太阳紫外线逐渐变强，通过光化学反应放大了温室效应，进一步加剧了气候变暖等一系列环境问题。

3.1.3 信息时代：数字化发展与环境问题的新挑战

信息时代的到来改变了人类的生产生活模式，但随之而来的是新的污染物与环境问题。而从另一方面来讲，信息爆炸的时代，人们获取、整合各方资源与各方面信息的能力得到极大提升，这也有利于环境政策制定模式的转变。

信息时代以计算机和互联网的广泛应用为标志，改变了人类信息的处理和传播方式。这一时代从 20 世纪后半叶开始，至今仍在继续演进。在信息时代，信息技术产业的迅猛发展无疑为全球经济注入了强大的动力。然而，正如硬币有两面，这一产业的崛起也带来了一系列新的挑战，其中之一便是电子垃圾（electronic waste）问题。电子垃圾现已成为当今地球上增长最快的垃圾类型，其年增长率高达 3.4%。据国际电信联盟（International Telecommunications Union，ITU）和联合国训练研究所（United Nations Institute for Training and Research，UNITAR）联合发布的《2024 年全球电子废弃物监测报告》显示，2022 年全球电子垃圾总量达 6200 万 t，而其中仅有 22.3%的电子垃圾得到了有效的回收利用，其余大部分都被不当处理，给环境造成了巨大的压力。

电子垃圾的成分复杂，塑料是其最重要的组成部分之一，几乎占据了电子垃圾总量的 20%（Sahajwalla and Gaikwad，2018）。尽管近年来塑料回收技术取得了一些进展，但由于电子产品中普遍存在阻燃剂，使得塑料的回收工作在很大程度上受到了阻碍。此外，电子垃圾中不仅含有塑料，还含有大量的重金属和有害物质，如铅、汞等。这些物质如果得不到妥善处理，很容易渗透到土壤和地下水中，造成严重的环境污染，并对人类及动植物的健康造成威胁。

3.1.4 现代消费主义时代：资源过度消耗的扩展

在西方资本主义发展到了一定时期，现代消费主义逐渐兴起，并随着全球化不断蔓延到世界各国。在消费主义盛行的时代，人们追求满足自身物欲，试图通过盲目消费寻求自我认同，并在消费过后快速淘汰尚具使用价值的物品。这种观念的盛行以及社会运转模式使得资源开采、能源消耗和废弃物产生呈指数级增长，并导致了广泛的环境破坏和生物多样性丧失。与此同时，一次性商品的大量增加和各大企业的有计划废止（planned obsolescence）进一步加剧了人类社会对自然资源和生态系统的压力。

研究者们认为不可持续的消费模式是对环境的主要威胁之一。为了满足人们不断增长的消费需求，自然资源开采强度持续攀升，导致森林砍伐、水资源枯竭等问题日益严重。同时，很多商品在短暂使用后就被抛弃，这种“一次性”消费习惯不仅造成了资源的浪费，还加剧了环境问题的恶化。

不仅如此，在消费主义盛行的时代，各种商品琳琅满目，广告无处不在，诱惑着人们不断购买新的物品。从塑料包装到电子产品，从服装到家居用品，各种废弃物不断堆积，给环境带来了巨大的负担。塑料污染是消费主义盛行时代过度消费的一个典型例子。随着人们对塑料制品的依赖度越来越高，塑料垃圾的数量也呈爆发式增长。大量的塑料袋、塑料瓶、塑料餐具等被随意丢弃，不仅占据了宝贵的土地资源，还造成了土壤和水体的污染。这些塑料垃圾在自然环境中难以降解，长期存在，对生态系统造成了严重破坏。

3.1.5 人类世：环境危机的反思与调整

人类世的概念源于国际地圈–生物圈计划（International Geosphere-Biosphere

Programme，IGBP）的跨学科工作。1987~2015 年，该计划一直是全球环境变化分析和可视化的核心。在地球系统科学这一相对较新的学科中，人类世是指由人类引发的一种新的地球运行状态，且这种状态随着时间的推移而不断加剧。

这一概念的提出，用以描述人类活动对地球系统的广泛而深远的影响。自工业革命以来，人类通过能源开发、土地开垦和工业生产，显著改变了地球自然过程，形成了以人类活动为主导的全球环境变化新阶段。工业化时代的信息化进程进一步加剧了这一转变，人类对化石燃料的依赖和自然资源的过度开发，让地球生态系统承受了前所未有的压力。

人类活动所产生的人工物质，如塑料、钢铁和混凝土，其总量现已超越地球上的自然生物总量，成为“人类世”这一时代的重要标志。这些物质的持续累积加剧了环境污染，影响了土壤、水体和空气的自然循环，并深刻改变了地球表层生态系统的运行模式。此外，森林砍伐、土地退化和湿地消失等现象加剧了生态系统的失衡，生态服务功能显著减弱。科学家们认为，这种由人类活动主导的地球变化已超越了自然系统的调节能力，进入了一个“不可逆转”的新阶段。

但随着人们对环境问题及其对人类健康和福祉的影响愈发重视，人们对环境的态度也在不断演变。环保运动的出现，如 19 世纪末的资源保护运动和 20 世纪 60 年代和 70 年代的环保运动，在提高公众意识和倡导政策变革方面发挥了关键作用。人类发展历程在环境领域留下了深刻的印记，塑造了地貌，改变了生态系统，影响了全球环境变化的走向。

3.2　人类活动引发的主要环境问题

人类活动在推动社会经济快速发展的同时，也深刻改变了地球的自然环境，催生了多种环境问题。这些问题从局部污染到全球性危机，既影响了生态系统的稳定性，也威胁着人类社会的可持续发展。工业化和城市化进程加速了资源的开采与利用，但由此产生的工业废水、废气和固体废弃物对土壤、水体和大气造成了大范围污染。农业现代化虽然提高了粮食产量，但化肥和农药的过度使用引发了土壤退化、水体富营养化等问题。与此同时，燃烧化石燃料和土地利用方式的变化导致温室气体排放量激增，加剧了全球气候变暖的趋势。

3.2.1 环境污染

随着人类生产力的发展，人类活动对环境产生的影响越来越大。空气污染是最主要的污染形式之一，化石燃料的燃烧和汽车尾气的排放大大加剧了这一问题。水污染源自工业废水、农业径流以及未经处理的生活污水，危及淡水资源和水生生态系统。土壤污染同样不容忽视，过度使用化肥、农药以及工业废渣的排放，导致了土壤中重金属和污染物的积累，严重损坏了土壤生态系统的健康。

空气污染是工业化社会最早显现的环境问题之一。从历史上看，自工业革命以来，大量煤炭等化石燃料的燃烧导致城市空气质量显著恶化，引发了许多严重的污染事件。随着全球范围内工业化的升级，许多发达国家采取了更加严格的空气质量管理措施，但空气污染在众多发展中国家仍然是一个紧迫问题。在部分发展中国家，尤其是冬季，燃煤供暖和农业废物焚烧等因素使空气中的细颗粒物（$PM_{2.5}$）浓度急剧上升，严重威胁公众健康。此外，空气污染不仅影响人类健康，还加剧了气候变化，其排放的温室气体和悬浮颗粒物对全球变暖的推动不可忽视。

水污染是威胁生态系统和人类健康的另一大难题，其来源复杂多样，包括工业废水排放、农业径流中的化肥和农药、生活污水以及采矿废水。在工业化和城市化快速推进的背景下，水污染问题日趋严峻，这一现象在发展中国家表现尤为突出。例如，中国太湖蓝藻水华暴发以及印度恒河的持续性污染，均由工业废水、农业富营养化物质和生活污水未经处理排放所致。这些污染问题不仅破坏了水生生态系统，还直接危害了饮用水资源的安全。此外，新兴的微塑料污染问题正逐渐引发关注，化妆品、纺织品和农业薄膜的使用导致微塑料进入水体，进一步威胁水生生物和生态环境。

土壤污染是一个相对隐蔽但影响深远的问题。工业活动、农业化学品的过量使用以及固体废弃物的排放导致土壤中的重金属和有机污染物累积，破坏了土壤的结构、功能和生态系统服务。此外，微塑料污染的兴起使得农业土壤中的塑料颗粒积累问题愈加严重，对土壤的物理性质和粮食安全构成长期威胁。

空气、水和土壤污染不仅是独立的问题，更是一个相互交织的复杂系统。空气中的污染物可以通过降水进入水体和土壤，而土壤中的污染物又可通过径流进入水体，进一步影响生态系统的健康。

3.2.2　气候变化

气候变化是当今人类面临的最紧迫和影响最深远的环境挑战之一。早在 19 世纪初，科学家就提出了“温室效应”的概念，继而多位科学家围绕“温室气体与全球变暖”及其影响等问题展开深入研究，对人类活动排放的二氧化碳可能改变地球气候系统的后果作出预估，呼吁尽快采取行动应对气候变化。气候变化和全球变暖是由温室气体浓度上升引起的，这些气体主要包括二氧化碳、甲烷和氧化亚氮。随着全球变暖，世界面临的极端气候灾害越来越多，其中一些影响将不可逆转。基础设施不健全和低洼沿海居住地等面临的气候风险将加剧。气候变化会与自然资源的不可持续利用、快速城市化进程、社会不平等现象、极端气候事件和流行病造成的损失和损害等产生相互作用，危及未来发展。

世界气象组织（World Meteorological Organization，WMO）发布的《2023 年全球气候状况》显示，2023 年的年均温比工业化前的基线高出约（1.45±0.12）℃。世界气象组织秘书长 Petteri Taalas 指出：2023 年不仅创下气温纪录，其他多项气候数据也突破历史极值。其中，二氧化碳浓度比工业化前高出 50%，将大量热量滞留在大气中；海洋持续升温以及冰川冰盖消融，共同推动海平面上升创历史新高；同时，南极海冰最大范围创历史最低值，比之前南半球冬季结束时的最低纪录少了整整 100 万 km^2。更频繁的热浪、干旱和洪水已超过一些动植物的承受极限，导致一些树木和珊瑚大规模死亡。

3.2.3　森林破坏

森林砍伐，即大规模清除森林植被的行为，正对全球生态系统的健康构成严重威胁。这一过程不仅直接减少了森林面积，还引发了一系列环境问题，如栖息地减少、生物多样性丧失以及生态系统服务退化，同时还导致碳排放的增加，加剧气候变化，影响深远。

随着人类发展进程加快，全球森林面积正急剧减少。全球森林观察（Global Forest Watch，GFW）数据显示，2002~2023 年，全球湿润原始森林损失面积共计 7630 万 hm^2(https://www.globalforestwatch.org.)。联合国粮食及农业组织(Food and Agriculture Organization of the United Nations，FAO）估计，目前全球每年约有 1000 万 hm^2 森林遭到破坏。而我国几千年的发展历程中，大面积森林受到了严重破坏。据国家林业和草原局最新统计，全国森林覆盖率仅略高于 25%。近代以来，大约有 95%的森林砍伐发生在热带地区，而农业扩张是热带森林砍伐的主要原因。2011~2015 年，热带地区 90%~99%的森林砍伐直接由农业活动驱动（Pendrill et al.，2022）。

森林是地球上生物多样性最丰富的生态系统之一。热带雨林中栖息着约 80%已知的陆生动植物物种。然而，森林砍伐导致许多物种失去栖息地，生态链被破坏，增加了物种灭绝的风险。例如，热带雨林的砍伐使得许多特有物种面临生存威胁。同时，作为地球最重要的碳汇系统，森林通过光合作用吸收二氧化碳。根据国家林业和草原局数据显示，截至 2023 年底，我国森林年碳汇量达 12 亿 t 以上。砍伐森林会释放储存在树木中的碳，加剧温室气体的积累，导致全球气候变暖。此外，森林减少还会影响局部气候，降低湿度，增加地表温度，进一步加剧气候变化带来的负面影响，并对地球水资源管理产生深远影响。森林通过蒸腾作用调节水循环，并防止水土流失。然而，森林砍伐破坏了这种水资源管理系统。砍伐后的林地容易受到土壤侵蚀，导致水土流失严重、水源减少和水质恶化。这不仅对附近的社区造成了严重影响，还对整个流域的生态系统产生了长期而无法修复的破坏。许多社区和族群依赖森林资源维持生计。森林砍伐直接剥夺了他们的经济来源。此外，失去了森林所提供的生态服务，如木材、草药等，而又没有相应的替代资源，将加剧社区的贫困化和社会不稳定。

联合国提出，要在 2030 年之前将全球森林面积增加 3%，约为 1.2 亿 hm^2，以应对日益严峻的生态危机。通过全球合作，各国正在积极推进退化土地的修复和森林的可持续管理。这些努力主要集中在生态脆弱区和生物多样性丰富的地区，如非洲、亚洲和拉丁美洲的部分区域，旨在恢复森林生态系统的功能，同时改善农业土地的生产力。这些恢复行动不仅有助于减缓气候变化的影响，减少土地退化和森林资源的丧失，还能为当地社区创造更多就业机会，提高粮食安全和水资源可用性，进而推动实现可持续发展目标的全面落实。通过国际社会的共同努力，森林恢复将为构建人与自然和谐共生的未来奠定基础。

3.2.4 资源枯竭

自然资源的不可持续提取和消耗对环境可持续性构成了根本性挑战。从化石燃料、矿产到淡水和土地，人类活动以惊人的速度消耗了有限资源，导致生态系统退化、栖息地丧失，并引发了有关资源获取和分配的社会冲突。人口增长与消费水平上升加剧了对地球资源的压力，进一步推动环境退化和社会不平等。

1. 能源枯竭与未来能源挑战

能源是人类生存和发展的基础。目前，全球 80%以上的电力来自燃煤或燃油的火力发电。化石燃料是不可再生资源，虽然储量仍然可观，但随着人口增长和需求增加，能源枯竭的风险越来越大，特别是石油资源的迅速消耗已成为全球关注的焦点。此外，化石燃料的使用也引发了温室效应、酸雨和放射性污染等环境问题。因此，开发清洁、高效的新能源已成为当务之急。全球范围内的新能源开发主要集中在太阳能、风能、地热能和氢能等领域，这些新能源有望缓解未来能源危机。

2. 水资源危机：全球与区域挑战

水资源是维持生命和农业生产的关键要素，但全球水资源的枯竭趋势日益严峻。近年来的研究表明，2000~2022 年，全球 71%的地下含水层水位显著下降，部分地区每年下降超过 0.1 m。联合国统计数据显示，全球有 20 亿人无法获得安全饮用水，预计到 2050 年，全球高达 60%的人口（约 40 亿人）每年至少有一个月处于高度缺水状态。我国虽然水资源总量位居世界前列，但人均占有量仅为全球平均水平的 1/4，且水资源在时间和空间分布上极不均匀，导致部分地区面临严峻的水资源供需矛盾。

3. 土地资源枯竭：耕地压力与土地退化

土地是人类赖以生存的基础，全球 95%以上的食物生产依赖耕地。然而，随着人口增加和城市化进程加快，土地资源面临巨大压力。虽然农业机械化、能源投入增加和科技进步可以促进粮食生产，但土地生产力的提升空间是有限的。如果土地利用强度超过土地其承载能力，负荷继续增加，就会造成土地的过度使用和破坏。过度开垦、滥伐以及不当的农业管理已造成土壤侵蚀、荒漠化和盐渍化等问题持续恶化。我国人均耕地面积低于全球平均水平，耕地减少与人口过剩的矛盾十分突出。非农建设占用、农业结构调整以及自然灾害等都导致土地生产力下降，其引发的土地质量持续恶化也进一步威胁粮食安全。

目前，人类社会面临的环境挑战在规模和复杂性上令人望而生畏，已对地球生命构成了实质性威胁。应对这些挑战需要在地方、国家和全球层面上的协调努力，以科学证据为指导，推动跨学科合作，并致力于可持续发展。

3.2.5 生物多样性减少

生物多样性的快速减少已成为一个重要的环境挑战，对生态系统功能和韧性具有深远影响。人类活动导致的栖息地破坏、生境碎片化、环境污染和外来物种入侵，已经将物种灭绝率推向了前所未有的水平，致使科学家警告可能发生第六次大规模物种灭绝事件。生物多样性的降低威胁到对人类福祉至关重要的生态系统服务，包括作物授粉、土壤肥力维持、水质净化和碳储存等重要功能。

2023 年 12 月 11 日，《世界自然保护联盟濒危物种红色名录》（简称《IUCN 红色名录》）发布，共收录 157 190 个物种，其中 44 016 种濒临灭绝。特别是淡水鱼类，有 25%的物种正面临灭绝危机，主要由于气候变化、水污染、过度捕捞等多重因素的共同作用。例如，肯尼亚图尔卡纳湖的虎头海雕，这一重要经济物种的保护等级已从“无危”提升至“易危”。

2006~2020 年，全球野生动物种群数量减少了 23%，这一趋势在多个物种上得到了清晰的体现。大西洋鲑鱼由于栖息地破坏、气候变化以及水坝阻隔迁徙路线等多种因素影响，种群数量急剧下降，现仅存于北欧和北美的少数河流中。

弯角剑羚曾因偷猎和极端气候的共同作用而野外灭绝，虽然通过国际保护项目得以复原，但其生存仍面临气候变化带来的严峻挑战。此外，气候变化对绿海龟种群的威胁日益加剧，高温导致孵化率下降，海平面上升淹没繁殖海滩，其食物来源也因海洋变暖和洋流变化而逐渐减少。诸如这些濒危物种的生存困境，正反映了全球范围内生物多样性丧失所带来的深远影响，而气候变化的加剧使这一过程更加严峻。许多物种的种群减少不仅是区域性问题，更是全球生态系统面临的长期挑战。

3.3　自然环境对人类的多维影响

自然环境对人类的影响是多层次且复杂的，既包括生存条件的影响，也涵盖精神文化层面。环境恶化、资源枯竭等环境问题不仅威胁着自然生态系统的稳定，也对人类社会产生了多层次的深远影响，其通过加剧人类健康风险、破坏经济稳定、加深社会不平等等多种途径，直接或间接地改变着人类生活的基础。同时，自然环境对人类文化价值观、精神体验和社会结构也产生了重要影响。特别是弱势社区，由于经济资源匮乏和政策支持不足，承受了不成比例的环境负担，健康、经济和社会发展的能力均受到显著制约。

3.3.1　环境恶化对人类健康的威胁

环境问题正在对人类健康构成直接且深远的威胁，这些威胁同时体现在身体健康和心理健康两个维度。

空气污染是最为突出的公共健康挑战之一，工业排放、交通尾气和能源燃烧释放的大量颗粒物和有毒气体，如 $PM_{2.5}$、二氧化硫和氮氧化物，已被证实会显著提升哮喘、肺癌以及心血管疾病的发病率。根据世界卫生组织的报告，每年因空气污染过早死亡的人数已高达 700 万，其中低收入国家和城市地区居民受到的影响尤为严重。

除空气污染，水污染也是人类健康面临的重要威胁。工业废水和农业化肥的排放导致了饮用水源中重金属和化学物质超标，进一步通过食物链影响人体健康。在欠发达地区，儿童和老年人对这些污染的抵抗力较弱，因而成为最易受害的群体。工业化的发展导致越来越多有毒有害物质排放到水体中，其中包括一些无机有毒物质，如来自杀虫剂的砷，再如电镀过程中的锡、氰化物和汞等。这些有毒物质会干扰人体和其他生物体内许多重要酶的生理活性。例如，汞和铅与中枢神经系统的某些酶结合紧密，容易导致神经错乱、昏迷甚至死亡。此外，这些重金属一旦与蛋白质结合就无法被排出体外，会在生物体内积累，并通过食物链逐渐升级，造成更大的危害。具有代表性的为甲基汞中毒，人体摄入汞污染的鱼虾导致手脚麻木、运动失调甚至死亡。

此外，气候变化正在改变全球疾病传播的模式。随着全球气温上升，热带病的传播范围不断扩大，疟疾和登革热等疾病已开始出现在此前并未流行的温带地区。极端天气事件，如热浪、洪水和飓风，也在威胁着人体健康，对老年人和儿童群体构成直接威胁，并造成巨大经济损失。

环境恶化对心理健康的影响也正逐渐引起关注。随着气候变化引发的生态系统变化，许多人群表现出“生态焦虑”，尤其在年轻人群体中更为显著。灾后心理创伤（如创伤后应激障碍）也成为环境退化带来的隐性后果。面对这些复杂的健康威胁，人类社会亟须采取多层次的应对措施，从源头减少污染排放，同时提高医疗系统对环境相关健康问题的响应能力。

3.3.2 环境退化对人类社会的影响

环境退化给人类带来了严重的社会、经济和健康影响。空气和水污染导致了呼吸系统疾病、消化系统问题，同时也增加了患皮肤疾病的概率，影响了人们的生活质量和健康情况。此外，环境破坏导致的土壤侵蚀、干旱和洪涝等问题，也对人类社会的发展和经济造成了严重的影响。据报道，由于灌溉密集区蓄水能力下降的影响，全球谷物产量将下降多达 23%（Mazzucato et al.，2024）。

自然灾害正在对基础设施造成毁灭性破坏。世界气象组织在 2023 年发布的数据显示，1970~2021 年，由极端天气、气候和水相关的事件引起的经济损失高达 4.3 万亿美元，其中沿海城市和农业地区受灾最为严重。海平面上升不仅威胁到沿海地区的城市安全，也迫使政府在防洪、移民安置等方面投入巨额资金。

此外，气候变化对劳动生产力的影响逐渐显现。高温天气正在降低户外劳动者的生产效率，特别是在农业和建筑业普遍依赖人工劳动的发展中国家这一问题尤为突出。

除生存条件的变化，自然环境的退化也对人类的精神文化产生了重要影响。传统文化中的许多精神价值观，如自然崇拜、生态伦理以及对土地和水资源的神圣感，正在因环境恶化受到冲击。许多土著社区因为栖息地的破坏而失去了与自然共生的传统生活方式。例如，气候变化正在威胁南太平洋岛国的文化遗产和仪式场所的延续。此外，快速城市化导致的自然环境消失也剥夺了城市居民与自然接触的机会，进一步削弱了自然环境对精神和情感层面的积极作用。

社会层面的影响同样不容忽视。资源匮乏和环境退化使得社会矛盾加剧，水资源争夺和土地冲突已成为部分地区社会不稳定的主要因素。例如，中东地区因水资源争夺而爆发的跨境冲突频发，而撒哈拉以南非洲的贫困社区则因土地退化被迫迁徙，进而引发社会动荡。这些现象表明，环境问题的解决已不仅是自然科学领域的任务，更是全球治理和社会政策需要共同应对的挑战。

3.3.3 环境影响对弱势群体的不成比例负担

值得注意的是，环境影响的不成比例负担主要由弱势群体和发展中国家承担。由于社会经济地位较低、资源匮乏和政治话语权不足，这些群体更容易受到环境退化的影响。因此，环境正义问题已经成为公共政策和社会运动的重要议题，旨在消除这些不平等和不公正现象。

气候变化对不同国家和地区的人民所带来的负面影响程度不一。小岛屿、发展中国家和不发达国家是受气候相关危害影响最严重的群体之一，其地理、经济发展状况等因素决定了其应对全球气候变化的脆弱性和局限性。

环境退化不仅破坏了弱势群体的生计，还对其文化认同造成了冲击。例如，原住民因森林砍伐失去传统土地，使其文化习俗和社区结构受到严重威胁。文化遗产的丧失加剧了这些群体的社会边缘化现象。

人类发展对环境的影响已经引起了广泛的关注，对生态系统、野生动物、空气质量和水资源造成了严重影响。与此同时，环境退化对人类社会的反作用也越来越明显，尤其是弱势社区受影响尤为严重。因此，有必要采取积极的措施，保护和恢复环境，在减轻环境对人类社会不利影响的同时，切实推进环境正义和可持续发展。

3.4 结束语

本章深入探讨了人类社会发展所伴随的环境问题，涵盖了生态系统、野生动植物、空气质量、水资源和土壤等多个领域的退化/恶化现象。研究显示，随着人类活动的加剧，生物多样性急剧下降，森林、湿地和海洋生态系统正在受到前所未有的压力。同时，空气污染、水污染和土壤污染严重威胁着人类健康和环境的可持续性。这些环境问题不仅体现在全球范围内的气候变化和自然资源枯竭，还在不断加剧社会不平等，尤其对经济和环境承受能力较弱的国家和弱势群体造成了不成比例的负担。

随着全球工业化和城市化进程的推进，自然资源的过度消耗、污染物的无节制排放已经使地球的承载能力接近极限。如果不采取及时而有效的措施，未来环境问题的规模和复杂性只会更加难以应对。气候变化所带来的极端天气事件、水资源短缺和土地退化等问题，将继续威胁生态系统的稳定与人类社会的福祉。

然而，未来仍有希望。可持续发展和绿色经济的理念正在逐步引起全球社会的广泛关注。通过科技创新、政策调控以及国际合作，越来越多的国家和地区开始意识到环境保护的重要性。应对气候变化、推进清洁能源的使用、控制污染排放、修复生态系统和保护生物多样性，成为未来人类社会发展的共同目标。各国应加强合作，通过立法、公众参与和经济激励等方式，共同推动环境保护事业。

展望未来，人类与自然的关系必须从征服与开发向共生与保护转变。只有在尊重自然规律和可持续原则的基础上，社会发展才能真正实现长远的繁荣。通过携手共进，平衡生态与经济的需求，我们才有望为子孙后代创造一个更加健康和可持续的地球。

思　考　题

1. 结合案例，讨论长期暴露在污染空气中的城市居民可能面临的健康问题，并提出改善措施。
2. 请举例说明气候变化如何同时影响生态系统中的物种分布和人类的生活方式。
3. 在人类追求经济增长和现代化的过程中，如何才能在不破坏环境的前提下，实现可持续发展？
4. 针对全球水资源短缺的现状，提出一些可能的解决方案，特别是适用于发展中国家的措施。
5. 请思考并讨论土壤退化如何威胁到全球粮食安全，未来又该如何应对这一挑战？
6. 讨论气候变化对极地、热带雨林和珊瑚礁等不同生态系统的影响，哪些措施可以帮助保护这些生态系统？
7. 你认为哪些人类活动对生物多样性造成了最严重的威胁，如何减少这些活动的负面影响？
8. 结合案例，分析社会和经济条件如何使得某些群体更易受到环境问题的影响？
9. 城市化带来了经济繁荣，但也加剧了环境压力。请结合案例，分析城市发展与环境污染的关系。
10. 请设想一个未来的社会模型，其中人类活动与自然环境能够和谐共存。你认为实现这一目标的关键因素有哪些？

参考文献

陈怡平. 2019. 黄土高原生态环境沧桑巨变七十年. 中国科学报. 2019-09-03(8).

联合国环境规划署. 2019. 全球环境展望 6. (2019-03-13) [2024-04-27]. https://www.unenvironment.org/resources/global-environment-outlook-6.

潘吉宏, 刘正康. 2016. 滇池污染原因及治理措施. 合作经济与科技, (3): 24-25.

Barker G. 2006. The Agricultural Revolution in Prehistory: why did Foragers become Farmers?

Oxford: Oxford University Press.
Clapp B W. 2013. An Environmental History of Britain since the Industrial Revolution. New York: Routledge.
Hoesly R M, Smith S J, Feng L Y, et al. 2018. Historical (1750–2014) anthropogenic emissions of reactive gases and aerosols from the Community Emissions Data System (CEDS). Geoscientific Model Development, 11(1): 369-408.
Knapp T, Mookerjee R. 1996. Population growth and global CO_2 emissions: A secular perspective. Energy Policy, 24(1): 31-37.
Mazzucato M, Okonjo-Iweala N, Rockström J, et al. 2024. The Economics of Water: Valuing the Hydrological Cycle as a Global Common Good, Global Commission on the Economics of Water, Paris. (2024-10-17) [2025-01-09]. https://www.watercommission. org/
Pendrill F, Gardner T A, Meyfroidt P, et al. 2022. Disentangling the numbers behind agriculture-driven tropical deforestation. Science, 377(6611): eabm9267.
Prather M J, Watson R T. 1990. Stratospheric ozone depletion and future levels of atmospheric chlorine and bromine. Nature, 344(6268): 729-734.
Rodrigues M. 2023. The Amazon's record-setting drought: How bad will it be? Nature, 623(7988): 675-676.
Sahajwalla V, Gaikwad V. 2018. The present and future of e-waste plastics recycling. Current Opinion in Green and Sustainable Chemistry, 13: 102-107.
Stearns P N. 2020. The Industrial Revolution in World History. 5th Edition. London: Routledge.
Sui D Z, Rejeski D W. 2002. Environmental impacts of the emerging digital economy: The e-for-environment e-commerce? Environmental Management, 29(2): 155-163.
Wright C, Nyberg D, Rickards L, et al. 2018. Organizing in the anthropocene. Organization, 25(4): 455-471.
Zemp D C, Schleussner C F, Barbosa H et al. 2017. Deforestation effects on Amazon forest resilience. Geophysical Research Letters, 44(12): 6182-6190.

第4章

生态系统健康

郑 华 徐耀阳 文 志

本章要点

- 生态系统特征及生态系统健康内涵概述
- 生态系统健康影响因素概述
- 生态系统健康对人类健康影响概述
- 基于人类健康的生态系统管理方式概述

逻辑框图

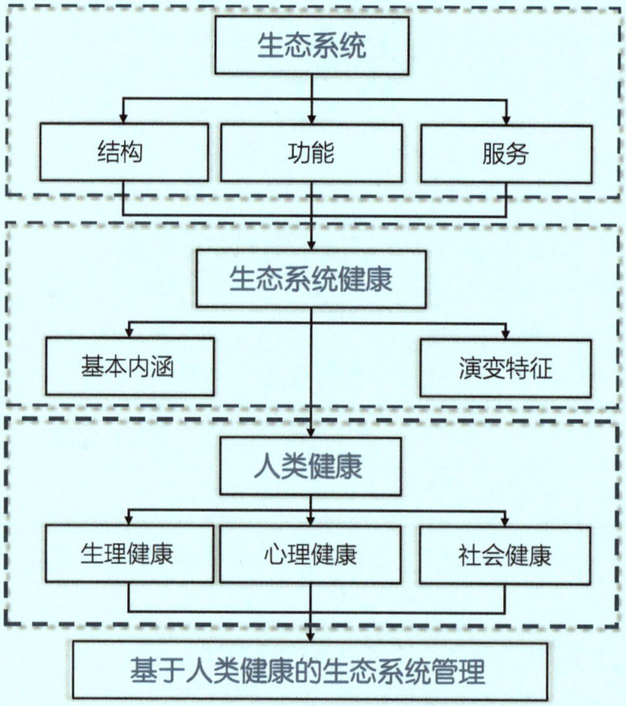

生态系统
结构
功能
服务
生态系统健康
基本内涵
演变特征
人类健康
生理健康
心理健康
社会健康
基于人类健康的生态系统管理

生态系统是由生物群落与其所处的非生物环境之间通过物质循环、能量流动和信息交换形成的复杂功能系统，涉及生物、化学、物理和地理等多维度要素的相互作用。生态系统的类型多种多样，从微小的生境（如一块腐木或一棵树）到大尺度的生物圈（如森林、草原、海洋），都可被视为独立的生态系统。每个生态系统内的不同物种（包括植物、动物和微生物）通过复杂的相互关系，如捕食、竞争、互利共生等，共同影响物质循环、能量流动和信息传递过程。在特定背景下，气候、地形、土壤和水分等环境因子调节了这些过程，进而决定了生态系统的整体功能和服务。一个健康的生态系统不仅体现在物种及其相互关系的稳固性上，还应包括土壤和大气等环境因子的健康，更需具备结构稳定性与环境适应性，以有效应对外部干扰并提供可持续的生态系统服务。健康的生态系统是确保自然资本的持续性和全球生态安全的保障。

生态系统健康是维系人类生存与发展的关键，健康的生态系统通过持续性地提供物质和非物质的产品，支撑着地球上所有生命的存在和繁荣。无论是食物、淡水、空气，还是生物多样性、气候调节、文化和精神价值，生态系统的健康状态直接影响人类社会的稳定与发展。保持生态系统的健康不仅对确保人类福祉至关重要，而且是社会经济可持续发展的基础。然而，在人口激增、经济快速发展以及气候变化等多重压力下，生态系统正面临着前所未有的挑战。人类对生态系统资源的不断索取严重干扰了生态系统，引发了土地退化、生物多样性丧失和环境污染等系列生态环境问题，进一步影响了人类健康，包括人类生理健康、心理健康和社会健康。生态系统健康对人类健康的影响成了一个全球性议题。

生态系统健康科学理论及其评价研究不仅具有重要的实践应用价值，还为现代生态学研究领域增添了新的维度，成为生态系统管理与可持续发展领域的核心议题。这一理论通过对生态系统结构、功能和服务能力的系统评估，力图衡量生态系统的健康状态，从而为生态系统的可持续管理提供科学依据。本章将从生态系统的基本结构出发，阐释生态系统健康的基本内涵及演变特征，并明晰生态系统健康与人类健康之间的关系，最后总结面向人类健康的生态系统管理策略，为生态系统健康和人类健康的综合管理提供理论基础和实践指导。

4.1 生态系统的特征和健康

4.1.1 生态系统的结构

生态系统结构可以定义为生态系统各种成分在时间和空间上相对有序的稳定状态。生态系统结构的内涵包括以下三个方面。①从属性来看，生态系统结构是一种状态，这种状态体现了生态系统成分在时间和空间上的特征，也可以说这种状态会随着时间和空间发生变化，体现了生态系统结构的时空动态特征。②从分类来看，生态系统结构可细分为组分结构、形态结构、功能结构和营养结构。其中，组分结构是组成生态系统的基本要素，包括生物（植物、动物和微生物）和非生物要素（大气、光照、水分、土壤等）；形态结构可理解为系统内各要素在时空中的排列秩序，具体到空间上可区分水平结构和垂直结构；功能结构是指在生态系统功能和服务中能发挥作用的结构，如植物的叶片性状、根性状、茎性状和种子性状等结构都是功能结构；营养结构是指生态系统中生物与生物之间存在的关系，食物链和食物网是营养结构的体现形式。生态系统结构的 4 个分类内容间既有区别又有联系，如植物、动物和微生物等是生态系统的组分结构，但植物的空间排列可形成生态系统形态结构，植物与动物间的相互关系形成了营养结构。③从作用效应来看，生态系统结构决定了生态系统过程、功能和服务，生态系统结构的差异是生态系统功能和服务差异的根本原因，这为从系统角度理解物质、能量和信息的交换与传递、揭示生态系统服务的形成机制提供了思路。

4.1.2 生态系统的功能和服务

生态系统功能是指生态系统内部各要素之间，以及系统与外部环境之间相互作用所展现出的各种功效或作用，主要体现在以下三个方面。①能量流动是指生态系统中能量输入、传递、转化和散失的过程。能量流动是单向的，且逐级递减，遵循生态金字塔原理。营养级越高，所获得的能量越少。生态系统的能量流动推动物质在生物群落与无机环境间循环。②物质循环是指组成生物体的基本元素（如碳、氮、磷、硫等）在生物之间，以及在生物群落与无机环境之间的循环过程，具体包括碳循环、氮循环、磷循环和水循环等重要物质的循环。③信息传递是指物理、化学和行为等信息通过多种过程传递，这些信息可以来自无机环境，也可以来自生物群落。信息传递往往是双向的，且在传递过程中伴随着一定物质和能量的消耗。由上可知，生态系统功能是一个综合性的概念，它涵盖了能量流动、物质循环和信息传递等多个方面。这些功能相互作用、相互依存，共同维持着生态系统的稳定和发展。

生态系统服务是指人类从生态系统中获得的惠益，这些惠益既包括有形的物质产品，也包括无形的环境资源和生态损益的能力。它是生态系统与生态过程所形成及所维持的人类赖以生存的自然环境条件与效用，是人类生存与发展所必需资源的来源。生态系统不仅为人类提供食物、水、木材等物质资源，还通过调节气候、净化环境、保持土壤、控制灾害等方式维护地球的生命保障系统。同时，生态系统还为人类提供休闲、娱乐和审美的享受，丰富了人们的生活。根据生态系统服务的性质和特点，可将其分为以下 4 类。①支持服务：是生态系统其他服务功能的基础，包括土壤形成、光合作用、营养循环等；②供给服务：直接与人类的食物、纤维和燃料等物质产品相关，如农作物、林产品、渔业产品等；③调节服务：指生态系统对自然环境进行调节的功能，如气候调节、水文调节、洪水控制、病虫害控制等；④文化服务：指生态系统为人类文化活动提供的场所、灵感和精神享受等。生态系统服务具有生态系统质量依赖性、时空异质性、尺度关联性、权衡和协同等基本特征。

4.1.3　生态系统健康的内涵

根据国际生态系统健康学会的定义，生态系统健康学是一门通过评估生态系统的活力（vigor）、组织力（organization）和恢复力（resilience）等核心特征，研究其预防性保护、诊断性分析和预警性管理方法，并揭示社会–生态耦合系统中生态系统健康与人类健康互作机制的综合性学科。其任务主要包括：研究生态系统健康理论、生态系统健康的评价方法、生态系统健康与人类健康的关系、环境变化与人类健康的关系、多尺度下生态系统健康的管理方法。这一定义从生态系统管理的角度，陈述了生态系统健康的特征和任务，但未阐述如何对生态系统健康进行评价。一些学者认为，健康的生态系统是稳定且可持续，具有活力，能维持组织结构，保持自我运作能力，并对外界压力有一定弹性的生态系统。该定义聚焦生态系统的自然属性特征，如活力和恢复力等，但未表征生态系统的社会属性特征，如生态系统为人类提供服务的能力。

结合生态系统的自然属性和社会属性，健康的生态系统可定义为具有活力、能维持组织结构，可在压力下自我恢复，并能稳定和持续地提供服务的生态系统。综合来看，生态系统健康是一种状态，可以从两个方面进一步理解。一是生态系统自身的健康，生态系统生物（动物、植物和微生物）和非生物（土壤和大气等）结构的完好，生物与生物、生物与环境的相互作用关系是稳定的，系统正常的物质循环、能量流动和信息传递未受到损伤，系统能够维持自身的组织结构长期稳定，系统对自然干扰具有抵抗力和恢复力以及自我调节能力；二是生态系统对于评价者而言是否健康，即生态系统提供的服务能否满足人类需求，包括人类的物质和精神需求等，这是人类关注生态系统健康的初衷和实质。生态系统的健康以人的主观评价为准，不可能存在于人类的价值判断之外，生态系统健康的核心在于通过生态系统结构与功能的完整性保障生态系统服务的健康持续供给，进而保障人类生理、心理和社会健康等福祉。

4.2 生态系统健康的影响因素

生态系统健康由生物和环境共同驱动，生物通过互利共生、竞争与捕食等相互关系维持生态系统平衡，环境则为生物提供了生存所需的资源和条件。人类既可通过直接干预改变生物健康，也可通过资源开发、污染排放和土地利用等方式改变环境健康。生态系统的健康状况不仅直接反映生态环境的优劣，还揭示人类活动的合理性。本节将深入分析物种丧失、环境变化（土壤、水体、大气和气候变化）以及人类活动对生态系统健康的影响，揭示生态系统健康面临的威胁和挑战，以进一步加深对生态系统健康的理解。

4.2.1　物种减少

植物是生态系统的基本组成部分，全球范围内已确认植物超过 40 万种。然而，植物物种及其多样性丧失已成为全球性问题。调查数据表明，1900 年至今，全球种子植物正以每年 3 个物种的速度不断减少，这个灭绝速度是自然条件下的 500 倍之多。据 2020 年《世界植物和真菌状况》报告，全球约 40%的植物物种正面临灭绝的危险，其中包括约 77%的未知植物物种、约 45%的已知开花植物物种。过去 50 年，中国大约有 200 种植物灭绝，平均每年 4 种。此外，森林为地球上 6 万多种植物、80%的两栖动物、75%的鸟类和 65%的哺乳动物提供了栖息地（https://openknowledge.fao.org/handle/20.500.14283/ca9825zh）。但大规模砍伐已使生物多样性降低（图 4.1），若人类不改变现有的生活和生产方式，全球生物多样性将进一步降低。

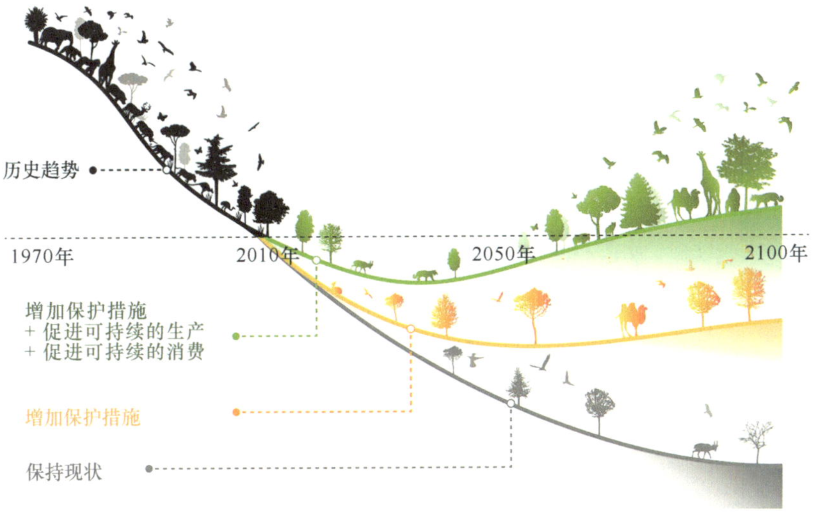

图 4.1　全球生物多样性的变化趋势（改自 Leclère et al.，2020）

植物及其多样性的减少引发多种生态系统健康问题。首先，植物及其多样性的丧失破坏生态系统结构的完整性，损害生态系统组成结构、形态结构、功能和营养结构，植物是许多动物的基础食物来源，植物种类减少将直接冲击食物链的底层，引发连锁反应，使生态系统物质循环和能量传递等正常功能失衡。其次，植物多样性低的生态系统更容易遭受病虫害侵袭，生态系统健康将受损。森林生态系统中多样化的植物群落能够提供更丰富的生态位和食物链，从而吸引更多的害虫天敌和寄生虫。这些天敌和寄生虫可以有效地控制害虫的种群数量。与单作相比，作物套种能降低农业生态系统遭受害虫侵害的风险。例如，棉花或油菜套种大蒜，可利用大蒜挥发出的具有辛辣气味的杀菌素，达到驱避害虫并减少虫卵的效果。再次，植物多样性减少将会削弱生态系统服务供给。植物根系能够固定土壤、防止水土流失，而根系减少则加剧了生态系统物理结构的脆弱性，削弱了土壤保持和水源涵养等生态系统服务的功能。例如，植物多样性降低导致的生态系统层次多样性减少，进而降低了生态系统生产力，同时加剧了土壤流失。最后，植物多样性的减少还削弱了生态系统的抵抗力。特定物种的消失往往伴随着生态位的空缺，这为外来物种的入侵提供了机会。这些入侵物种可能迅速占据这些空缺的生态位，通过竞争、捕食或寄生等方式排挤本地物种，进一步加剧生物多样性的减少。同时，入侵物种还可能改变原有的群落结构和功能，对生态系统健康造成长期的不良影响。

动物在生态系统中承担着多种关键功能，包括传粉、种子传播和害虫调控等。根据《IUCN 红色名录》评估数据，全球约 41%的两栖动物、33%的淡水鱼类、26%的哺乳动物和 12%的鸟类正面临灭绝威胁。2013~2023 年，已知灭绝的动物数量达 55 种，平均每年有 5.5 种动物消失，盗猎和生境破坏使得局部地区动物多样性急剧下降。此外，2019 年的一项研究显示，过去 10 年，全球昆虫种群总数量下降 41%，其中蜜蜂种群数量下降达 46%（图 4.2）。动物及其多样性的减少将直接导致生态系统中多个关键生态过程和功能的紊乱。例如，蜜蜂等昆虫作为重要的传粉者，其数量的减少直接影响植物的繁殖成功率，进而影响整个生态系统的生产力。同样，猛禽等顶级捕食者的减少可能导致其猎物种群过度增长，进而破坏植被结构，打破生态系统平衡。动物种类的减少还会引起营养级关系的失衡。在食物链中，每个营养级都有其特定的生态功能，当某一营养级的动物种群数量大幅下降或灭绝时，将打破原有的营养级平衡，导致下一营养级动物的食物来源受限，或者上一营养级动物的捕食压力减轻而过度繁殖，这种系统的失衡状态将严重影响生态系统的稳定和健康。

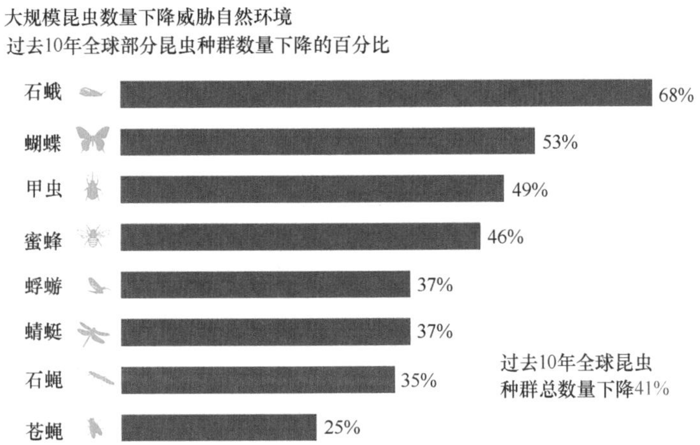

图 4.2　全球昆虫种群的变化（改自 Sánchez-Bayo and Wyckhuys，2019）

微生物是土壤生态系统中最为活跃和重要的组成部分之一，参与了有机质的分解、养分循环和土壤结构形成等关键过程。微生物种类的减少将严重影响土壤的健康和植物对养分的吸收和与利用。某些固氮微生物的减少会降低土壤的氮素供应能力，将会导致植物生长不良。在水生生态系统中，微生物通过分解水体中有机污染物、转化或固定重金属离子等方式净化水质，维护水体的生态平衡。微生物种群数量减少将直接削弱水体的自我净化能力，增加水体污染的风险和程度，这将严重影响依赖清洁水源的生态系统（如湿地、河流、湖泊等）。微生物还与植物、动物的健康和安全密切相关。例如，一些有益微生物在植物根系周围形成生物膜，从而阻止病原菌和害虫的侵入。这类微生物能够分泌抑制病原菌的化学物质，如抗生素、抗菌肽等，从而直接杀死或抑制病原菌和害虫的生长。当这些有益微生物缺失时，植物的病虫害抗性会显著降低。微生物的丧失将直接减少植物化学防御物质的合成，削弱其抗病抗虫能力，从而加剧病虫害的暴发风险。

4.2.2　环境变化

作为全球各类生态系统内普遍存在的环境问题，土地退化对生态系统健康构成了严重威胁。土地退化涵盖了土壤污染、土壤侵蚀、土壤肥力下降、土壤盐碱化和荒漠化等多种表现形式，每种形式的土地退化都会影响生态系统的结构与功能。土壤是人类生产不可或缺的基础资源，对社会发展、生态系统稳定和农业生产具有重要作用。土壤污染，特别是重金属和有机污染物的积累，通过食物链传递，对生态系统中的生物体构成长期威胁，影响生态系统的整体健康，如暴露在土壤污染环境中的植物会出现生长迟缓、叶片变黄、枯萎等现象。土壤侵蚀导致表层土壤流失，不仅降低了土壤的保水保肥能力，还破坏了土壤的物理结构和生物多样性。失去肥沃表土的土壤难以支撑植物的正常生长，进而影响整个生态系统的生产力与稳定性。土壤肥力下降则意味着土壤中的养分含量减少，无法满足植物对营养的需求，导致植物生长受限，生态系统服务能力减弱。土壤盐碱化和荒漠化则通过改变土壤的化学性质和物理结构，使土地变得不适宜植物生长，从而引发植被盖度下降、生物多样性减少等一系列生态问题。目前，全球所面临的问题，尤其是粮食安全、水环境安全、气候变化、生物多样性减少等问题，均与土壤有关。

生态系统中水环境主要由地表水系统和地下水系统两部分组成。其中，地表水包括海洋、河流、湖泊、水库、沼泽和冰川等，地下水包括泉水、浅层地下水和深层地下水等。健康的水环境能够维持水体组分正常，并具备通过自我调节和净化而恢复对胁迫因子的抵抗能力。水质恶化、水量减少及水文循环的改变，均会对生态系统健康造成深远影响。水质恶化，如河流和湖泊生态系统中的富营养化、重金属污染及有机污染物排放，会导致藻类过度繁殖，消耗水中氧气，同时，一些有毒、有害物质在水体中积累，对水生生物产生毒害作用，造成鱼类及其他水生生物死亡，破坏水生生态平衡。水量减少则直接影响河流、湖泊等水体的生态系统服务，如削弱洪水调蓄能力、降低生物多样性等。水文循环的变化，如降水模式的改变和地下水位下降，会进一步加剧水资源短缺问题，影响生态系统的水分循环与物质交换。

大气环境为地球生物提供了氧气、温度、水汽和二氧化碳等生存必需条件，大气污染改变了大气环境，直接影响生物健康。大气污染物的排放与积累对生态系统中植物、动物及微生物等生物体造成不同程度的伤害。大气污染对植物的影响主要表现为叶片损伤与光合作用抑制。例如，二氧化硫、氟化物等污染物会与植物叶片表面的水分结合形成酸雨，腐蚀叶片组织；而臭氧、氮氧化物等则可直接破坏叶片的细胞膜与叶绿体结构，影响植物的光合作用效率与生物量积累。此外，大气污染还会通过气孔和土壤进入植物体内，干扰植物的正常生理代谢过程，降低植物的抗逆性与生长潜力（图 4.3），导致植物叶片受损，进而减少生物量积累与作物产量。长期暴露于污染空气中的植物还可能出现生长迟缓、开花结果受阻等现象，严重时甚至死亡。对动物而言，大气污染主要通过呼吸系统进入体内，引起呼吸系统疾病与中毒反应。例如，颗粒物、二氧化硫等污染物可刺激动物呼吸道黏膜，导致炎症与感染；而重金属、有机污染物等则可在体内积累并引发慢性毒性效应，影响动物的繁殖成功率与存活率。对于微生物而言，大气污染中常见的有害气体，如二氧化硫、氮氧化物、臭氧等，会对微生物产生直接的毒害作用。例如，硫酸盐会破坏微生物膜的完整性，影响微生物的代谢活动；臭氧浓度上升会增加大气中的氧化物含量，使微生物体内的酶失去重要的生理功能。大气污染还会通过酸雨等形式杀死土壤微生物。

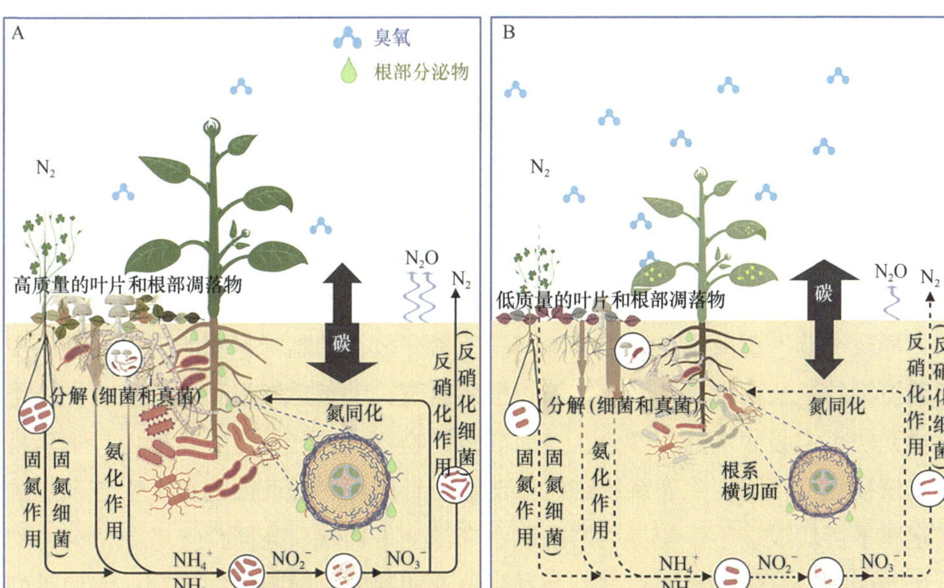

图 4.3　臭氧对植物健康的影响（改自 Agathokleous et al.，2020）

A. 清洁大气（臭氧处于自然本底水平）中互利的植物-土壤反馈关系；

B. 大气污染（臭氧升高）抑制和扰乱植物-土壤反馈关系

气候变化是全球性环境问题，其影响深远且复杂，对生态系统健康构成了严峻挑战。气候变暖、极端天气事件频发、降水模式改变等气候变化现象，均对生物健康、生态系统结构、生态系统功能和服务产生显著影响。气候变暖导致的极地冰川融化和海平面上升会淹没低洼地区与沿海湿地，破坏这些区域的生物栖息地并导致生物多样性减少，威胁沿海生态系统安全。气温升高会使植物的蒸腾作用加剧，导致体内水分大量流失，植物光合作用的效率和生长速度将受到影响，甚至出现生长停滞。同时，高温环境容易使植物代谢失衡，免疫力下降，从而更容易遭受病虫害的侵袭。例如，常见的虫害，如蚜虫、红蜘蛛等在高温季节尤为猖獗。此外，气温升高还改变了物种的地理分布范围，影响物种间的相互作用关系，导致生物群落结构发生变化。对动物而言，高温会使动物体内水分和电解质失衡，增加热射病、热痉挛等热相关疾病的风险。高温还有利于病原体和寄生虫的滋生和传播，增加动物感染疾病的风险。对微生物而言，高温会破坏微生物的细胞结构，甚至可导致某些微生物因无法适应高温环境而死亡。温度变化还可加剧微生物的耐药性问题。例如，气温升高会加快细菌的生长速度和代谢活性，从而加快微生物对抗生素耐药基因的传递速度，这可能导致更多“超级细菌”的出现和传播。水温升高还可能加速水体中有机物的分解和富营养化过程，海洋吸收大量二氧化碳导致海水酸化，对海洋生态系统造成长期的损害。

极端天气事件，如干旱、洪涝及飓风等，均直接影响动植物的生存环境，破坏生态系统结构，损害生态系统功能和服务。极端干旱则可能加剧水资源短缺，导致土壤严重缺水，阻止叶片气孔正常开放，抑制叶绿素的形成，进一步影响植物的生长和发育；同时，植物根系自疏，大量毛细根和侧根脱落，使得植物无法正常吸收水分和养分，进而导致植物萎蔫，严重时脱水死亡。干旱易引起植被盖度下降，生态系统结构和功能受到破坏，进而影响整个生态系统的稳定和平衡。极端干旱使得动物的饮水来源变得稀缺，连同食物来源稀少，动物可能因争夺有限的水源和食物而发生争斗和冲突，影响动物生存；热浪可能导致动物中暑、死亡率上升等。暴雨和飓风等可能引发洪水、泥石流等自然灾害，破坏了动植物生存生境。降水模式的改变则影响水资源分配与利用，加剧水资源短缺问题，影响植物生长与动物迁徙。

4.2.3 人类活动

人类主导的工业化进程和社会经济的快速推进，使得生态系统的压力日益加剧。工业生产过程中，大量废水、废气、固体废物的排放成为环境污染的主要源头。这些污染物中含有重金属、有机污染物、有毒气体等，对空气、水体和土壤造成了严重污染，导致动植物疾病频发。例如，重金属污染可能导致动物中毒；有机污染物可能影响动物的生殖和遗传健康等。农业生产中化肥、农药的过量使用不仅导致土地退化、水体富营养化，还通过食物链影响动物和人类健康。过度捕猎和非法贸易导致自然生态系统中野生动物数量锐减。此外，全球化的加速和国际贸易的增加，使得动物疾病的传播速度和范围不断扩大，一些新的动物疾病不断出现，严重威胁了全球生态系统健康。

人类对土地利用方式的改变直接损害了生态系统的基础。森林砍伐、草地退化、湿地破坏等土地利用转变现象在全球范围内广泛存在（图 4.4），这些活动不仅减少了物种数量及其多样性，还破坏了土壤结构和肥力，降低了生态系统的稳定性和自我恢复能力。同时，不合理的耕作方式也导致土壤侵蚀、盐碱化等问题日益严重，进一步削弱了生态系统的功能和服务。过度放牧、过度耕作和植被破坏等活动直接导致了土地退化，引起土壤肥力下降、保水能力减弱等问题，不仅影响土壤正常功能的发挥，而且会抑制有益微生物的繁殖与存活，滋生有害病菌，导致植物根系病害频发。

城市化作为人类活动的重要表现形式之一，对生态系统健康造成了深远影响。随着城市人口的不断增加和城市化进程的加速推进，城市生态系统面临着前所未有的压力。一方面，城市扩张直接侵占了大量自然资源和生态空间，导致动植物种群数量锐减，生态系统服务功能退化；另一方面，城市建设中产生扬尘是大气污染的重要因素，施工过程中的颗粒物排放不仅降低了空气质量，还加剧了空气污染现象。城市居民生活产生的废水和废弃物对空气、水体和土壤造成了严重污染，破坏了生态系统的自然循环和平衡。同时，城市化进程中，大量的建筑物和道路取代了原有的植被和水体，不仅推高了城市温度、加剧了热岛效应，还伴随产生光污染、噪声污染等问题，对城市居民的生活质量和健康构成了潜在威胁。需要注意的是，城市化对生态系统也有有益的方面，如城市中共享基础设施和服务，可以促进资源的集中利用，减少了资源消耗和浪费，从而减轻生态系统的压力。

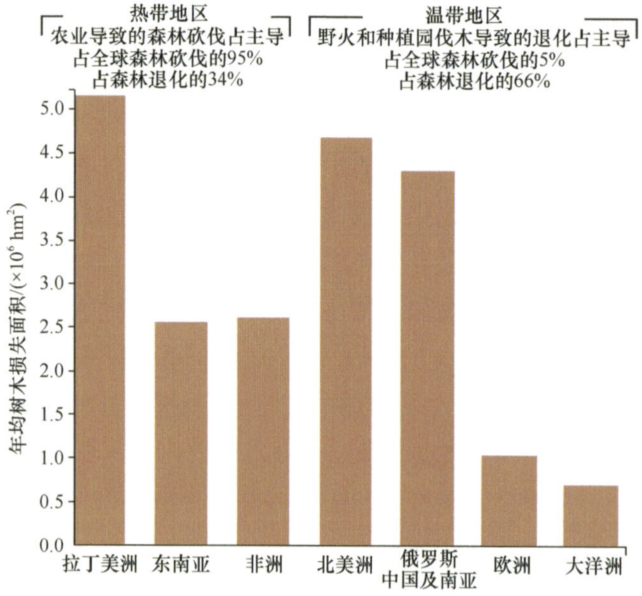

图 4.4 全球森林损失状况（改自 Hannah，2021）

4.3 生态系统健康与人类健康

人类依赖生态系统以满足各种各样的需求，如食物、能源和水资源等物质产品需求，以及休闲游憩、旅游和康养等非物质产品需求。其中，健康是人类的核心需求，与每个人的生活休戚相关。世界卫生组织提出，健康是指一个人在身体、精神和社会等方面都处于良好的状态，与此相对应，人类健康可区分为生理健康、心理健康和社会健康（图 4.5）。其中，生理健康是指人体生理功能处于良好或正常状态，包括人体消化系统、循环系统、呼吸系统、神经系统、机体各器官、关节活动及肌力等都无疾病，生理功能均达到正常水平，有较强的身体活动能力和劳动能力，这是健康最基本的要求。心理健康是指人的心理各方面及活动过程处于良好或正常状态，包括智力正常、认知正确、情绪稳定、态度积极、行为恰当和适应良好的状态等。社会健康强调人类构成的社会群体在环境中的生存和适应能力，使人类群体表现出良好的社会稳定性和凝聚力。人类健康的各个方面内容与生态系统均有着千丝万缕联系（图 4.5），人类期望生活在健康的生态系统中以保障人类健康。

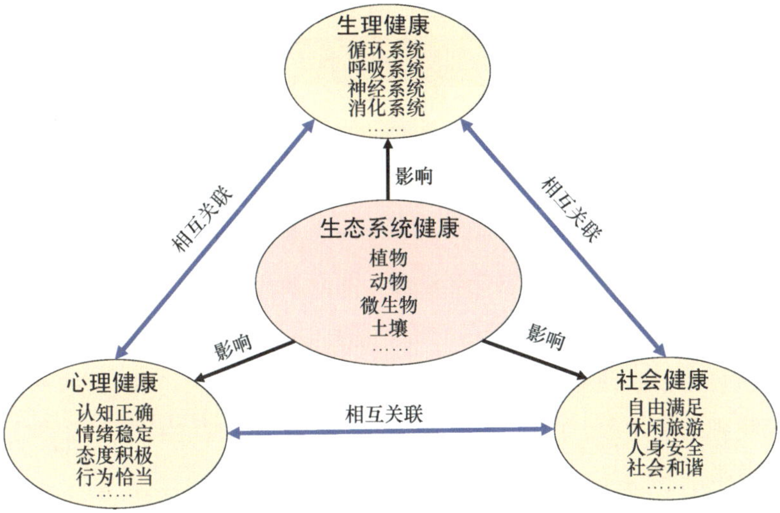

图 4.5 生态系统健康与人类健康的关系

4.3.1 生态系统健康与人类生理健康

1. 植物影响人类生理健康

食物是人类生理健康的根本保障，人类每天需大量的食物以维持生命过程。食物是人类直接和间接从生态系统中获取的产品，其中，植物是重要的食物来源。已经证实，全球超过 7000 种植物可供人类食用。植物的根、茎、叶、花、果实和种子均可作为食物，人类每天消耗的谷物、蔬菜和水果等食物均来源于植物，植食性食物摄入不足引起的营养不良会导致人体消瘦等健康问题。近年的研究发现，水果摄入量对人体健康有重要影响。在中国，摄入水果不足是缺血性心脏病和缺血性中风的重要危险因素。以女性为对象的研究发现，与每天摄入小于 200 g 水果者相比，每天摄入大于 568 g 水果的女性冠心病的死亡风险降低 55%，心血管疾病的死亡风险降低 43%（刘晨一等，2023）。全球 18 个国家的数据表明，每天摄入足量的水果可使居民脑卒中的发病风险降低 14%，心血管病的死亡风险降低 31%。因此，保障水果的产量是全球人类健康的重要需求。

除了摄入足量食物外，人类生理健康还依赖各种营养物质。人体健康至少需要 20 种矿质元素、13 种维生素、9 种必需氨基酸和 2 种脂肪酸。人体生命活动需要的碳水化合物主要来源于植物，必需氨基酸、脂肪酸、维生素和矿质元素也均可来源于植物，膳食纤维主要来源于植物，尤其是全谷类粮食。营养物质的摄入量会直接影响生理健康，如日常饮食中膳食纤维的摄入量与糖尿病、心血管疾病和多种癌症（包括结肠癌、口腔癌、喉癌和乳腺癌等）的发生率呈负相关关系，食用富含膳食纤维的食物可使结肠癌的发病率降低 16%~24%。此外，有些植物还能提供功能性成分，即植物生物活性物质或植物化学物质，这些物质被称为功能因子，包括活性多糖、自由基清除剂、微量活性元素、功能性油脂、内能性甜味剂、肽与蛋白质等。这些功能因子具有降低或抑制胆固醇、抗氧化或抗衰老、抗过敏、预防心血管疾病、预防龋齿、预防糖尿病、预防高血压、控制肿瘤等功效。中国已批准的 77 种功能性食品中，有 72 种为植物源食品，占总数的 93.5%。

植物的根、茎、叶、花、果实和种子都可以入药，人类预防和治疗疾病的药物很多都是来源于植物。全球超过 10 亿人使用草药和家庭疗法来治疗儿童腹泻。现代医药中，奎宁、青蒿素、阿司匹林等均提取自植物；传统中医学更是从自然生态系统中采集多种植物入药，用以预防和治疗各种疾病。据历史记载，可入药的植物种类超过 3200 种，仅在中国海南地区就发现 130 余种具有抗癌功效的药用植物，以及 40 余种专治蛇咬伤的药材。

植物的挥发物可直接作用于人体，影响人类生理健康。植物挥发物是指植物通过体内次生代谢途径合成并释放到外界的挥发性小分子化学物质。植物的花、果、茎和叶都可合成挥发物，目前已鉴定出的植物挥发物超过 1700 种。这些挥发物从多方面影响人类健康。一些挥发物可以抑制环境中微生物生长，达到杀菌抑菌作用，如类固醇和酚类挥发物对绿脓杆菌、化脓性球菌和金黄色葡萄球菌等均有一定抑制作用，降低了人类生理患病概率。一些挥发物可调节人体神经系统、促进新陈代谢，改善循环系统，进而增强人体免疫力，如植物释放的酚类挥发物不仅具有很强的杀菌力，还能刺激神经系统，进而提高人体免疫机能。一些芳香类挥发物可通过人体的嗅觉机制降低血压、改善睡眠，如油松释放的挥发物对睡眠的促进作用。研究表明，植物挥发物还具有镇咳祛痰、消炎镇痛和抗肿瘤等多种潜在效应。但需要注意的是，部分植物挥发物也可对人体健康造成负面影响，如一些挥发物是大气污染物臭氧的重要前体物，会加剧近地面臭氧污染。

植被叶片能拦截大气中的悬浮颗粒物。当颗粒物撞击到叶片表面时，叶片特有的表面微结构、粗糙度、湿润度等可对颗粒物进行有效拦截和固定。从单位叶面积的角度评估，滞尘能力大小排序为草本植物 > 灌木植物 > 乔木植物，但是以植物个体为单位评估，滞尘能力常表现为乔木植物 > 灌木植物 > 草本植物。在群落尺度，复合的多层植物结构比单层植物结构的滞尘效果更好。大气中 75%~90% 的重金属吸附在颗粒物上。植物叶片通过截留和吸收这些颗粒物，有效降低了大气环境的颗粒物污染，这种效应在城市生态系统中对人的健康影响更为明显。同时，植物叶片还可吸收大气中二氧化硫、氟化物和臭氧等气体性污染物。其中，近地臭氧作为大气中主要的二次污染物，当其浓度过高时会对人体生理健康造成多种危害，如引发呼吸道的炎症，导致咳嗽、头疼等症状，还会刺激皮肤和眼睛等。植物叶片通过气孔吸收臭氧后，利用其体内的超氧化物歧化酶、过氧化物酶、过氧化氢酶等一系列生化酶，连同维生素 C、维生素 E 和谷胱甘肽等非酶抗氧化剂，对臭氧进行转化清除。此外，植物组合而成的绿地通过降温增湿减少使用冷却能源，缓解城市热岛效应，从而降低心血管疾病的发生风险。植被形成的水平和垂直层次结构，将高大乔木种植在靠近噪声源一侧，植物群落高度依次递减可以达到较好的降噪效果。因此，合理配置生态系统中植物物种及其组合，对于维持生态系统健康及人类健康具有重要意义。

2. 动物影响人类生理健康

生态系统为人类提供了各种肉类食品，包括畜类（猪、牛、羊等）、禽肉（鸡、鸭、鹅等）和水产品（鱼类、虾类）等，以及与动物关联衍生的食物（如蛋、奶或奶制品、蜂蜜等）。此外，昆虫也可作为许多人群的另一种动物食物来源，包括甲虫、蜜蜂、蚂蚁和蚱蜢等。随着社会经济的发展，动物源性食物摄入量显著上升，动物提供丰富的营养物质保障人类生理健康。动物性食品微量元素是人体必需元素的主要来源。人体所需铁有 10%～25%来自动物性食品。除脂肪和蛋白质外，动物性食品中锌、铜和铁的含量普遍高于植物性食品。特别值得注意的是，动物血中的铁和蛋白质含量较丰富，动物源性食品中血红素蛋白所含的铁比植物所含的非血红素铁更易吸收，而全血蛋白又含有较多人体必需的赖氨酸。动物性食品中的微量元素对预防老年性疾病的调节具有重要作用。例如，动物性食品的镁含量较高，其利用率可达 30%～40%，而植物性食品中镁含量较低。此外，动物也可提供医药用品，从医蛭、犬钩虫、蝮蛇等动物中提取的化合物被用于抗血凝、抗炎症、降血压和麻醉等。《中国药用动物志》共收录药用动物超过 1500 种，表明动物在医药领域对人类健康的重要作用。

动物通过多途径调节植食性食物的供给，进而影响人类生理健康。动物多样性是生物多样性的重要内容，不同的动物在生态系统调节服务中发挥着关键作用，包括传粉服务和害虫控制服务，这些服务支持了植物生产和提高了作物产量。人类的大部分食物来自被子植物（开花植物），而 90%以上的被子植物需要昆虫授粉。研究表明，全球 90%野生植物和 75%粮食作物结实依赖昆虫传粉；超过 1/3 粮食产量受益于传粉昆虫，其中野生传粉昆虫贡献率达 70%，传粉昆虫与作物产量表现出显著正相关。蜜蜂、蝴蝶、飞蛾和蚂蚁等多种昆虫均可协助植物完成授粉过程，目前已报道的传粉昆虫种类高达 35 万种，它们与植物形成的相互依存、互惠互利关系维持着生态系统的平衡和健康。据估计，授粉昆虫种群衰退将导致全球每年约 50 万人提前死亡。此外，虽然部分昆虫是害虫，通过危害农作物的叶片、枝条和果实等对作物产量造成不利影响，但也有很多昆虫是这些害虫的天敌，包括捕食性和寄生性天敌，它们通过抑制害虫的种群对作物起到保护作用。自然界中天敌种类十分丰富，中国有记载的捕食性天敌农田蜘蛛 265 种、寄生蝇约 450 种、姬蜂科昆虫达 900 多种、瓢虫 380 多种，捕食叶螨的植绥螨有 200 余种。这些天敌的存在有力地保障了作物健康和产量，间接维护了人类健康。

3. 微生物影响人类生理健康

生态系统中一类重要的微生物是食用菌，包括通常人类所说的各种蘑菇等。

人类以蘑菇为食物已有悠久历史，即使在工业化发达国家的现代饮食中，蘑菇仍占据重要地位。据《中国经济真菌》和《中国大型真菌》记载，具有食用价值的真菌种类分别为 876 种和 830 种，丰富了人类的食物来源。食用菌具有高蛋白、富含维生素和矿物质以及多膳食纤维等特点，一些食用菌还富含烟酸、叶酸、铜和硒等营养物质，对维护人体健康具有极高价值。多种食用菌也是传统中药材，包括冬虫夏草、灵芝、猪苓和茯苓等。这些药用真菌具有降血脂降血糖、抗炎、提高机体免疫力、抗肿瘤、抗病毒、保肝护肝、调节中枢神经等多种功效，是维护人类生理健康的理想食品。需要注意的是，很多蘑菇是不能食用的有毒真菌，误食可能会导致呼吸与循环衰竭、神经系统功能障碍和肝损伤等严重后果，因此，在采集和食用野生蘑菇时需要特别谨慎。

微生物为人类健康提供了多种抗生素，直接影响人类生理健康。抗生素是指由微生物（包括细菌、真菌、放线菌属）或高等生物产生的可抗病原体或其他活性的次级代谢产物。微生物是抗生素的主要来源，在 13 种主要抗生素中，有 9 种源自微生物。按化学结构，抗生素可分为四大类：大环内酯类、β-内酰胺类、喹诺酮类和氨基糖苷类。抗生素通过抑制细菌细胞壁的合成、影响细胞膜功能、干扰蛋白质合成以及抑制核酸复制和转录等机制，进而发挥抑菌或杀菌作用，被广泛用于医药领域。典型的案例，如青霉素，其属于 β-内酰胺类抗生素，已经被应用于治疗肺炎、心内膜炎、脑膜炎等疾病，提升了人类社会治疗传染性疾病的能力。然而，青霉素和链霉素等抗生素药物的使用也会引起不良反应，轻微的有微皮疹、发热到造血系统抑制等，严重的会损害中枢神经系统、听力和视力等。长期以来，抗生素被人类广泛用于治疗疾病或作为促长剂和饲料添加剂用于农牧业生产，使得生态环境中累积了大量抗生素，不仅造成生态环境污染，最终还会通过食物链等途径危害人类健康。

微生物与土壤、植被、动物和人体之间存在着复杂且紧密的联系（图 4.6），这与人类生理健康有着重要关系。人类很多疾病都是环境或动物中微生物引起的，给个体和社会造成重大损害。环境中细菌、真菌和病毒等致病微生物一旦感染人类，就可引起人类生理疾病。例如，人的皮肤感染了细菌或真菌类致病菌后，会表现为发病部位的红、肿、热和痛等症状。致病微生物还会引起的人体内器官炎症，如肺炎、肝炎和脑膜炎等炎症，这将威胁着人类的生命安全。

近年来，新型冠状病毒感染（coronavirus disease 2019，COVID-19）导致死亡的人数已超过 1500 万，全球 84%的国家和地区表现出人均寿命下降趋势，平均预期寿命下降 1.6 年，表明病毒对人类健康存在着严重威胁（Schumacher et al., 2024）。在过去的一个世纪，全球由微生物引发的流感大流行发生过 5 次，累计导致数亿人感染和数千万人死亡。在整个地球生态系统中，微生物是对人类健康威胁最大的生物类群之一，这也体现了健康的生态系统对人类健康的重要性。

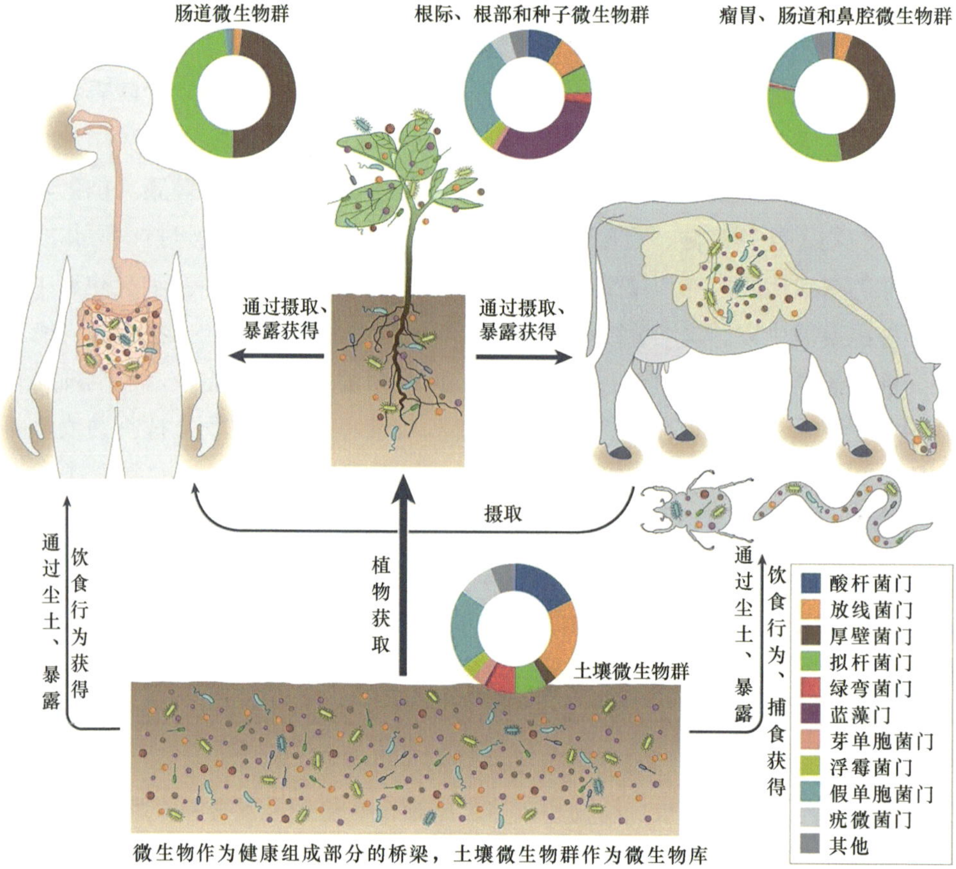

图 4.6 土壤、植物、动物和人类微生物组间的联系（改自 Banerjee and van der Heijden, 2023）

4. 土壤影响人类生理健康

土壤通过微生物、植物、动物和其他环境因素间接影响着人类生理健康。

土壤中有很多人体所必需的矿质元素，典型的包括碘、硒、铁和锌等，这些元素可通过植物和动物构成的食物链传递，为人体提供关键的矿质营养。其中，土壤中碘含量的不足会显著减少食物链中碘的供应，从而导致人体摄入不足，严重时可引发甲状腺功能紊乱，如甲状腺肿大等。硒是另一种对人体健康有广泛影响的微量元素，对甲状腺激素代谢、抗氧化和免疫系统功能起重要作用。土壤和农产品中硒缺乏可引发克山病，临床表现为心脏扩大、心律失常、心功能不全等症状，患者血液和头发中硒含量也远低于正常人的水平。此外，土壤中铁和锌的缺乏，对人体健康也有不同程度的影响。

土壤的污染对人类生理健康也有一定的影响（图 4.7）。在中国农业生态系统中，耕地土壤污染问题较为突出，其中约 7%的耕地土壤点位镉含量超标，约 3%点位砷含量超标。这些元素被植物根系吸收后，随植物体的转运到达稻米和小麦等农产品中。在中国南方部分污染地区，稻米中镉的含量超标高达 60%～80%，砷含量超标高达 40%～50%。这些元素对人体是有害的，人在食用这些元素超标的粮食后会引发一系列健康问题。例如，镉在人体内滞留可长达 10～

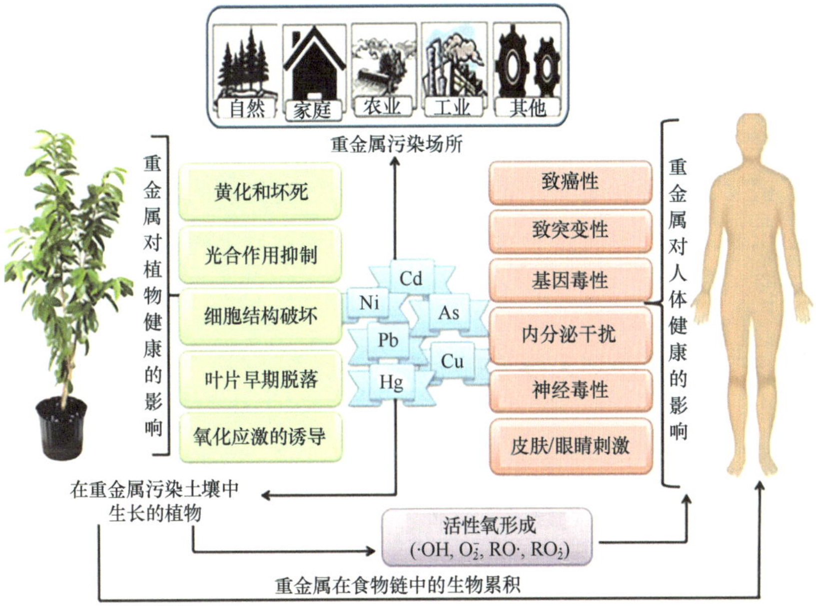

图 4.7　土壤重金属对植物和人类健康的影响（改自 Mohan et al.，2022）

30 年，主要积累在肾和骨骼中，长期镉摄入会导致肾功能受损、骨质疏松以及癌症发病率升高等健康问题。砷是一种有毒有害的致癌物，婴幼儿对砷的毒害更为敏感，人体中砷慢性中毒一个明显特征是皮肤斑点性损伤，长期摄入不仅会引起心脑血管疾病、生长发育和代谢紊乱，还会导致皮肤癌、膀胱癌和肺癌。土壤污染是农产品中镉、砷含量超标的重要原因，解析并阻断污染源以保障人类健康是当务之急。

土壤水分和养分影响着作物健康及食物产量，进而影响人类健康。在以生产食物为主的农业生态系统中，土壤水分是植物健康生长的重要资源，其缺乏会从多方面对植物的生理活动产生负面影响。根系是最先感知水分胁迫的植物器官，长期水分亏缺使根系向深处延伸，这是植物对胁迫的响应机制，以利于植物增强对水分的吸收。然而当水分胁迫超过植物的耐受阈值时，将对根系造成不可逆的损伤。轻微的土壤水分缺失可降低植物叶片中气孔导度，扰乱叶绿体中的光合电子传递链和相关酶的代谢功能，进而降低光合作用效率；而严重缺水时可能导致叶片细胞膜破裂，继而引发叶片凋亡，最终导致植株枯萎，显著减少作物的生物量和产量。类似地，土壤养分通过影响植物生理和生化过程影响植物健康。例如，土壤中的氮和镁等是叶片中叶绿素和植物蛋白质等生物合成物必需的元素。当土壤中的氮含量不足时，植物会出现叶片黄化、光合作用效率下降以及生长停滞等症状，严重时甚至导致产量锐减；当土壤中镁含量不足时，植物叶片会表现出失绿症状，进而降低对光能的吸收和利用效率，影响生物量积累。作物生物量的减少直接导致作物产量下降，间接影响粮食供应和人类健康。

4.3.2 生态系统健康与人类心理健康

1. 植物影响人类心理健康

人类通过植物结构感知其不同特性，产生不同的情绪效应。在植物结构中，具有垂直结构分异的乔木相比于结构简单的草本植物，对人精神恢复的影响更为显著。这可能是因为垂直分异度大的结构能够提供多种心理暗示，通过增强人与自然的亲密感，提高精神复愈效果。相较于结构单一的生态系统（如人工林），其整齐化管理方式易引发不安全感和压抑感；而具有乔木、灌木和草本多层次结构的生态系统（如天然林），则通过垂直空间和私密空间的双重属性，能够有效提供安全感并缓解生理压力。此外，植物多样性感知对于心理恢复具有显著正向影响，人类通过视觉感知更丰富的植物种类，能够更深入地与自然互动，促进心理恢复。

植物的色彩对心理健康有重要影响。视觉感知是人类在生态系统中实现恢复性体验最重要的感官维度。例如，人们在散步时，视觉上感知到生态系统中灌木和花朵的多样化，往往更喜欢多种色彩搭配的植物景观，心情变得更加轻松愉快。色彩丰富度与心理健康的正相关性可通过色彩心理学解释。研究发现，在蓝色、紫色、白色、橙色、红色、粉色、黄色和棕色 8 种植物花朵中，蓝色花朵在放松和减轻压力方面表现出更显著效果；暖色系——橙色、黄色和红色能唤起振奋的情绪，传递更积极的影响；白色既能提供放松又能带来振奋情绪的双重作用。生态系统中搭配更多种类和色彩更丰富的植物，通常能够显著提升视觉丰度，提高注意力水平，促进压力缓解和心情愉悦。

适宜浓度的植物挥发物能够使人在情绪上得到放松和安静，同时具有提神醒脑的效果，主要原因是挥发物对副交感神经系统具有一定的刺激作用。一些植物可释放低浓度烯烃类挥发物，抑制人体交感神经兴奋，促进副交感神经作用，从而使身心感到愉悦和放松。例如，茶树释放出的柠檬烯、月桂烯等挥发性物质，使人感到呼吸顺畅；薰衣草、鼠尾草和甘牛至的香气能产生镇静效果，缓解压力，从而催眠安神；迷迭香和薄荷的独特的芳香气体可激发人的想象力。然而，一些植物的挥发性物质可能引发紧张、不适和厌恶情绪。例如，珍珠梅的花香能够导致紧张和焦虑等心理反应，花香浓度越高，人体不适感越强。因此，在生态系统管理和规划中，依据植物挥发物的健康效应，选择适宜的植物以构建健康的生态系统，是一个需要认真考虑的问题。

2. 动物影响人类心理健康

在生态系统中，鸟类因其美学价值和生态效益常受到人们的喜爱，且能够带来积极的心理影响。研究表明，鸟类的丰富度与心理健康之间存在正相关关系，生态系统中鸟类多样性越高，人对鸟类多样性感知也更高。当人们在生态系统中步行或停留时，视觉上能感知到鸟类的活跃状态，可能会引发吸引与刺激。例如，观察到天鹅、白鸽等鸟类时，人们主观上会感到与环境更加融为一体，从而显著缓解精神压力和改善情绪。鸣禽相比普通鸟类更受欢迎，且对正向情绪的影响更为显著。人们对鸟类的识别主要依赖于鸟鸣声，鸟鸣作为远离工作、亲近自然的象征，能够提供较为新奇的听觉刺激，促使人们从繁忙的工作中脱离，有效降低心理压力和缓解焦虑情绪。研究表明，生态系统中感知的鸟类数量及鸟鸣声的丰富程度显著促进了人们的感知恢复性，从而实现瞬时的心理健康提升。通过控制声音是否存在进行对比，发现视听组合的刺激优于单一的视觉刺激，能够更有效地促进心理恢复。

3. 生态系统格局影响人类心理健康

生态系统的空间组合排列秩序构成了生态系统格局。在城市生态系统中，生态系统空间格局对人心理健康的影响已广受关注。研究表明，与缺乏水体和自然环境的景观相比，居民生活在有水和自然环境的景观中表现出更积极的情绪和更轻松的心情。与单纯水环境或者单一植被类型构成的景观相比，视线开敞、有稀疏树林的草地或牧场景观更符合人类需求中“庇护–瞭望”环境的本能需求，对身心产生更好的减压效果。特别当自然环境中有水体或者引人入胜的景色时，心情放松效果更佳。研究还发现，随公共绿化空间的增加，居民的过激行为减少、认知功能得到改善、精神疲劳减缓、处理问题能力提升、生活更有希望。整合分析表明，居民住宅越靠近绿色空间，居民的感知压力越低，住宅附近绿地面积越大，缓冲压力的效果越好。同时，生活在绿色空间比例较高的环境中，人们感受到的孤独感会更低。在城市规划建设中，决策者需合理布局生态系统空间格局，以有效控制绿地面积。

4.3.3 生态系统健康与人类社会健康

1. 健康的生态系统降低传染病的发生和传播

传染病是由细菌、病毒及其他微生物或寄生虫引起的疾病，能在动物与动物、人与人或人与动物之间相互传播，关系到社会的健康安全。传染病具有多种传播途径，包括空气传播、水源传播、食物传播、接触传播和土壤传播等，这些路径使得传染病的扩散具有广泛性和复杂性。然而，生态系统中致病因子的存在并不一定导致人群中的传染病暴发，这是因为健康的生态系统对致病因子具有多种限制作用。健康生态系统中通过生物间的食物链和食物网制约着致病生物的种群发展。例如，当致病生物数量增加时，不同物种或同一物种内的竞争关系将显著增强，限制其种群密度。此外，生物与环境之间的相互作用过程也限制了致病生物的存在时间和空间。例如，当致病生物的数量过多时，可能导致环境对其抑制作用增强，从而限制其扩散范围。这些因素使得致病生物通常只在特定的时间和地区才能表现出致病性。

生态系统退化会改变致病生物活动及其分布范围，从而增加传染病暴发的风险。研究表明，当森林覆盖率因砍伐等人为因素导致降低 4%时，疟疾的发病率可提高 50%。人类干扰生态系统，如森林砍伐、土地开发和动物捕杀等，导致栖息地的丧失以及生物多样性的减少，同时也增加了人类直接与致病生物的接触机会，从而进一步提高了人类感染新传染病的风险。例如，马来西亚的森林砍伐和农业扩展等导致果蝠栖息地的急剧减少，使得果蝠更频繁地与人类及家畜接触，从而增加了尼帕病毒的传播。此外，动物源性食品中的病原体已成为食源性疾病的重要致病原，约占所有食源性疾病的 35%。其中，猪带绦虫和弯曲杆菌等动源性病原体，已在许多国家引发数百万例感染病例及慢性后遗症，不仅加剧了社会负担，更对公共健康构成严峻挑战。

2. 健康的生态系统增加对自然灾害的抵御力

人类社会面临着各种自然灾害，如干旱、暴雨洪涝和台风等，给人类造成经济和财产损失，甚至直接威胁人的生命安全。健康的生态系统通过多重机制可有效缓解自然灾害带来的影响。例如，健康的湿地系统可有效吸收并储存暴雨后的洪水，从而降低洪涝灾害发生的风险。城市生态系统中的健康植被通过物理阻挡和缓冲作用减缓风速，显著减少风暴对城市基础设施的破坏。健康生态系统的生物多样性是其抵御自然灾害的重要基础，生态系统中的物种越多、生态位互补效应越强，通常其整体抗扰动能力越高。以森林生态系统为例，不同植物形成的垂直结构有助于削弱降雨动能并截留部分雨水，减少地表径流和水土流失风险。此外，具有较高树种多样性的森林系统通常还包含更多的耐旱物种，从而在干旱条件下展现出更强的抗旱能力，使生态系统更加稳定，这一现象在生态学中被称为“保险假说”。健康的生态系统通常表现出更强的恢复力，即在受到外界扰动后能够迅速恢复至稳态。例如，健康的草地生态系统在经历干旱后能够快速恢复植被覆盖，从而降低土地退化的风险；健康森林生态系统凭借丰富的物种多样性和复杂的结构，可在风暴或火灾后迅速再生，逐步恢复其生态系统功能和服务。

3. 健康的生态系统保障旅游休憩和教育等文化服务的供给

除了物质产品外，生态系统还可以为人类提供一系列的非物质产品，如旅游、消遣、美学享受和教育活动的场所和机会等（图 4.8）。健康的自然生态系统拥有丰富的物种资源、优美的生态景观，吸引着大量来自城市的游客，其科普教育和休闲娱乐功能越来越突出。近年兴起的生态旅游和自然教育等均以健

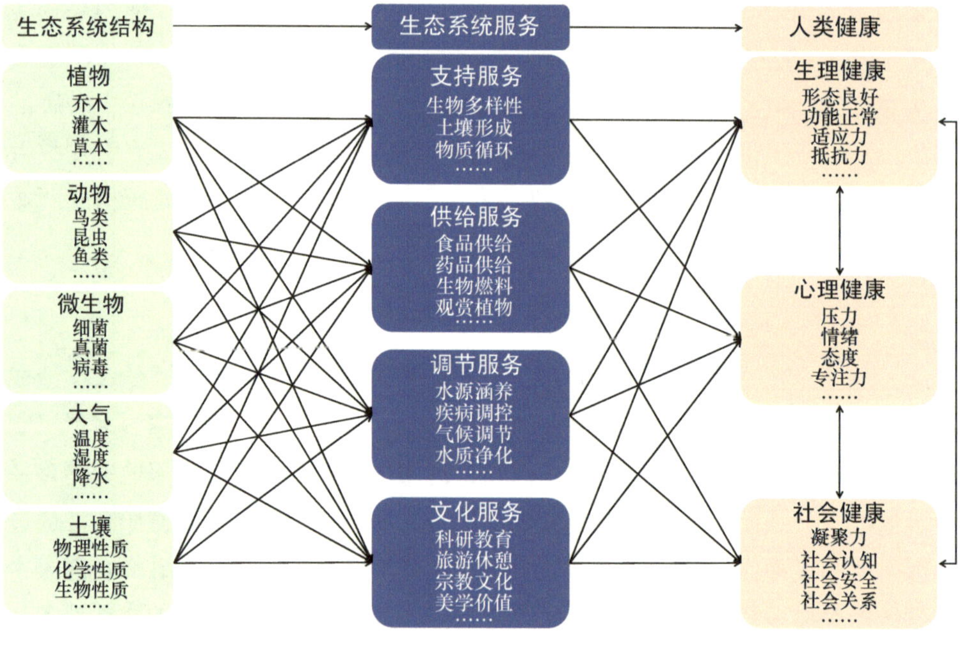

图 4.8 生态系统结构和服务与人类健康的关系

康的自然生态系统为基础。例如，湿地生态系统可为人类提供旅游和消遣娱乐场所，森林生态系统为中小学生提供广阔的自然科普教育基地。一旦这些生态系统遭受破坏或退化，其旅游和教育等价值将丧失。健康生态系统提供的非物质产品不仅有助于促进人的身心健康、增强对文化和地方的主观感受，而且促进人与人的接触与交往，从而增强社会归属感，提高社会和谐度与凝聚力。

4.4　面向人类健康的生态系统管理

生态系统管理是运用生态学原理和方法，通过维持或改良生态系统结构和功能，综合生态学、地理学、社会经济学等多学科基本原理制定策略，实现保持和改善生态系统健康，从而保障生态系统服务的可持续提供。管理的核心目的是满足人类不同需求，包括人类健康需求。生态系统为人类提供的物质和非物质服务是连接自然系统与人类社会系统的桥梁，并直接关系到人类健康。例如，生态系统中物种保育、粮食供给和药品供给等直接影响人类生理健康，动植物美学和景观配置等影响人类心理健康，而疾病调控和暴风雨调控等关系到人类群体安全进而影响社会健康。因此，以生态系统服务为切入点进行生态系统管理，是维持和改善人类健康的可行方式。

4.4.1　生物多样性恢复与保护

生态恢复通过修复和改善生物多样性，促进生态系统服务满足人类健康需求。退化生态系统中生物多样性的受损不利于人类健康，通过人为手段，修复和重建受损或退化的生态系统，使其生物多样性和生态系统服务恢复到原始或接近原始状态。具体来看，生态恢复包括自然恢复、人工辅助恢复和生态工程等具体措施。这些生态恢复措施可明显提升生物多样性和生态系统服务，进而促进人类健康。在生理健康方面，生态系统恢复后的植物群落可提供更清新的空气，进而有助于降低呼吸系统疾病和心血管疾病的发病率；改善土壤养分和促进生物多样性可为人类提供健康的食物和药物来源，有助于预防营养不良和食物链中的污染问题等。在心理健康方面，恢复的生态系统为人们提供了休闲和放松的场所，有助于缓解压力、减轻焦虑和抑郁等心理问题。在社会健康方面，生态恢复有助于减少环境冲突和资源争夺，降低社会问题的发生率。此外，良好的生态环境能够吸引更多的人参与户外活动和社区建设，增强社会凝聚力和归属感。

建立自然保护地是维护生物多样性和保障人类健康的重要管理方式之一。自然保护地对重要的自然生态系统、自然遗迹、自然景观，以及其承载的自然资源、生态功能和文化价值进行长期保护。这些区域涵盖了陆地或海域，旨在减少人类对生态系统的干扰和破坏，从而维护生态系统的完整性，并为各种生物提供适宜的栖息环境。根据自然保护地管理的要求，区域内的人类活动受到严格的限制或禁止，从而有效降低人类对生态系统的干扰和破坏，从而保护生态系统的健康。自然保护地往往是许多珍稀和濒危物种重要的栖息地，其内具有多种生态系统类型，包括森林、湿地和草地等，这种多样性显著提升了生态系统质量，可满足不同生物类群的（如植物、动物和微生物）生存和繁衍需求，维系着丰富的生物多样性和种间动态平衡。此外，自然保护地中丰富的植物和动物多样性适合进行森林康养理疗，为人类生理疾病的恢复提供了理想场所；人们将自然保护地作为重要的旅游休憩地，进行徒步和观鸟等旅游活动，接触自然、感受鸟语花香、放松身心，进而舒缓压力、促进心理健康。自然保护地还是开展公众教育和环境意识提升的重要场所，通过实地感受增强公众对生态系统结构、功能和服务的感性认识。通过参观保护地了解生物多样性形成机制和生态系统重要性，增强生态环境保护的意识，形成更加健康、环保的生活方式，这种意识的提升有助于减少人类社会对生态环境的负面影响，进一步维护和促进人类社会健康。此外，保护自然区域免受人类入侵，减少人畜接触，从而降低人畜共患疾病的外溢。一些野生动物可能是某些疾病的天然宿主或传播媒介，在固定区域对这些动物进行保护可降低疾病向人类传播的风险。

农业生态系统是人类食物的主要来源地，其供给的食物数量和质量密切关系着人类健康。除了物质供给外，农业生态系统还供给多种其他生态系统服务，如生物多样性保护、水土保持、传粉服务和害虫控制等。因此，人类对农业生态系统健康的关注度高于其他生态系统，多种管理措施被用于维持和改善农业生态系统服务以保障人类健康。农业间套种是常见的作物管理方式，混种多种作物明显增加了生物多样性，可促进农业生态系统生产力和提高作物产量。例如，在小麦和玉米间作与小麦和大豆间作中，小麦籽粒产量分别提高 24%和 62%，玉米增产 26%，大豆增产 58%。同时，农业间套种有助于增强病虫害防控效果（图 4.9）。例如，玉米和烟草间作可以使玉米叶枯病发病率降低 17.0%~19.7%；玉米和马铃薯间作中玉米叶枯病发病率下降 30.4%~23.1%，同时，马铃薯晚疫病发病率下降 32.9%~39.4%。此外，农业间套种可提高生态系统的水土保持服务。研究发现，橡胶林下套种草本药材不仅未增加土壤水分的消耗，反而显著降低了土壤侵蚀。这些生态系统服务的改善保障了人类的生理健康和社会健康。

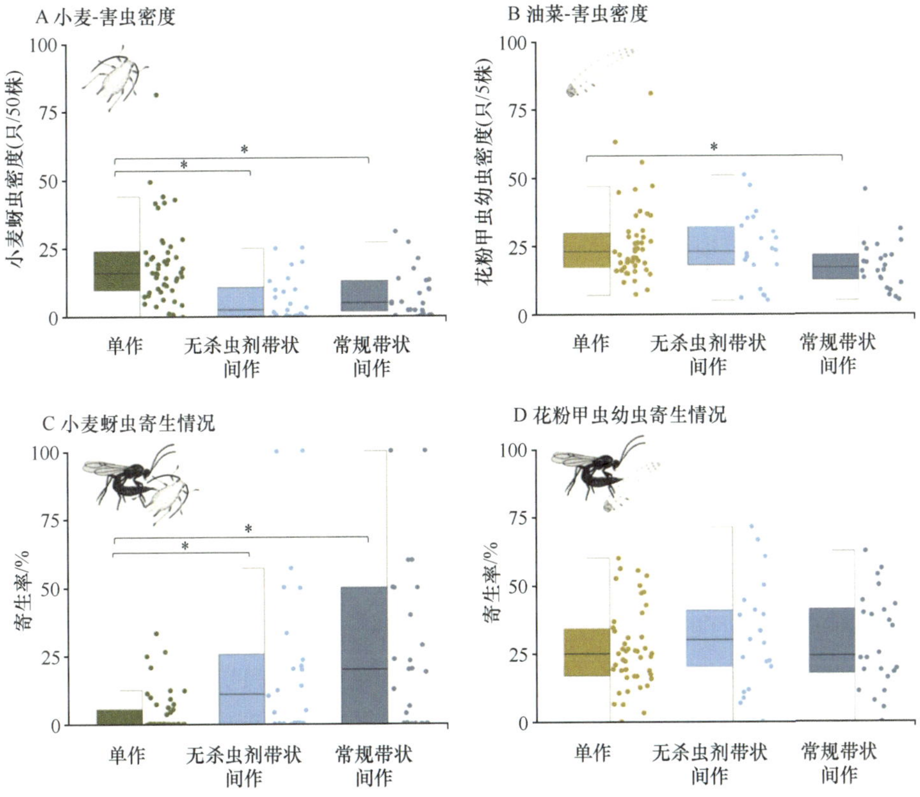

图 4.9　农业间作害虫控制的促进作用（改自 Alarcón-Segura et al.，2022）

* $P<0.05$

生态系统空间格局配置是景观层面的管理措施。生态系统空间格局配置指的是将生态系统与其周围生境按照一定秩序统一安排和部署，形成特定的空间组合方式，其特征是农业用地和非农用地相互嵌套，形成异质性农业景观。这种管理方式可明显调控多种生态系统服务。首先，多种生态系统的共存为植物和昆虫类等物种提供了更多栖息地，促进了药用植物、传粉昆虫及其天敌物种等关键物种的生存。例如，农田周边，乔木和草本的盖度与传粉昆虫及其天敌均为显著正相关。研究表明，森林生境可使传粉蜜蜂数量增加 14%，食蚜蝇数量增加 21%，合理的生境配置甚至可使传粉昆虫丰富度提高 60%~150%。作物距森林越近，促进效应越明显。其次，生态系统空间格局科学配置可提高传粉服务并强化害虫控制，进而促进作物产量的提升。例如，周边保留天然林生境的咖啡种植区，其产量可提升 16%~20%。再次，生态系统空间格局的合理配置有利于抑制疾病的传播。集约化农业造成了自然栖息地破碎化，这会提高某些病毒宿主存活率并促进疾病扩散，适当增加农业生态系统边缘的生境复杂度，有助于抑制宿主的活动，进而降低传染病的传播风险，提高疾病调控服务。最后，生态系统空间格局优化配置还能增加文化服务。多样化的农业景观，如耕地、果园、草地及其周边的森林、灌丛、荒草地和河流等生境，形成独特的乡村景观，可满足居民游憩和休闲的需求，促进人类身心健康。

4.4.2 环境退化与污染治理

1. 土地退化和污染的治理

土地退化与污染的治理对促进人类健康具有深远意义。针对水土流失诱发的土地退化问题，梯田改造是农业生态系统中一种有效的治理技术。梯田作为一种独特的土地管理方式，通过构建阶梯状田埂，有效减缓了坡度，改变了水流路径，削弱了径流冲刷力，从而实现了出色的水土保持功能。研究发现，梯田能使径流量减少 41%~85%，产沙量减少 52%~93%，展现出其在水土保持方面的有效性。此外，梯田还优化了土壤理化性质，为作物生长提供了更为有利的环境条件，进而提升了作物产量，增幅可达 44.8%。梯田还具备调节洪水、减轻自然灾害的潜力，其广阔的水平空间有效缓解了暴雨径流对河道的冲击，降低了洪涝灾害的风险。更为深远的是，梯田作为农耕文明的典型代表，其独特的景观与文化价值在满足人类审美、教育及休闲需求的同时，也促进了心理健康与社会健康。

植树造林与退耕还林还草策略是遏制土地退化和提升土壤质量的另一关键举措。这些措施通过增加地表植被覆盖，减少雨水对土壤的直接冲刷，并利用植被根系的锚固作用稳固土壤，有效遏制了水土流失。研究发现，植物重建后植被覆盖率与产流和产沙量均为负相关（图 4.10），植被重建可使土壤侵蚀量减少 54.9%~92.2%，且植被覆盖率每增长 10%即可降低土壤侵蚀量 30%~50%。植被根系的活动促进了土壤养分的吸收与转化，改善了土壤酸碱度与营养状况，而枯枝落叶与根系分泌物等有机质的分解则进一步丰富了土壤有机质，提升了土壤质量。此外，植被恢复为土壤生物提供了多样化的栖息环境，促进了土壤养分的循环与转化，增强了土壤肥力与健康。这些变化不仅缓解了水土流失，提升了生物多样性，还构建了优美的自然景观与丰富的生态资源。

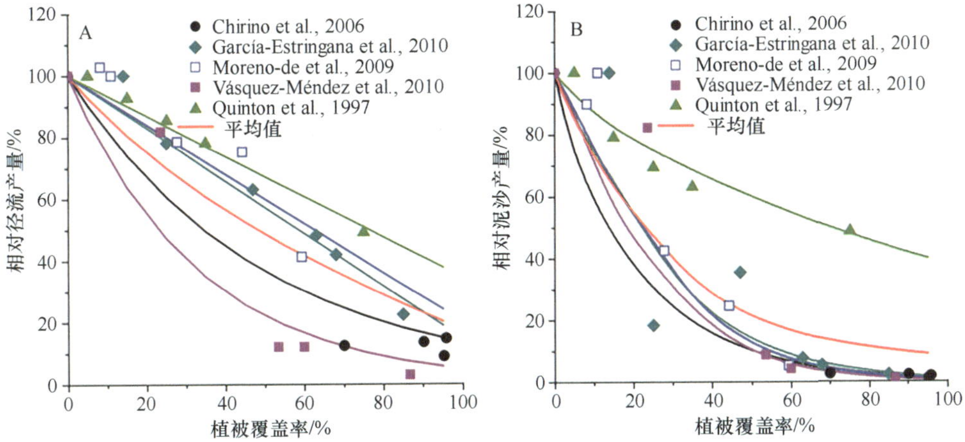

图 4.10　植被覆盖与水土流失的关系（改自 Gu et al.，2020）

针对土壤污染问题，土壤生物与理化修复技术提供了有效解决方案。土壤微生物修复技术通过微生物的代谢活动，如氧化、还原与水解等，将有机污染物转化为低毒或无毒物质，从而实现污染物的有效去除。这种技术的可持续性在于其能够恢复并增强土壤微生物群落的功能，长期维护土壤健康。针对重金属污染土壤，可采用固化/稳定化修复技术，通过添加特定化学物质与污染物发生反应，形成稳定化合物，降低重金属的生物可利用性与迁移能力。这些修复措施不仅减少了农产品中的有害物质残留，还降低了人类通过食物链暴露的风险，改善了周边大气和水体环境质量，提升了人类居住环境的整体品质。

2. 水资源健康管理

水资源管理应首要确保民众基本生活用水的充足供应，同时平衡农业灌溉、工业生产及生态环境维护等多维度用水需求。针对水资源分布不均的挑战，需综合运用市场机制调控与行政干预手段，引导水资源向高效益、低耗能领域进行优化配置。具体而言，可建立水资源生态补偿机制，遵循“受益者补偿，保护者受偿”的基本原则，即明确水资源利用的直接受益者承担生态修复与保护的成本，而致力于水资源安全维护及生态服务供给的主体应获得相应补偿，以此促进居民用水与工业用水之间的平衡，维护社会稳定与健康发展。

针对饮用水源污染问题，需划定清晰的水源保护区，并严格执行保护法规，严禁区域内一切潜在污染活动。此外，加强保护区周边生态环境的保育与恢复工作，通过植树造林、水土保持等生态工程手段，增强水源地的自然净化能力与生态系统韧性。在农业生产中，应科学规划化肥使用种类、剂量及时机，避免过量施肥，同时推广病虫害监测预警与生物、物理等非化学防治技术，最大限度减少农药使用，从源头上控制水污染。对于已经受污染的城市与农村水体，应积极引进并应用先进的污水处理技术与设备，提升处理效率，降低运行成本，促进再生水资源的循环利用。水源地保护和水污染治理工作的有效推进，直接关系到公众饮水安全这一重大民生问题。清洁饮用水作为人类生存的基本条件，对于预防水源性疾病、维护人体生理健康具有不可替代的作用。强化水源地保护，能够显著降低水体中有害物质含量，减少因饮用受污染水源而诱发的疾病风险，如消化系统疾病、皮肤病等，从而全面保障民众健康，并有效缓解因水资源短缺而引发的社会压力与健康危机。

3. 大气环境健康管理

大气质量影响着人类的呼吸健康，进而关联到生理、心理乃至社会健康的多个层面。因此，大气环境治理在生态系统管理中具有极为重要的地位。大气环境污染治理的核心任务是加强对各类排放源的严格控制。其中，工业排放是大气污染的主要来源之一。工业生产过程中，燃烧煤炭、石油等化石燃料会产生大量的二氧化硫、氮氧化物、颗粒物（如 $PM_{2.5}$、PM_{10}）以及挥发性有机物等污染物。针对工业废气，应出台更为严格的排放标准，确保企业采用先进的废气处理技术和设备，实现达标排放。同时，鼓励和支持企业转型升级，推广使用清洁能源，如天然气、风能、太阳能等，从根本上减少有害气体的排放。针对汽车和飞机等交通工具排放的尾气这一城市大气污染的重要来源，应采取提高燃油品质、推广新能源汽车、实施车辆限行与尾气检测制度等综合防控措施，多措并举，有效降低机动车尾气中的污染物浓度。针对日常生活中，居民燃烧煤炭、液化石油气等燃料用于炊事、取暖排放的二氧化硫、氮氧化物、一氧化碳以及颗粒物等污染物，应在城市和农村地区推广使用天然气和电力等清洁能源，减少煤炭等传统能源的使用，并通过技术改造和节能措施，提高居民生活和公共设施的能源利用效率。针对农业生产过程中，农药、化肥的过量使用以及秸秆焚烧等行为导致的大气污染，应推广科学施肥和生物防治技术，降低化肥和农药的使用量，鼓励农民将秸秆还田或进行综合利用，减少秸秆焚烧产生的污染。

绿色植物通过叶片表面的气孔吸收空气中二氧化硫和氮氧化物等有害气体。同时，叶片表面粗糙且多绒毛，能够吸附和阻滞空气中的粉尘颗粒。植物光合作用释放氧气，有助于维持大气中的氧气平衡。此外，植被覆盖可减缓风速、降低温度和增加湿度等，从而改善城市的小气候环境，进而减少大气污染物的扩散和积聚。因此，在城市生态系统中绿色植物的配置和科学管理可有利于人类健康。研究表明，城市绿化覆盖率的提高显著改善了空气质量，包括近地臭氧和氮氧化物等污染气体浓度的降低。对于具体植物类群，大多数植物都能吸收近地臭氧，但银杏、樟树、刺槐等树木对臭氧的净化作用更为显著，侧柏、白皮松和榆树等植物对二氧化硫有较强的耐受能力。不同植物单位叶面积颗粒物滞留的能力存在较大差异，滞留量由大到小依次为：油松 > 金银忍冬 > 大叶黄杨 > 暴马丁香 > 洋白蜡 > 元宝枫，其中油松滞留颗粒物能力可达到元宝枫的 44 倍。在城市绿化中选择合适的植物，可有效降低大气中的有害物质浓度，进而降低因吸入污染物而引发的呼吸系统疾病（如哮喘、慢性阻塞性肺疾病）

和心血管疾病的发病风险，对保护人类生理健康具有重要作用。

4.4.3 人类活动限制与管理

人类活动是生态环境变化的关键驱动力，资源开发和利用、城市建设、工农业生产、污染物排放、交通运输和商业贸易等都是人类活动的体现。然而，人类对生态系统健康的不利影响最终又反噬了人类健康。例如，人类对森林的破坏和砍伐导致野生动物栖息地丧失和种群减少，增加了人兽共患病（如埃博拉出血热和 COVID-19 等）的传播风险。随着人类与野生动物的接触频率增加，潜在的病毒携带和传播风险也随之上升；人类引起的水污染和土壤污染直接影响农作物的生长和品质，导致食品中重金属、农药残留等有害物质超标，威胁人类食品安全；人类排放二氧化碳、甲烷等温室气体导致全球气候变化，引发极端天气事件频发，如洪水、干旱和飓风，不仅造成人员伤亡和财产损失，还破坏基础设施和公共服务设施，影响人类社会健康。因此，限制和管理人类活动，尤其是那些对生态系统产生负面影响的活动，成为保障生态系统健康和人类健康的关键策略。

研究表明，约 60%的人类新发传染病（包括艾滋病和埃博拉出血热）的病原体源于森林中的野生动物。森林砍伐对人类健康不利影响已被广泛报道。在巴西热带地区，采伐迹地形成的积水成为疟疾媒介——按蚊的理想滋生地，研究表明，当森林覆盖率每下降 10%，当地疟疾病例便增加 3.7%。在非洲，埃博拉出血热疫情多发生于那些近期砍伐了森林的地区，这与蝙蝠原有栖息地丧失，而被迫接近人类活动区域直接相关，增加了病毒传播的风险。在东南亚地区，森林砍伐导致野生鸟类栖息地缩小，增加了禽流感病毒通过家禽向人类传播的风险。在美国东北部，由于其森林的破碎化，致使莱姆病的主要宿主白足鼠数量增加，直接增加了该地区莱姆病病例。如果将森林砍伐引发的间接影响（如水土流失和气候调节能力削弱）也纳入考量，森林砍伐对人类健康的威胁更加严峻。因此，应在全球范围内严格限制森林滥砍滥伐，尤其是生态脆弱区和生物多样性热点地区。同时，推行选择性采伐和森林经营计划，以维护森林生态系统的健康，从而保障人类健康和福祉。

经济全球化和全球贸易在促进药品与医疗设备流通、食品跨境贸易及公共卫生国际合作的同时，也带来了健康风险。全球化加速了人类和货物的跨境流动，从而加剧了传染病的全球传播风险。例如，新型冠状病毒感染（COVID-19）等呼吸道传染病通过国际旅行和贸易迅速扩散至全球。在全球化的供应链中，关键地区的自然灾害、政治动荡或疫情暴发可能引发全球食品供应危机。此外，全球化使得工业生产集中于环境监管较为宽松的发展中国家，导致严重的环境污染问题。这些污染物不仅危害当地居民的健康，还通过大气、水体和跨境废弃物影响全球环境和人类健康。发达国家凭借经济优势占有优质医疗资源，而发展中国家和欠发达地区的健康状况难以改善，进一步加剧全球健康不平等。为应对这些挑战，各国应加强国际合作，提升公共卫生基础设施，推动可持续发展和企业社会责任，以减少环境污染、控制传染病传播，改善全球健康状况。同时，实施更严格的食品安全监管和公平的贸易政策，保护公众健康，减少全球化对健康的不平等影响。

4.5　结束语

生态系统中生物群落和非生物环境因子共同决定着生态系统健康，健康的生态系统不仅表现为生态结构和功能等自然属性的完整性和稳定性，更重要的是能够为人类社会可持续地供给各类生态系统服务，如食物、水源、药物等，维持气候调节、空气净化、水文调节等关键服务。生物（如植物、动物和微生物）健康是生态系统健康的基础，物种多样化不仅维持生态系统功能和稳定性，而且在面对外部干扰时具有较好的韧性和恢复能力。非生物因素（如土壤、气候和水分等）对生态系统健康产生深远影响。生态系统健康的演变趋势表明，随着人类活动加剧、环境变化和生物多样性丧失使得生态系统遭受巨大压力，环境污染加重、生态系统服务退化和稳定性降低等生态系统健康问题日趋严重。

生态系统健康不仅直接关系到人类生存环境，还深刻影响人类生理健康、心理健康和社会健康。健康的生态系统通过提供干净的食物、水源、空气等物质产品，直接维护人类生理健康。相反，不健康的生态系统可能导致食物安全、水源和大气源污染等问题，进而引发呼吸道和心血管疾病等多种生理健康问题。健康生态系统的生物多样性和美学价值能够缓解心理压力，减少焦虑和抑郁等心理问题。健康生态系统不仅可预防疾病传播、抵御自然灾害、供给文化教育等重要社会服务，还可以促进社会公共安全和公平，增强社会的稳定和健康。因此，生态系统健康的维护不仅是为了保护自然资源和环境，更是为了确保人类在生理、心理和社会层面的全面健康。

生态系统健康管理实质上就是管理人类健康。基于人类健康的生态系统管理应当采取更加综合和前瞻性的策略，通过提高生态系统健康水平，促进人类福祉和健康的同步提升。为此，生态系统管理需要从保护和恢复生态结构和功能角度出发，合理规划自然资源的利用和生物多样性保护区域，推动农业生产的绿色科技转变，优化生态系统服务的可持续供应，加大环境退化和污染的治理，同时限制人类活动对生态系统的负面影响，形成系统化、科学化的综合管理模式。在未来，随着人们环保意识的增强和科学技术的进步，生态系统管理将更加注重生态系统健康对人类整体健康的支撑作用，从而为构建可持续人类发展奠定坚实基础。

思考题

1. 生态系统有哪些基本特征?
2. 生态系统健康的定义和内涵?
3. 生态系统服务与生态系统健康是什么关系?
4. 生态系统健康的变化趋势如何?
5. 生态系统中生物和环境对生态系统健康影响有何异同?
6. 人类活动通过哪些形式和过程影响生态系统健康?
7. 生态系统中植物、动物和微生物的健康与人类健康有什么关系?
8. 生态系统中土壤和水分等环境健康与人类健康有什么关系?
9. 哪些生态系统管理措施可以有效保障生态系统健康?
10. 如何限制和管理人类活动，从而保障和改善人类健康?

参考文献

刘晨一, 王丽敏, 高星星, 等. 2023. 蔬菜和水果摄入与心脑血管疾病关系的研究进展. 中华流行病学杂志, 44(2): 348-352.

Agathokleous E, Feng Z Z, Oksanen E, et al. 2020. Ozone affects plant, insect, and soil microbial communities: A threat to terrestrial ecosystems and biodiversity. Science Advances, 6(33): eabc1176.

Alarcón-Segura V, Grass I, Breustedt G, et al. 2022. Strip intercropping of wheat and oilseed rape enhances biodiversity and biological pest control in a conventionally managed farm scenario. Journal of Applied Ecology, 59(6): 1513-1523.

Banerjee S, van der Heijden M G A. 2023. Soil microbiomes and one health. Nature Reviews Microbiology, 21(1): 6-20.

Bratman G N, Anderson C B, Berman M G, et al. 2019. Nature and mental health: An ecosystem service perspective. Science Advances, 5(7): eaax0903.

Chirino E, Bonet A, Bellot J, et al. 2006. Effects of 30-year-old Aleppo pine plantations on runoff, soil erosion, and plant diversity in a semi-arid landscape in south eastern Spain. Catena, 65(1): 19-29.

Daily G C, Polasky S, Goldstein J, et al. 2009. Ecosystem services in decision making: Time to deliver. Frontiers in Ecology and the Environment, 7(1): 21-28.

Gu C J, Mu X M, Gao P, et al. 2020. Distinguishing the effects of vegetation restoration on runoff and sediment generation on simulated rainfall on the hillslopes of the Loess Plateau of China. Plant and Soil, 447(1): 393-412.

Garcia-Estringana P, Alonso-Blázquez N, Marques M J, et al. 2010. Direct and indirect effects of Mediterranean vegetation on runoff and soil loss. European Journal of Soil Science, 61(2): 174-185.

Hannah R. 2021. Deforestation and Forest Loss (2021-02-04) [2025-06-15]. https://ourworldindata.org/deforestation.

Hernández-Blanco M, Costanza R, Chen H J, et al. 2022. Ecosystem health, ecosystem services, and the well-being of humans and the rest of nature. Global Change Biology, 28(17): 5027-5040.

Leclère D, Obersteiner M, Barrett M, et al. 2020. Bending the curve of terrestrial biodiversity needs an integrated strategy. Nature, 585(7826): 551-556.

Lu Y L, Wang R S, Zhang Y Q, et al. 2015. Ecosystem health towards sustainability. Ecosystem Health and Sustainability, 1(1): 1-15.

Methorst J. 2024. Positive relationship between bird diversity and human mental health: An analysis of repeated cross-sectional data. The Lancet Planetary Health, 8(5): e285-e296.

Mohan S, Varshney A, Dahiya P. 2022. *In situ* bioremediation of heavy metal contaminated soil // Samuel J, Kumar A, Singh J. Relationship Between Microbes and the Environment for Sustainable Ecosystem Services, Volume 2. Amsterdam: Elsevier: 235-254.

Moreno-de las Heras M, Merino-Martín L, Nicolau J M. 2009. Effect of vegetation cover on the hydrology of reclaimed mining soils under Mediterranean-Continental climate. Catena, 77(1): 39-47.

Quinton J N, Edwards G M, Morgan R P C. 1997. The influence of vegetation species and plant properties on runoff and soil erosion: Results from a rainfall simulation study in south east Spain. Soil Use and Management, 13(3): 143-148.

Rohr J R, Civitello D J, Halliday F W, et al. 2020. Towards common ground in the biodiversity-disease debate. Nature Ecology & Evolution, 4(1): 24-33.

Sánchez-Bayo F, Wyckhuys K A G. 2019. Worldwide decline of the entomofauna: A review of its drivers. Biological Conservation, 232: 8-27.

Schumacher A E, Kyu H H, Aali A, et al. 2024. Global age-sex-specific mortality, life expectancy, and population estimates in 204 countries and territories and 811 subnational locations, 1950–2021, and the impact of the COVID-19 pandemic: A comprehensive demographic analysis for the Global Burden of Disease Study 2021. The Lancet, 403(10440): 1989-2056.

van Bruggen A H C, Goss E M, Havelaar A, et al. 2019. One Health: Cycling of diverse microbial communities as a connecting force for soil, plant, animal, human and ecosystem health. Science of the Total Environment, 664: 927-937.

Venter Z S, Hassani A, Stange E, et al. 2024. Reassessing the role of urban green space in air pollution control. Proceedings of the National Academy of Sciences of the United States of America, 121(6): e2306200121.

Vásquez-Méndez R, Ventura-Ramos E, Oleschko K, et al. 2010. Soil erosion and runoff in different vegetation patches from semiarid Central Mexico. Catena, 80(3): 162-169.

Zheng H, Wang L J, Peng W J, et al. 2019. Realizing the values of natural capital for inclusive, sustainable development: Informing China's new ecological development strategy. Proceedings of the National Academy of Sciences of the United States of America, 116(17): 8623-8628.

第5章

社会经济系统的物质资源利用与星球健康

陈伟强　　马凤姝

本章要点

- 介绍主要的物质资源种类
- 概括物质资源开采的全球及地区趋势
- 概述不同的物质资源对星球健康的影响
- 概述贸易中的资源流动对星球健康的影响

逻辑框图

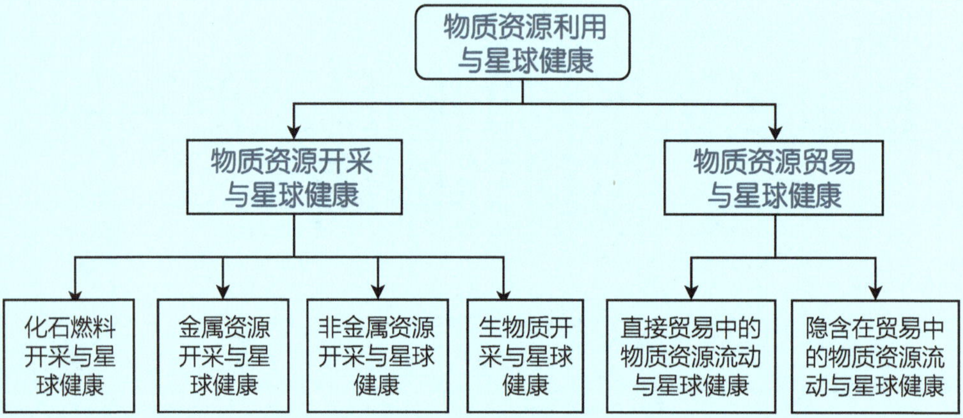
物质资源利用与星球健康
物质资源开采与星球健康
物质资源贸易与星球健康
化石燃料开采与星球健康
金属资源开采与星球健康
非金属资源开采与星球健康
生物质开采与星球健康
直接贸易中的物质资源流动与星球健康
隐含在贸易中的物质资源流动与星球健康

物质资源是现代经济和社会发展的基石，同时也是实现可持续发展目标的基础，而社会经济系统的演变又反作用于资源消耗，从而深刻影响着地球的生态系统，包括对气候变化、生物多样性和环境污染的影响。科学系统地理解和管理这些物质资源对于缓解地球危机，维护星球健康至关重要。

本章系统梳理了物质资源的主要类别及其全球开采的主要趋势，并深入分析了各类物质资源对星球健康的影响。在此基础上，从贸易视角探讨了国际贸易中的物质资源流动对星球健康的作用机制。

5.1 物质资源开采

5.1.1 物质资源开采的总体历史趋势分析

1. 全球趋势分析

经济结构、基础设施和物质生活水平都依赖物质资源供应来推动经济和支持社会福祉。随着全球对化石燃料、金属、非金属和生物质资源需求的不断增长，资源开采活动的规模和强度逐年增加，对星球健康产生了深远影响。

物质资源主要分为以下几类。

1）化石燃料

化石燃料包括煤、无烟煤、褐煤、泥炭、天然气、石油和焦油砂，是温室气体排放的主要来源之一。其开采和使用对全球气候变化产生了深远影响，成为推动气温升高和气候系统不稳定的关键因素，对星球健康构成了重大威胁。此外，化石燃料的开采和燃烧还导致栖息地破坏、土壤和水体污染等一系列环境问题，进一步加剧了生态系统的退化。

2）金属资源

主要工程金属有铝、铜、铁、铅、钢和锌，是现代工业的关键材料。贵金属有金、钯、铂、铑和银，广泛用于金融、珠宝以及高科技领域。特种金属有锑、镉、铬、钴、镁、锰、汞、钼、镍、锡、钛和钨，在电子产品、航空航天和特殊工业中具有重要应用。

金属由于其元素性质，不可降解且不会在环境中消失，有些重金属会在土壤、沉积物和生物体中累积，进而对人类健康和生态系统产生负面影响。例如，金属矿山的采矿和选矿过程中，常伴有大量含有重金属的尾矿和废水。这些废弃物如果处理不当，会导致土壤、水体和空气中重金属含量超标，造成严重环境污染，影响生态系统和人体健康。

3）非金属资源

非金属资源，如砂、砾石、石灰石、石膏和黏土等，主要用于建筑行业，但也广泛用于其他工业用途。虽然这些材料对基础设施建设至关重要，但它们的开采和使用也给星球健康带来了多重影响。大规模的非金属资源开采导致土地退化、栖息地丧失和水体污染。此外，采矿和加工过程中产生的粉尘和废弃物也对空气质量和生态系统构成威胁，加剧了环境退化。

4）生物质资源

生物质主要来源于农作物、放牧生物质、饲料作物、木材、野生捕捞和采集。生物质在食品生成、能源供应及生物基材料的制造中均有广泛应用，同时它也是能源领域和工业用途的重要资源。

大规模的生物质生产常导致栖息地的丧失和生态系统的破坏，尤其是当土地由自然状态转变为单一种植或集约化农业生产时。扩大生物质作物的种植可能会导致原始森林砍伐、湿地排干及草地破坏，进而威胁到各种动植物的生存，并显著增加了生物多样性丧失的风险。此外，生物质燃烧过程可能产生大量的颗粒物和其他有害排放物，导致空气污染，对人类健康和环境构成威胁。

以上物质资源的利用对星球健康产生了深远的影响。在过去 50 年中，全球物质使用量已增加 3 倍以上，并且还在持续以平均每年 2.3%的速度增长。这种增速远超满足所有人基本需求的实际所需水平，同时显著加大了气候变化和生物多样性丧失的风险。

若不及时采取紧急行动，这一趋势将在未来数十年进一步恶化，不仅会显著加剧气候变化和生态系统退化的风险，还将阻碍联合国 2050 年可持续发展目标的实现，并影响“星球健康”和“同一健康”战略的实施。

1970~2024 年，全球物质资源的开采量从 311 亿 t 增长到 1069.71 亿 t，年平均增长率为 2.31%。其中，2010~2015 年呈现最快增长，年平均增长率达 4.08%，这种加速主要由大规模基础设施建设推动，2015~2020 年，增长率明显放缓，最低为 0.95%（图 5.1）。

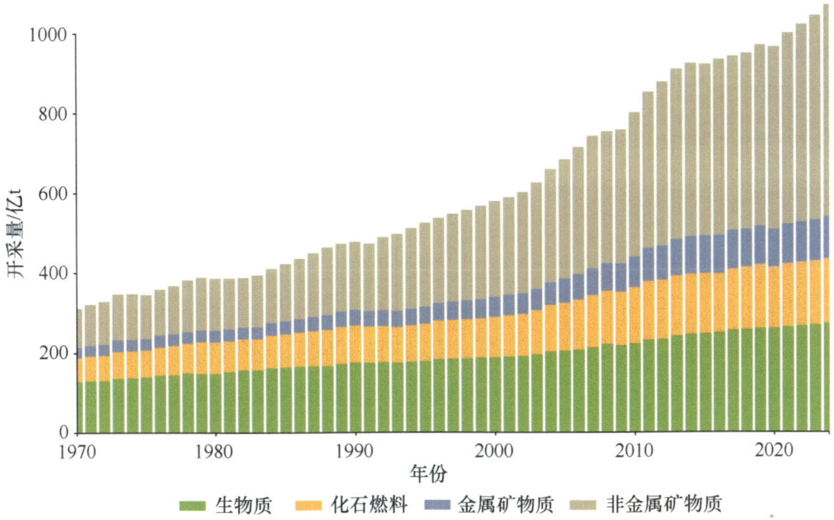

图 5.1　按类别划分的全球物质资源开采量（1970~2024 年）

数据来源：https://www.resourcepanel.org/global-material-flows-database

如果不立即采取协调一致的全球行动来改变资源利用方式，预计到 2060 年，物质资源开采量可能会比 2020 年的水平增加近 60%，从 1000 亿 t 增至 1600 亿 t，这一增长远远超过了满足人类基本需求的实际需要量。

1970~2024 年，全球物质资源的开采量比例也发生了显著变化。1970 年，生物质开采量占全球物质资源开采量的 41.98%，远大于非金属矿物质的 30.74%、化石燃料的 19.75%以及金属矿物质的 8.54%。然而，到 2000 年，生物质的开采量占比降至 27%，到 2024 年进一步下降至 25%。这是因为处于经济发展早期阶段的国家往往更多地依赖生物质材料和能源。过去 5 年，随着全球工业化进程的持续推进，物质需求呈现对矿物资源和能源系统的显著增长趋势（图 5.2）。

化石燃料开采量的百分比略有下降，尤其是在后期，这表明相对于其他材料，对化石燃料开采的依赖逐渐减少。金属矿物质开采量的百分比一直保持相对稳定，近年来略有增加。金属在建筑与基础设施建设（如能源、交通）、工业制造（包括设备生产）及消费品开发等领域具有重要价值。由于建筑活动对钢铁的需求不断增长以及全球南方第二次城市化浪潮，铁矿石开采量成为增长最快的金属。金属对间歇性可再生能源系统的转型至关重要——输电基础设施（依赖铝和铜）的扩建和储能技术的突破（如电池中的锂、镍）均需金属资源的支撑（图 5.2）。

非金属矿物开采量的全球占比也随着时间的推移显著增加，从 1970 年的 30.74%增至 2024 年的 49.54%，现已成为主导类别。这一增长态势反映了近年来由建筑和基础设施建设驱动的对建筑材料和其他非金属矿物的需求在不断增长（图 5.2）。

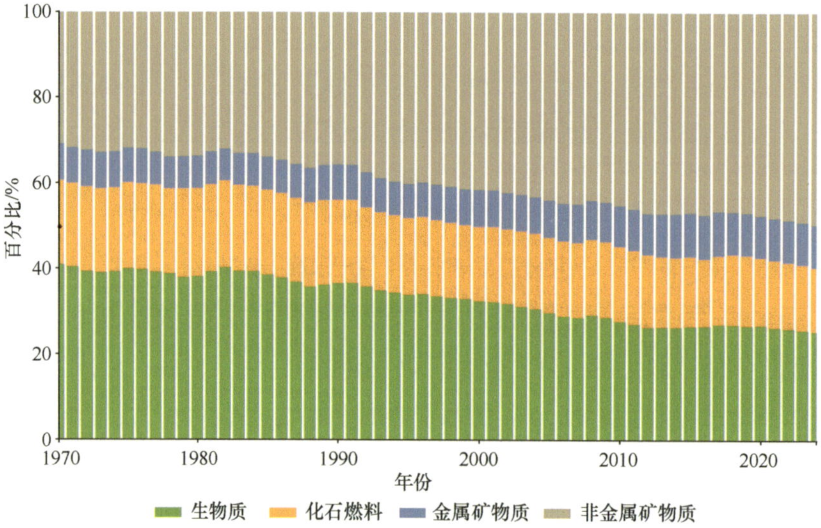

图 5.2 按类别划分的全球物质资源开采量百分比（1970~2024 年）

数据来源：https://www.resourcepanel.org/global-material-flows-database

2. 地区趋势分析

在分析全球各地区物质资源开采量的变化时，我们可以通过对比不同地区的数据来识别每个地区的特点和独特的趋势（图 5.3）。以下是基于之前全球总体分析的基础上，对各地区的具体分析和比较。

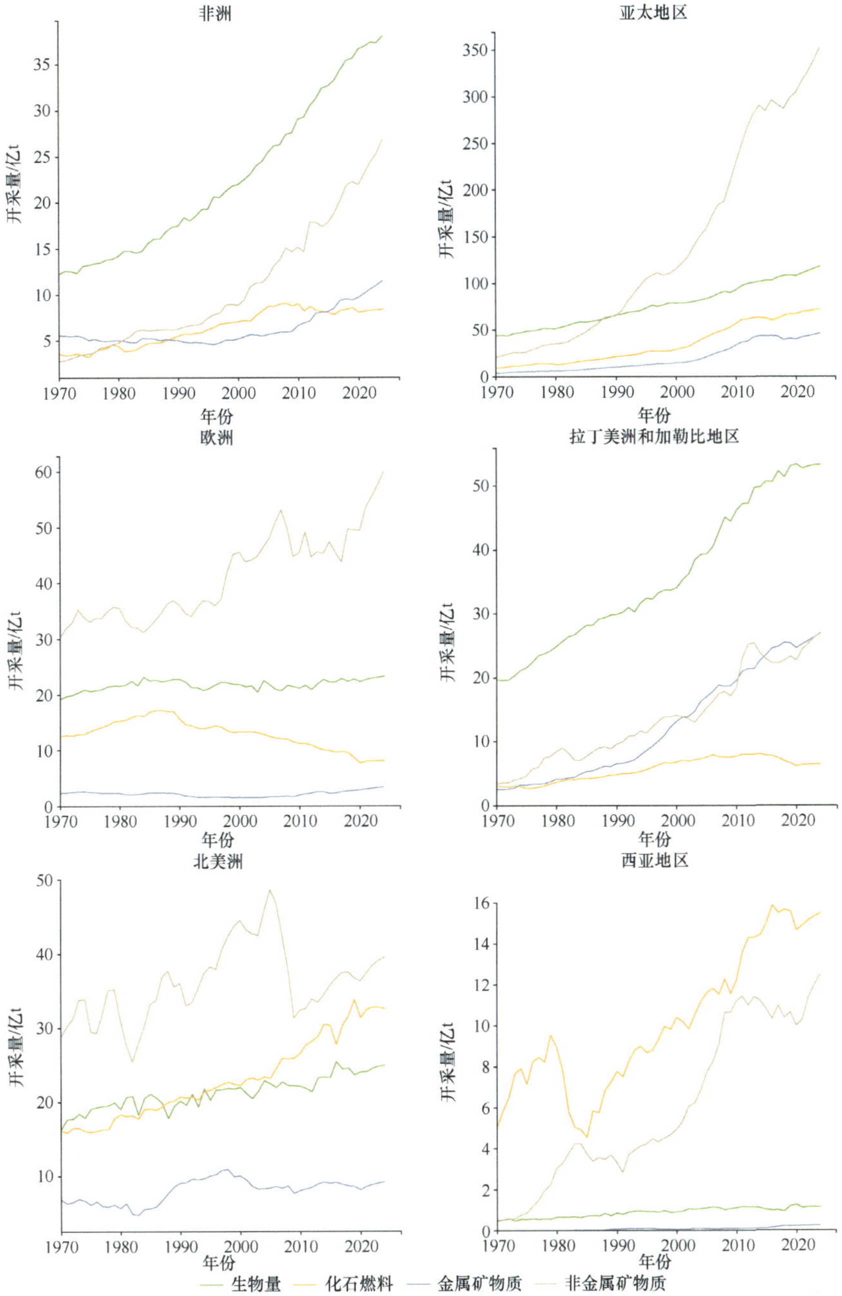

图 5.3　按类别–地区划分的全球物质资源开采量（1970~2024 年）

数据来源：https://www.resourcepanel.org/global-material-flows-database

1）亚太地区

亚太地区在全球物质资源开采量方面处于领先地位，其开采量远超其他地区，尤其是在非金属矿物的开采方面表现尤为突出。1970 年以来，该地区一直保持着高水平的资源开采，且这一趋势在整个研究期间持续加速。非金属矿物的开采量在亚太地区占据主导地位，并随着时间的推移显著增长。到 2024 年，非金属矿物的开采量已成为该地区资源开采的主要份额。这一现象的主要原因是亚太地区，包括中国、印度、日本、韩国等国家，作为全球经济增长最快的地区之一，经历了快速的工业化和城市化进程。这一进程推动了对建筑材料（如水泥、砂石）等非金属矿物的巨大需求，尤其是在这些国家大规模开展基础设施建设的背景下，进一步加大了对非金属矿物资源的依赖和开采力度。

2）非洲

在非洲，生物质的开采量自 1970 年以来始终占据主导地位，并在整个研究期间保持了其重要性。虽然全球范围内生物质的开采量相对比例有所下降，但在非洲，其仍然是主要的资源开采类别之一。与此同时，非金属矿物的开采量在非洲也呈现出稳定增长的趋势。与全球其他地区相比，非洲的非金属矿物开采量相对较低，但其增长幅度仍然显著。此外，金属矿物质的开采量也在增加，这一趋势凸显了非洲丰富的矿产资源对全球金属需求的重要贡献。

非洲资源开采结构的特点与其经济结构密切相关。首先，许多非洲国家的经济仍然以农业为主，生物质资源（如木材、作物残留物等）在日常生活和经济活动中占据重要地位，这使得生物质开采在资源开采中占据主导地位。其次，虽然非洲的工业化进程相对较慢，但近年来，许多国家加大了基础设施建设和工业发展的力度，这推动了对非金属矿物的需求增长，这些矿物被广泛应用于建筑和基础设施项目中。

3）欧洲

非金属矿物一直是欧洲资源开采的主要类别，其在 1970~2024 年表现出稳定的增长趋势。这些资源主要用于建筑和基础设施建设，其在欧洲这样的发达地区尤为重要。相比之下，欧洲的化石燃料开采量在过去几十年中保持相对稳定，但其全球占比有所下降，特别是在近几年，这一趋势反映了欧洲向低碳经济转型的努力。

欧洲资源开采结构的特点与其经济和社会发展密切相关。首先，作为全球最发达的地区之一，欧洲的经济结构对建筑和基础设施的需求较为稳定，这推动了非金属矿物的持续开采。欧洲国家拥有较长的城市化历史，因此对建筑材料的需求一直保持高位。其次，欧洲在推动绿色能源和减少碳排放方面处于全球领先地位。随着环保政策的加强和新能源技术的发展，欧洲逐渐减少对化石燃料的依赖，转而增加可再生能源的使用，这直接导致了化石燃料开采量的相对下降。

4）北美洲

北美洲在非金属矿物的开采上占据主导地位，其非金属矿物的开采量在1970~2008 年持续增长，但由于经济危机的影响，在 2008 年后出现了明显下降，2010 年之后又开始迅速反弹。非金属矿物（如砂石、石灰石等）作为建筑和基础设施建设中不可或缺的材料，在北美洲的需求量巨大，推动了其开采量的显著增长。与此同时，化石燃料在北美洲的资源开采中也一直占据重要比例。美国和加拿大作为全球重要的石油和天然气生产国，使得化石燃料的开采量长期保持在较高水平。

北美洲资源开采结构的特点与其经济结构、资源丰富性和政策环境密切相关。首先，北美洲包括美国和加拿大，是全球最发达的经济体之一，其高度的工业化和城市化进程对建筑材料的需求量极大，这直接推动了非金属矿物的广泛开采。其次，北美洲拥有丰富的能源资源，尤其是石油和天然气储量，这为化石燃料的开采提供了坚实基础。然而，随着环保意识的提高和相关政策的推行，北美洲在能源结构上逐渐向可再生能源转型，导致化石燃料开采的相对份额有所下降。同时，严格的环保法规也促使资源开采活动向着更加可持续的方向发展。

5）西亚地区

在西亚地区，化石燃料（尤其是石油和天然气）的开采量远超过其他类别。作为世界上最重要的石油生产和出口地区之一，1970~2024 年，化石燃料一直是西亚地区资源开采的核心。与此同时，非金属矿物的开采量也显示出稳定的增长趋势，这些资源主要用于支持区域内的建筑和基础设施发展，特别是在海湾国家的大规模建筑项目中。相比之下，生物质和金属矿物质的开采量在西亚地区相对较少，这些资源在该地区的整体经济结构中占比较低。

西亚地区资源开采结构的特点与其丰富的资源、经济结构和区域发展需求密切相关。首先，西亚地区（包括沙特阿拉伯、阿联酋、伊朗、伊拉克等）拥有全球最大的石油和天然气储量。自 20 世纪中期以来，这些资源的开采和出口一直是该地区经济的支柱，不仅满足了本地区的能源需求，也为全球能源市场提供了重要供应。其次，许多西亚国家的经济高度依赖化石燃料的开采和出口，虽然全球能源需求逐渐向可再生能源转型，但石油和天然气仍然是该地区的主要收入来源，这进一步巩固了化石燃料在资源开采中的核心地位。此外，近年来，西亚地区特别是海湾国家投入了大量资源用于现代化基础设施和城市建设（如迪拜、阿布扎比等地的高楼、机场和港口），这些项目对非金属矿物（如砂石、水泥等）的需求大幅增加，推动了这一资源的开采量增长。最后，西亚地区的生物质资源和金属矿物质资源相对较少，其气候条件不利于大规模农业生产，矿产资源也不如其他地区丰富，这解释了生物质和金属矿物质开采量在该地区的相对较低水平。

6）拉丁美洲和加勒比地区

在拉丁美洲和加勒比地区，生物质资源（如木材、甘蔗、农作物残余物等）一直是资源开采的重要类别，这一趋势在 1970~2024 年持续保持，生物质在该地区资源开采中的占比始终保持较高水平。与此同时，金属矿物质（如铜、铁矿石、铝土矿等）的开采也居于重要地位，并呈现出增长趋势，这使得该地区在全球金属矿产市场上占据了关键位置，尤其是智利和秘鲁等国作为世界主要的铜生产国，贡献显著。此外，非金属矿物（如水泥、石灰石）的开采量也呈现出稳定增长的趋势，特别是在与建筑和基础设施相关的项目中的需求量持续增加。相比之下，化石燃料在该地区的开采量相对较小且较为稳定。

拉丁美洲和加勒比地区资源开采结构的特点与其经济结构、资源禀赋和发展需求密切相关。首先，该地区的许多国家经济依赖农业，因此生物质资源在资源开采中占有重要地位，不仅用于国内消费，还用于出口，特别是在甘蔗种植（用于生产糖和乙醇）和木材生产方面。其次，该地区拥有丰富的矿产资源，尤其是铜铁矿石、铝土矿和贵金属（如黄金、白银），智利和秘鲁等国作为全球主要的铜生产国，巴西作为铁矿石的主要出口国，这些资源的开采对本地区经济和全球矿产市场均具有重要意义。此外，随着经济发展和城市化进程的推进，建筑和基础设施建设的需求增加，推动了非金属矿物的开采量增长，特别是在巴西、墨西哥等国的城市化进程中，对水泥和其他建筑材料的需求不断增长。最后，尽管委内瑞拉和巴西是该地区的主要石油生产国，但相比全球其他地区，化石燃料的开采量相对较低，这可能是由于该地区能源结构的多样化以及部分国家对可再生能源的投资增加。

这些区域特征不仅揭示了全球物质资源开采的多样性，还显示出不同地区在应对全球资源需求和可持续发展挑战方面的不同策略和路径（图 5.3）。

5.1.2　化石燃料开采

化石燃料（包括煤炭、石油、天然气、油页岩和焦油砂）的使用量从 1970 年的 61.44 亿 t 增长到 2024 年的 161.02 亿 t（图 5.1）。然而，同期它们在全球开采总量中的占比却从 19.75% 下降到 15.05%（图 5.2）。

1. 全球化石燃料的利用情况

各地区化石燃料开采量的变化趋势如图 5.4 所示。

1）非洲

非洲的化石燃料开采量相对较低，但在整个研究期间呈现稳步增长的趋势。虽然与其他地区相比，非洲的总开采量较少，但其增长速度在一定程度上反映了该地区工业化和能源需求的逐步增加。非洲的化石燃料开采主要集中在尼日利亚和安哥拉等主要产油国。随着这些国家的产量逐渐增加，非洲的整体开采量也有所提升。

2）亚太地区

亚太地区的化石燃料开采量于 1970~2024 年在全球范围内显著增加。该地

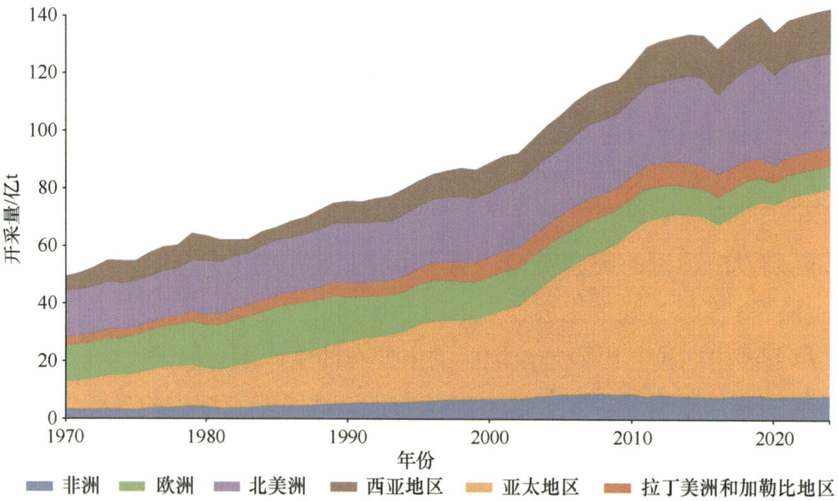

图 5.4 按地区划分的全球化石燃料开采量（1970~2024 年）

数据来源：https://www.resourcepanel.org/global-material-flows-database

区的开采量呈快速增长趋势，是全球化石燃料供应的主要贡献者。中国和印度等国的工业化和城市化进程是该地区化石燃料开采量增长的主要推动力。中国的煤炭开采以及澳大利亚的天然气和煤炭出口在这一趋势中起到了关键作用。

3）欧洲

欧洲的化石燃料开采量增幅在过去几十年中呈现较为平稳的下降趋势。随着时间的推移，欧洲的化石燃料开采量逐渐减少，这与该地区的能源转型政策一致。欧洲的能源结构正在向可再生能源和低碳能源转型，减少了对化石燃料的依赖。北海地区油田的石油产量下降也是导致这一趋势的重要因素。

4）拉丁美洲和加勒比地区

1970~2024 年，拉丁美洲和加勒比地区的化石燃料开采量总体呈增长趋势，但增速相对较慢，并且在某些年份出现波动。这一现象与该地区（尤其是委内瑞拉和巴西）丰富的石油资源以及经济和政治因素的波动密切相关。

5）北美洲

北美洲的化石燃料开采量表现出稳定增长的趋势，尤其是在 2000 年后增速尤为显著。这使得北美洲成为全球化石燃料供应的重要贡献者。美国页岩气革命大幅提升了该地区的天然气产量，加之加拿大的油砂资源开发，进一步推动了北美洲的化石燃料开采量持续增长。

6）西亚地区

西亚地区的化石燃料开采量在全球范围内占据重要地位，且一直保持高水平。自 1970 年以来，该地区的开采量稳步增长，显示出对全球能源市场的巨大影响力。西亚地区拥有全球最主要的石油生产国，包括沙特阿拉伯、阿联酋和科威特等。这些国家的经济高度依赖石油出口，全球能源需求的增加也进一步推动该地区化石燃料的开采。

2. 全球化石燃料的开采量

各地区化石燃料开采量的变化反映了全球能源需求和经济发展动态。亚太地区和北美洲的开采量增长最为显著，主要受工业化和能源开发技术进步的驱动；而欧洲的开采量则因能源转型政策而减少。

各地区化石燃料开采量的百分比的变化趋势如图 5.5 所示。

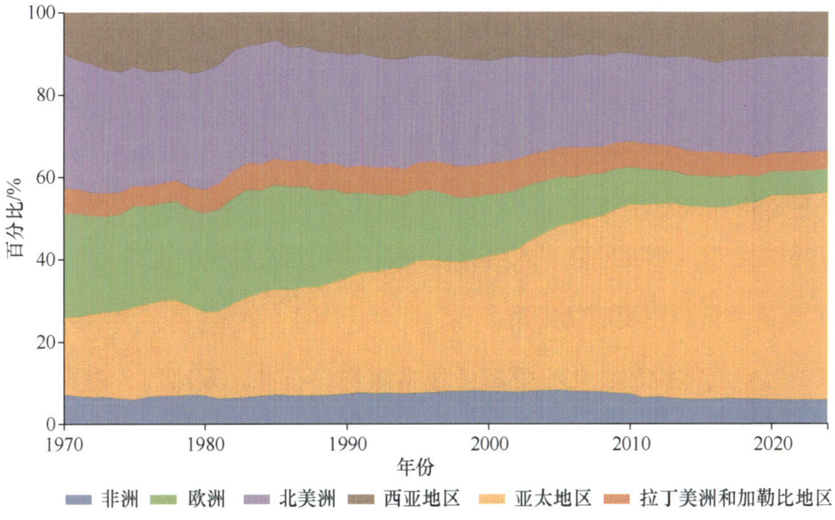

图 5.5　按地区划分的全球化石燃料开采量的百分比（1970~2024 年）

数据来源：https://www.resourcepanel.org/global-material-flows-database

1）亚太地区开采量在全球占比显著上升

亚太地区的开采量在全球占比中显著上升，从 1970 年的 18.67%增加到 2024 年的 50.38%。该地区已经成为全球化石燃料开采的主要贡献者。中国和印度等国的工业化、城市化进程，以及澳大利亚等国的化石燃料出口，推动了亚太地区开采量的显著增长。这一趋势显示了亚太地区在全球能源市场中的日益重要性。

2）其他地区开采量占比呈下降趋势

欧洲的化石燃料开采占比从 1970 年的 25.27%显著下降至 2024 年的 5.66%。表明其在全球化石燃料开采中的相对重要性显著减弱。拉丁美洲和加勒比地区的开采量占全球总量的比例相对稳定，但整体也呈现缓慢下降趋势，从 1970 年的 6.18%降至 2024 年的 4.51%。

西亚地区的化石燃料开采占比在此期间略有波动，相比之下，非洲的化石燃料开采量则一直处于较低水平,其占全球化石燃料开采量从 1970 年的 7.22%下降至 2024 的 5.86%。这表明非洲在全球化石燃料开采中的相对重要性有所降低。北美洲的化石燃料开采占比总体呈现下降趋势，从 1970 年的 32.55%下降至 2024 年的 22.77%。虽然其绝对开采量有所增加，但在全球的相对份额却有所下降。

3. 化石燃料开采对星球健康的影响

化石燃料开采对星球健康的影响可以从多个方面进行分析，包括气候变化、生物多样性丧失、环境污染、人类健康以及对可持续发展的阻碍等。

1）气候变化的主要驱动因素

（1）温室气体排放：化石燃料（包括煤炭、石油、天然气、油页岩和焦油砂）的开采和燃烧是二氧化碳和甲烷等温室气体的主要来源。温室气体在大气中累积，导致全球气温上升，直接引发气候变化。

（2）极端天气事件：随着温室气体的增加，极端天气事件的频率和强度也随之增加。化石燃料的使用不仅加剧了这些气候现象，还威胁到了全球的粮食安全、淡水资源和人类居住环境。联合国近期发布的气候报告指出，全球平均气温正接近比工业化前水平高 1.5℃的危险升温阈值。如果不及时采取有效的减排措施，全球气温预计将在 21 世纪末上升 2.6~3.1℃，可能引发极端天气等灾难性后果。

2）生物多样性丧失

（1）栖息地破坏：化石燃料的开采往往伴随大规模的土地开发和生态破坏。例如，煤矿开采、石油钻探和天然气开采都会导致森林、湿地和其他关键栖息地的丧失，威胁众多物种的生存。

（2）污染物排放：化石燃料开采和使用过程中排放的污染物（如硫氧化物、氮氧化物、重金属和微粒物质）对生物多样性构成了严重威胁。这些污染物不仅直接毒害动植物，还通过空气、水和土壤传播，破坏生态系统的平衡。

（3）海洋酸化：化石燃料燃烧产生的二氧化碳被海洋吸收，导致海水酸化。这种酸化对海洋生态系统尤其是珊瑚礁、贝类和鱼类构成了严重威胁，影响了海洋生物的生存和多样性。

3）环境污染与人类健康

（1）水污染：石油泄漏、煤矿废水排放和天然气开采中的化学品泄漏都会污染水源，并对生态环境、人类饮用水安全和水生生物构成威胁。例如，1967 年 3 月 18 日，利比里亚的超级油轮"托利卡尼翁"号（Torrey Canyon）在英国康沃尔郡锡利群岛附近海域触礁搁浅，断为两截后沉入海底，泄漏了 3800 万加仑（约合 12.3 万吨）的原油，对陆地和海洋野生动物造成长期不利影响。

（2）土壤污染：化石燃料的开采和使用会导致土壤中的重金属积累，影响农作物的生长，进而影响食品安全。

4）对可持续发展的阻碍

（1）能源转型的挑战：由于全球经济长期以来依赖化石燃料，能源系统对化石燃料的依赖形成了所谓的"碳锁定效应"，即难以摆脱化石燃料的依赖。这使得向可再生能源过渡的进程缓慢，阻碍了全球可持续发展目标的实现。

（2）社会不平等：化石燃料开采带来的环境破坏和健康风险多集中在低收入社区和发展中国家，进一步加剧了全球的不平等。这些区域在资源开发过程中往往得不到公平的经济利益，却承担了极大的环境和健康代价。

（3）经济与环境的冲突：化石燃料经济与环境保护目标之间的冲突使得全球气候变化目标的实现更加困难。特别是在一些资源丰富的国家，国家经济高度依赖化石燃料产业，使得这些国家在制定和执行气候政策时面临更大的挑战。

5）对生态系统的长期影响

（1）生态系统退化：化石燃料的开采和使用不仅直接影响某些物种及其栖息地，还对更广泛的生态系统服务（如水循环、土壤形成和气候调节）构成了长期威胁。随着这些生态系统服务的退化，地球整体的生态健康也将受到深远的影响。

（2）复合性危机：化石燃料的开采对星球健康造成了多重负面影响，涵盖了气候变化、生物多样性丧失、环境污染、公共健康威胁以及阻碍全球可持续发展等方面。减少化石燃料的依赖，加速向可再生能源的转型，是保护地球生态系统和实现全球气候目标的关键措施。这不仅有助于减缓气候变化的影响，还能促进全球生态系统的恢复与可持续发展。

5.1.3 金属资源开采

清洁能源转型导致对矿物和金属需求的增加。2023 年，关键矿产的需求呈现出强劲增长态势，其中锂的需求增长了 30%，镍、钴、石墨和稀土元素的需求也分别增长了 8%~15%。清洁能源应用已经成为这些关键矿物需求增长的主要驱动力。

展望未来，到 2040 年或 2050 年，随着全球向低碳经济转型，材料需求预计将大幅增加。例如，铜作为发电和运输技术的核心材料，其需求将随着电力网络的大规模扩张而大幅上升，同时铝的需求也将显著增长。电动汽车作为锂最大消费领域，其市场份额的扩大将进一步显著提高对镍、钴和石墨的需求。在将全球变暖限制在 1.5°C 以内的情景下（到 2050 年实现净零排放），电动汽车的销售份额预计从 2023 年的 18% 上升至 2030 年的 65%。这将使电池需求增加一倍，到 2030 年达到 6~7 TW·h。此外，海上风力涡轮机的制造依赖于稀土磁体，而镍和铂族金属在氢气生产中至关重要。稀土元素不仅在氢气生产和风力涡轮机中发挥关键作用，也是电池技术的重要组成部分。

本节以铜为例，分析各地区金属矿物质开采量的变化趋势。

全球铜的开采量从1970年的6.71亿t增长到 2024 年的29.34亿t（图5.6）。在此期间，各地区铜的开采量均有所增加，其中拉丁美洲和加勒比地区以及亚太地区的增长尤为显著，其全球市场份额显著增加。具体来说，拉丁美洲和加勒比地区铜开采量从 1970 年的 0.76 亿 t（占总开采量的 13.47%）增长至 2024 年的 13.21 亿 t（占总开采量的 47.63%），使其成为全球铜开采的主要区域，占全球总量的近一半。亚太地区的铜开采量也从 1970 年的 0.63 亿 t（占总开采量的 11.18%）增加至 2024 年的 6.85 亿 t（占各地区总开采量的 24.72%）（图 5.7）。相比之下，北美洲和欧洲的铜开采量在全球市场中的占比逐年下降，这反映了这些地区铜矿资源的逐渐枯竭。

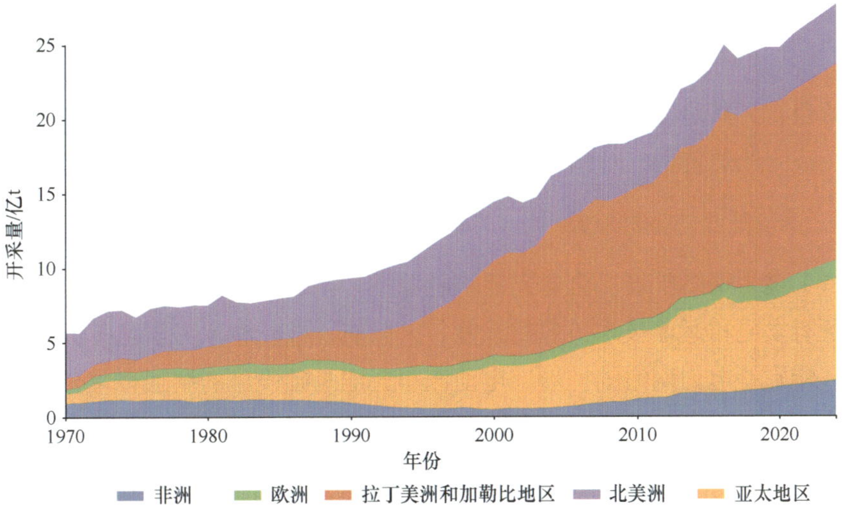

图 5.6　按地区划分的全球铜开采量（1970~2024 年）

数据来源：https://www.resourcepanel.org/global-material-flows-database

1. 全球金属资源（以铜为例）的利用情况

1）铜的关键地位

铜因其优良的导电性、导热性以及耐腐蚀性，在全球经济中扮演着不可替

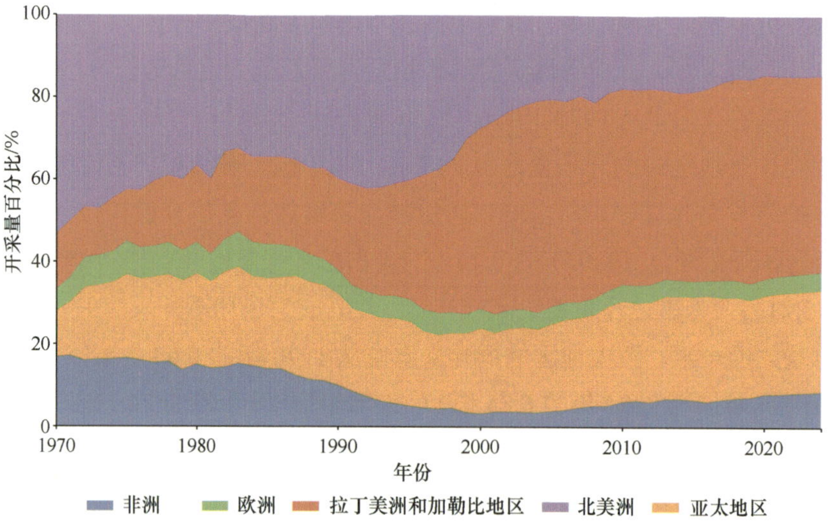

图 5.7 按地区划分的全球铜开采量的百分比（1970~2024 年）

数据来源：https://www.resourcepanel.org/global-material-flows-database

代的角色，尤其是在电力传输、建筑、电子设备和清洁能源技术等领域。随着全球经济向低碳转型，对铜的需求正呈现出持续且强劲的增长。

2）清洁能源转型的驱动

（1）电力网络扩展：全球向清洁能源的转型是铜需求增长的主要驱动力之一。所有发电和运输技术（包括风能、太阳能、核能和水力发电）都需要大量的铜。特别是电力网络的扩展、电动汽车充电基础设施的增加以及分布式能源系统的发展，使得对铜的需求大幅上升。

（2）电动汽车：电动汽车的快速发展是另一个关键因素。电动汽车需要大量的铜用于电动机、充电基础设施和电池管理系统。随着电动汽车销售份额从 2023 年的 18%预期增加至 2030 年的 65%，铜的需求也将显著上升。电动汽车平均每辆车需要约 83 kg 的铜，远高于传统内燃机汽车所需的 23 kg。

3）基础设施升级

（1）电力传输与配电：随着全球电力传输和配电网络的升级与扩展，尤其是在发展中国家和新兴市场，铜的需求将持续增长。这些国家和地区正在大力投资现代化电力基础设施，以支持经济发展和可再生能源的接入。

（2）智能电网与能源存储：智能电网的发展需要大量的铜来连接分布式能源、储能系统和消费者，这将进一步推动铜需求的增长。

4）全球变暖限制下的需求

（1）1.5°C 限制：在将全球变暖限制在 1.5°C 以内的情景下（到 2050 年实现净零排放），铜的需求将持续增长。随着全球对低碳技术的依赖增加，尤其是在电动汽车和可再生能源发电领域，铜的需求预计将显著上升。

（2）铜和铝的替代性：虽然铝在某些应用中可以替代铜，但在许多关键领域，铜仍然是不可替代的材料。因此，即便铝需求增加，铜的核心地位依然稳固。

5）铜需求的长期趋势

（1）可再生能源设备：风力发电、太阳能电池板和其他可再生能源设备都需要大量的铜。随着这些技术的广泛应用，铜的需求将继续攀升。

（2）建筑和电子设备：随着城市化进程的推进，建筑业对铜的需求依然强劲。此外，随着电子产品的普及和消费电子设备的持续创新，铜在电子产品中的应用将进一步扩大。

（3）全球对铜的需求受多重因素推动，特别是清洁能源技术的快速发展、电动汽车的普及、电力网络的扩展，以及全球向低碳经济转型的努力。铜在这些领域的广泛应用确保了其在未来几十年内的持续高需求。清洁能源转型已成为铜需求增长的主要驱动力，未来铜的市场前景广阔，预计需求将继续保持强劲增长。

2. 金属资源（以铜为例）利用对星球健康的影响

铜的开采在满足全球铜需求方面发挥了重要作用，特别是在支持可再生能源发展方面。然而，铜开采活动对星球健康的负面影响同样显著，主要体现在环境破坏、生态系统退化和气候变化方面。为了减轻这些负面影响，全球铜开采业需要采取更加可持续的措施。例如，提高资源利用效率、加强环境治理、推广清洁生产技术，并在矿区退役后进行有效的生态修复。通过综合性的可持续管理策略，在满足铜需求的同时，保护地球生态系统的完整性并维护人类健康。

铜开采对星球健康的负面影响如下。

1）环境影响

（1）土地破坏：铜矿开采通常是大规模的露天开采，这对土地造成了严重的破坏。采矿过程中剥离地表土和植被导致土地退化，增加了水土流失的风险。此外，采矿区域的土壤可能受到重金属污染，影响土地的再利用。

（2）水资源污染：铜矿开采和冶炼过程会产生大量废水，其中可能含有酸性矿井排水、重金属和有害化学物质。这些污染物可能进入地表径流和地下水系统，威胁当地的水资源安全和生态系统。例如，紫金矿业的紫金山铜矿湿法厂在 2010 年 7 月 3 日发生铜酸水渗漏事故，导致 9100 m^3 的污水顺着排洪涵洞流入汀江，导致汀江部分河段污染及大量网箱养鱼死亡。

（3）尾矿溃坝：铜矿开采过程中产生的尾矿堆放会对环境构成长期威胁。如果尾矿处理不当，堆放的废料可能会发生泄漏，导致周围土壤和水体的污染。这种污染对周边环境和生物多样性造成严重影响，同时也会对人民群众的人身和财产安全带来重大威胁。

2）生态系统影响

（1）生物多样性丧失：铜矿开采常位于生物多样性丰富的地区。采矿活动导致栖息地的破坏，使得许多物种面临栖息地丧失的威胁。特别是在热带雨林和其他生物多样性热点地区，采矿活动可能导致不可逆的生态系统破坏。

（2）生态系统退化：除了栖息地丧失，铜矿开采还可能通过水体污染、空气污染和土壤污染影响周边生态系统的健康。例如，酸性矿井排水会破坏淡水生态系统，使水生生物面临生存挑战。

3）气候变化的影响

（1）能源消耗与碳排放：铜的开采和冶炼属于高度能源密集型过程，需要消耗大量的化石燃料，这会导致大量的温室气体排放。尽管铜被广泛应用于可再生能源技术中，但其开采过程本身对气候变化的负面影响不容忽视。

（2）森林砍伐：在某些地区，铜矿的开采可能需要大规模砍伐森林，释放出大量的碳并削弱森林作为碳汇的功能。这加剧了全球气候变化。

4）人类健康影响

（1）空气污染：铜矿开采和冶炼会产生大量的粉尘和有害气体（如二氧化硫和重金属微粒），这些污染物对矿区工人和附近居民的健康构成严重威胁。长期暴露于这些污染物中可能导致呼吸道疾病、心血管疾病和其他健康问题。

（2）水质安全：采矿产生的废水污染可能影响附近社区的饮用水安全，导致各种水源性疾病的流行。特别是在缺乏有效水资源管理的地区，这种风险更为严重。

5）社会经济影响

（1）资源依赖与社会冲突：在一些铜矿资源丰富的国家，采矿活动虽然带来了经济收益，但也可能陷入过度依赖矿产资源的困境。这些国家往往以矿产资源出口为主导，而忽视了经济多元化，导致社会经济不稳定。此外，采矿活动可能引发土地争端和社会冲突，特别是在当地居民或社区的土地被征用时。

（2）废弃矿区的治理挑战：采矿活动结束后，废弃矿区的治理往往是一个长期挑战。由于处理这些废弃矿区需要大量资源和时间，许多矿区在被废弃后在一段时间内难以得到妥善治理，因而给周边环境带来了很多负面影响。

5.1.4 非金属资源开采

非金属矿物——包括用于建筑、工业和农业的砂、砾石和黏土，是物质资源使用的最大组成部分。其中，建筑用途的非金属资源开采量占比最高，从 1970 年的 89.30 亿 t 增加至 2024 年的 509.36 亿 t，年平均增长率为 3.28%（图 5.8）。

本节以砂为例，分析非金属矿物质与星球健康的关联。

1. 全球非金属资源（以砂为例）的利用情况

20 世纪中叶以来，全球对砂的需求持续增长。其中，亚太地区的建筑用砂石开采量增长尤为显著，从 1970 年的约 51.62 亿 t 增至 2024 年的约 343.21 亿 t，

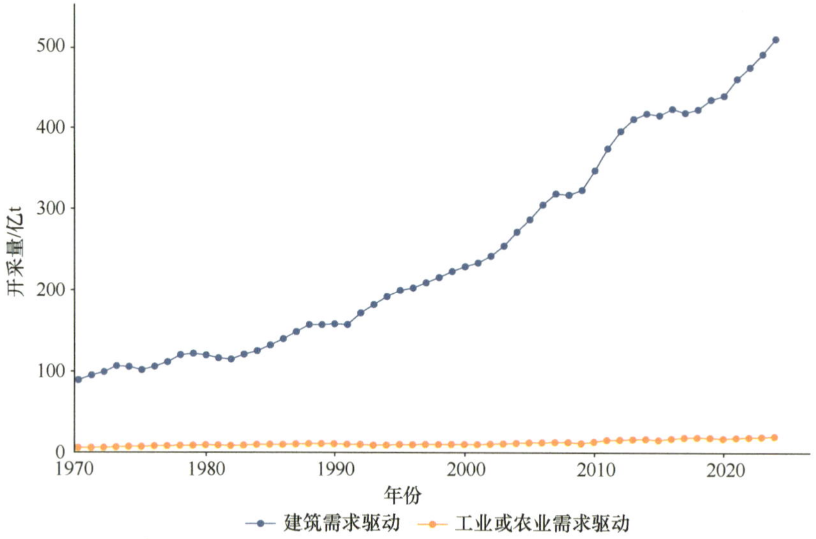

图 5.8 按类别划分的全球非金属资源开采量（1970~2024 年）

数据来源：https://www.resourcepanel.org/global-material-flows-database

该地区的砂石开采量在整个时间段内呈现持续上升趋势，尤其在 2000 年之后增速显著加快（图 5.9）。这一增长主要归因于亚太地区快速推进的城市化进程、大规模基础设施建设以及人口增长，特别是中国和印度等国的建设需求对砂石资源的消耗起到了关键推动作用。

虽然砂的需求量巨大，但天然砂的供应却存在不足。海砂和沙漠砂虽然丰富，但因海砂含氯容易腐蚀建筑，而沙漠砂由于颗粒过于圆滑，坚固性不足，它们都难以满足建筑需求。此外，天然砂的开采对环境的影响极为显著，如河岸破坏和生物多样性损失等，对星球健康构成了严峻挑战。

中国是全球砂石消耗量最大的国家，近 30 年来，建筑用砂供应量显著增长，从 1995 年的 1.486 亿 t/年增至 2020 年的 7.0 亿 t/年，增长了近 5 倍。从部门需求来看，交通部门的砂石消耗量主要随着道路建设的扩展而波动，而城市住宅建设在 1995~2020 年一直是建筑部门砂石需求的主要驱动力，特别是在经济刺激计划的推动下。

中国的砂供应模式目前已发生了根本性转变——由主要依赖天然砂转向机制砂的生产与供应。自 2011 年起，机制砂的供应量以每年 13%的速度增长，并在供应总量中首次超过天然砂。天然砂的供应占比从 1995 年的 80%锐减至 2020

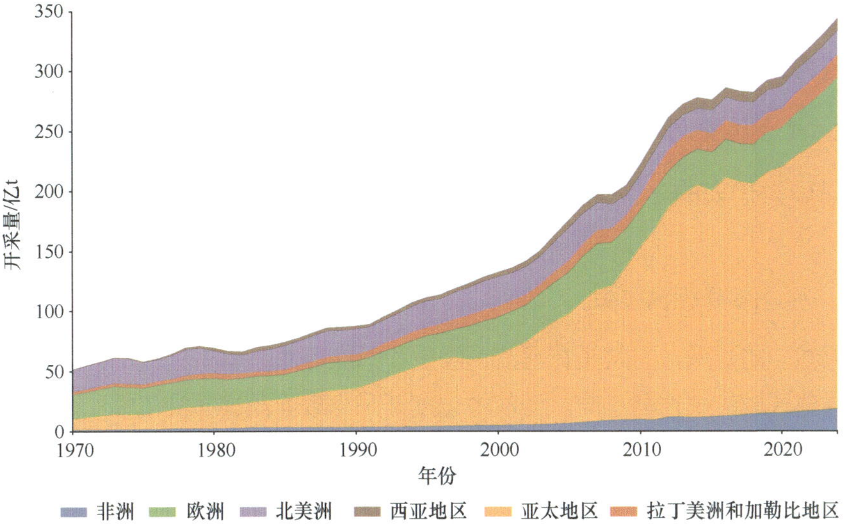

图 5.9　按类别划分的全球砂资源开采量（1970~2024 年）

数据来源：https://www.resourcepanel.org/global-material-flows-database

年的 21%（Wang et al.，2024）。这一转型主要受到国家政策的推动，特别是相关国家标准的出台与河长制的实施。例如，2001 年，《长江河道采砂管理条例》公布，开始加强对长江河道采砂的管理；2011 年，国家出台了《建设用砂》（GB/T 14684—2011）的国家标准，推动了机制砂的生产；2016 年，实施非法采砂管控和河长制，进一步打击非法采砂活动。之后天然砂的开采量显著下降。2019 年，国家十部委发布了《关于促进机制砂石行业高质量发展的意见》，进一步推动机制砂产业的发展。这些政策的实施显著影响了中国砂的供应模式的转变，从依赖天然砂逐步向机制砂过渡。

中国的成功经验为实现星球健康目标提供了重要的可持续的砂石管理模式。通过限制天然砂的开采，严厉打击非法采砂活动，中国在保护生态系统和减少环境破坏方面迈出了关键一步。尤其是 2011 年出台的《建设用砂》国家标准，推动了机制砂产业的发展，减少了对天然资源的依赖，有助于维护地球的生态平衡。此外，鼓励二次砂的回收利用，以及提高砂资源的利用率，则体现了循环经济理念，有助于减少采矿和生产过程中的能源消耗和碳足迹。同时，推广预拌砂产品的使用，不仅优化了资源分配，还降低了运输和生产过程中砂的资源损失。这些措施共同推动了砂石行业的可持续发展，有助于缓解资源枯竭的压力，促进星球健康目标的实现。

2. 非金属资源（以砂为例）利用对星球健康的影响

以砂为代表的非金属资源利用，对星球健康的影响主要体现在以下几个方面。

1）生物多样性的丧失

天然砂的开采，尤其是在河流、湖泊和海岸等生态敏感区域的开采，直接破坏了这些区域的生物栖息地。河沙的过度开采导致河流底部被侵蚀，破坏了水生生态系统的平衡，影响了鱼类和其他水生生物的生存环境。此外，沿海地区的采砂活动对珊瑚礁和海草床造成了破坏，进一步削弱了这些区域的生态多样性。

2）植被破坏和土地退化

砂的开采不仅限于水体，还包括对陆地砂源的开采。开采活动通常伴随着大面积的植被清除，导致土壤结构的破坏和土壤流失。这种环境的改变不仅减少了陆生生物的栖息地，也增加了土地退化和沙漠化的风险，进而对当地农业和水资源管理产生负面影响。

3）水资源管理问题

河流和湖泊中的砂石开采改变了水体的自然流动和沉积过程。这种干预可能导致河道不稳定、河岸侵蚀加剧，甚至影响到下游的水质和水量供应。同时，砂的过度开采会降低地下水的补给，影响到水循环系统，从而加剧水资源紧张。

4）气候变化的加剧

砂的开采、运输和加工过程都会释放大量温室气体，助长气候变化。此外，植被的破坏减少了碳的吸收能力，进一步加剧了全球变暖的趋势。气候变化不仅影响了人类的生活质量，也对自然界的各种生命形式构成了威胁。

5）可持续发展目标的挑战

砂作为一种关键的建筑材料，对全球经济发展至关重要。然而，天然砂的不可持续开采与使用，已经成为实现可持续发展目标（sustainable development goals，SDGs）的一大障碍。特别是在保障清洁水源（目标 6）、保护海洋生态（目标 14）、应对气候变化（目标 13）以及保护陆地生态系统（目标 15）等方面，砂的危机都扮演了负面的角色。

6）阻碍碳中和目标的实现

采砂活动与碳中和目标之间的冲突不可忽视。大量的能源消耗和温室气体排放使得砂的开采成为碳中和路径上的一大挑战。尤其是在全球努力降低碳足迹、实现净零排放的背景下，如何平衡建筑需求与环境保护，成为一个需要解决的难题。

7）人类社会的影响

砂危机不仅对环境造成了深远影响，也对人类社会产生了负面效应。砂短缺导致建筑成本上升，进而影响经济增长。同时，非法采砂活动在全球范围内泛滥，滋生腐败、激化社会冲突，甚至威胁到人权和社区安全。

天然砂的开采在满足人类建筑需求的同时，也对星球健康构成了严重威胁。生物多样性丧失、水资源管理挑战、气候变化加剧等问题，都与砂开采密切相关。为了保护星球健康，迫切需要制定更加可持续的砂使用和管理策略，以平衡经济发展与生态保护之间的关系。这不仅有助于缓解当前的砂危机，还有助于实现更广泛的环境与社会可持续发展目标。

5.1.5　生物质开采

1. 全球生物质资源的利用情况

生物质主要包括作物、放牧生物量、饲料作物、木材、野生捕捞和采集等多种。作为一种多功能资源，生物质被广泛用于食品生产、能源供应和生物基材料的制造，同时也是能源和工业用途的重要资源。

1970 年，生物质占全球所有开采材料的 40.98%，但到 2024 年，这一比例下降至略高于 25%（图 5.2）。这一变化主要归因于经济发展早期阶段的国家对生物质材料和能源系统的高度依赖。然而，随着全球范围内越来越多国家向更高水平的工业化过渡，对材料的需求逐渐转向对矿物材料和能源系统。尽管工业化国家的生物质使用比例呈下降趋势，但其个人消费量却往往上升。

因此，尽管生物质利用比例下降，但生物质需求总吨位在 1970~2024 年从 127.49 亿 t 增加至 272 亿 t，年均增长约 1.40%（图 5.10）。各地区的生物质开采量占比略有变动，其中亚太地区占比最大，从 1970 年的 39.18%上升至 2024 年的 45.61%，其次是拉丁美洲和加勒比地区，占比居于第二位，从 2017 年的 17.64%上升至 2024 年的 20.62%，欧洲和北美洲的生物质开采量占比略有下降（图 5.11）。亚洲国家，如中国和印度的生物质开采量增长尤为显著，这表明了亚洲在全球农业和粮食生产中的日益重要地位（图 5.12）。

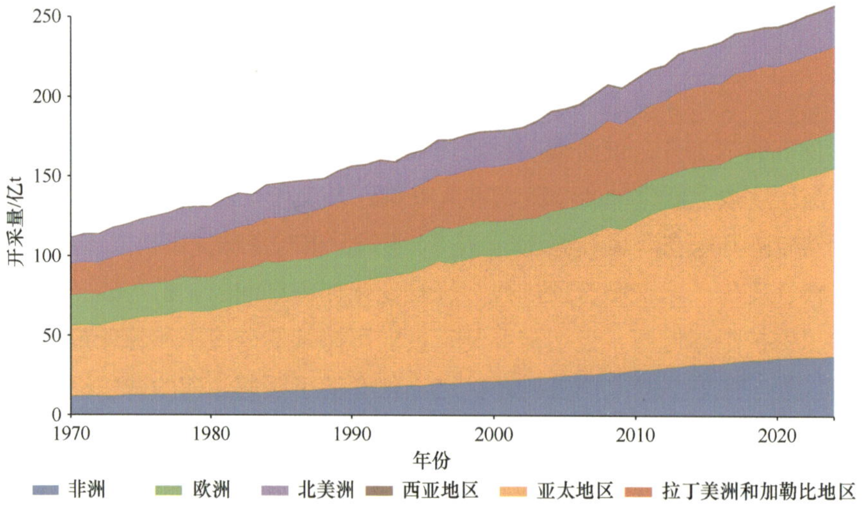

图 5.10 按地区划分的全球生物质开采量（1970~2024 年）

数据来源：https://www.resourcepanel.org/global-material-flows-database

自 1970 年以来，农作物及其残余物的开采量显著增加，其中农作物开采量从 1970 年的 33 亿 t 增长至 2024 年的近 100 亿 t。自 1997 年起，农作物的开采量超过了放牧生物质和饲料作物，成为生物质开采中占比最大的部分；而自 2010 年起，农作物残余的开采量也超过了放牧生物质和饲料作物，成为生物质开采中的第二大组成部分。这一趋势反映了全球农业活动的扩展以及全球对粮食需求的持续增长，尤其是在人口快速增长和食物需求旺盛的国家。此外，随着高产农业地区的农业活动规模扩大，粮食生产和加工过程中产生的副产品也随之增加（图 5.13）。

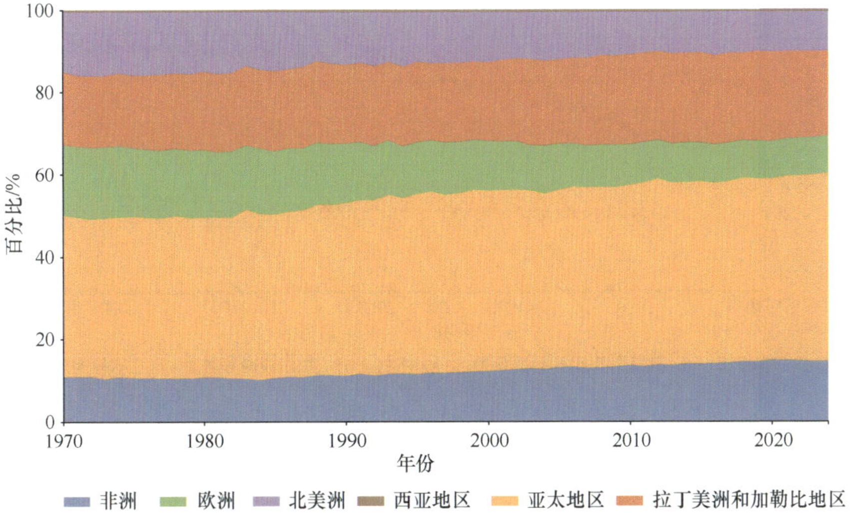

图 5.11　按地区划分的全球生物质开采量的百分比（1970~2024 年）

数据来源：https://www.resourcepanel.org/global-material-flows-database

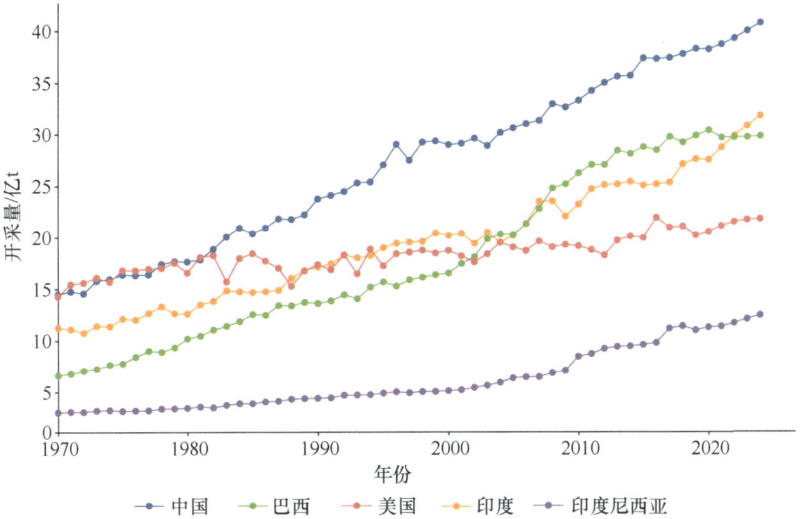

图 5.12　生物质开采量排名前五名的各国变化趋势（1970~2024 年）

数据来源：https://www.resourcepanel.org/global-material-flows-database

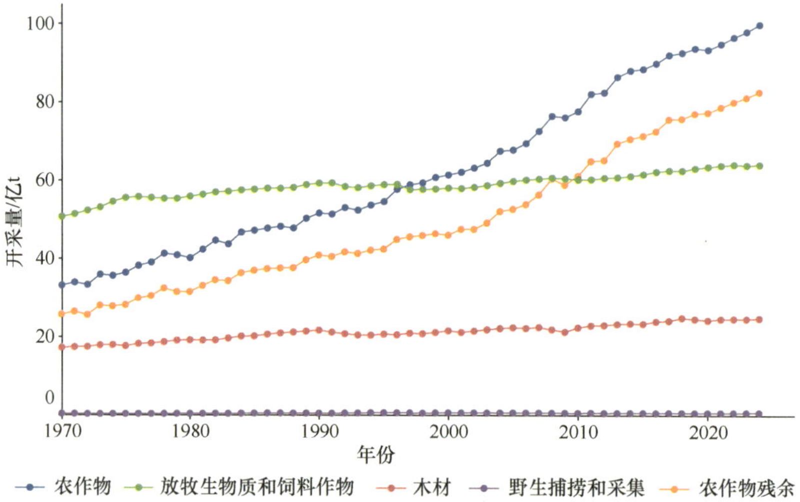

图 5.13 按类别划分的全球生物质开采量（1970~2024 年）

数据来源：https://www.resourcepanel.org/global-material-flows-database

2. 生物质资源利用对星球健康的影响

生物质开采及其变化对星球健康的影响深远而复杂，主要体现在以下几个方面。

1）土地利用变化与生态系统破坏

随着生物质开采量的持续增长，特别是农作物和木材的开采，土地利用模式发生了显著变化。大规模的农业扩张和森林砍伐已成为全球许多生态系统退化的主要驱动力。森林砍伐不仅减少了全球碳汇能力，加剧了气候变化，还导致了生物多样性的丧失，破坏了许多物种的栖息地。随着高产农业地区的扩展，土地退化和土壤侵蚀等问题日益严重，进一步威胁到生态系统的稳定性和功能。

2）温室气体排放与气候变化

生物质开采的增长也伴随着温室气体排放的增加。虽然生物质本身是可再生的，但其生产和利用过程，尤其是森林砍伐和农地扩张，会释放大量的二氧化碳和其他温室气体。此外，农业活动中的化肥和农药使用增加了一氧化二氮等强效温室气体的排放，进一步加剧了全球气候变化的影响。温室气体的增加不仅推动了全球变暖，还导致了更频繁和更严重的极端天气事件，如干旱、洪水和热浪，对全球生态系统和人类健康构成了严重威胁。

3）水资源压力与污染

随着生物质开采的增加，尤其是在农业领域，对水资源的需求也显著上升。农作物种植和木材生产需要大量的灌溉水，导致许多地区的水资源压力加剧，特别是在干旱和半干旱地区。此外，农业化学品的广泛使用导致了水体的污染，影响了水生生态系统的健康，威胁到饮用水的安全性。地下水过度开采和污染不仅影响了生态系统的功能，还直接影响了人类的健康和福祉。

4）生物多样性与生态服务的损失

生物质开采，尤其是通过大规模农业和森林砍伐，导致了生物多样性的急剧下降。物种的丧失和生态系统服务的减少，直接影响了生态系统的韧性，使其更容易受气候变化和其他环境压力的影响。生物多样性的丧失还减少了自然界提供的关键生态系统服务，如水循环、土壤形成和气候调节，这些服务对维持地球的生态平衡和人类的生存至关重要。

5）社会经济不平等与粮食安全问题

虽然生物质开采的增加在短期内可能带来经济收益，但其长期影响往往加剧了社会经济的不平等，尤其是在资源管理不善的地区。农业扩张和资源开采常伴随着土地掠夺和地区冲突，特别是在发展中国家。此外，过度依赖单一农作物的种植模式，使得粮食系统变得脆弱，增加了粮食不安全的风险。在气候变化和人口增长的双重压力下，粮食生产面临的挑战将更加严峻，这将对全球粮食安全产生深远的影响。

6）全球健康与营养挑战

生物质开采的变化对全球健康也有直接的影响。农业扩张和化学品的广泛使用，不仅威胁到生态系统的健康，还对人类健康构成了直接威胁。空气和水体污染增加了呼吸系统和水源性疾病的发病率。此外，农业生产的集中化和工业化，导致了一些地区营养不良和食物获取困难的问题，尤其是在低收入国家和地区。这些健康和营养挑战不仅影响了个体的生活质量，也对社会的可持续发展构成了长期威胁。

总体而言，生物质开采的增加虽然在满足全球能源、食品和工业需求方面发挥了关键作用，但其对星球健康的负面影响不容忽视。从生态系统退化到气候变化，从水资源短缺到生物多样性丧失，这些问题都需要全球共同努力，通过可持续的资源管理和政策干预来减缓生物质开采对星球健康的影响，确保人类和地球的共同未来。

5.2 贸易中的物质资源流动

贸易中的物质资源流动，可以分为两种形式：直接贸易和隐含在贸易中的物质资源流动。

直接贸易中的物质资源流动，是指物质资源以原材料或加工产品的形式，在国家之间进行的明确且可见的交易。例如，煤炭、石油、矿石和金属等资源的出口和进口，都是直接贸易的一部分。这种贸易形式在全球经济中占据重要地位，涉及大量的物质资源跨国流动。

隐含在贸易中的物质流动，也称为“虚拟资源流动”或“隐含资源流动”，指的是那些在商品和服务生产过程中所包含的，但实际上并未直接以物质形态跨境流动的资源。例如，生产某种工业产品或农业作物所消耗的水、能源和材料，尽管这些资源并未在最终的商品交易中直接体现，但它们却隐含在产品的生产过程和供应链中。这些隐含的资源流动往往对全球资源管理和环境保护产生重大影响。

5.2.1 直接贸易中的物质资源流动

1. 全球物质资源直接贸易的主要趋势

全球物质资源贸易在过去几十年中经历了显著增长，尤其是在经济全球化和供应链一体化的推动下。以下是主要的全球趋势。

1）贸易量的快速增长

随着全球经济的扩展，物质资源的国际贸易量持续增加。化石燃料（如石油、天然气和煤炭）和工业原材料（金属和非金属矿物质）的贸易占据了全球大宗商品贸易的主要部分（图 5.14~图 5.19）。

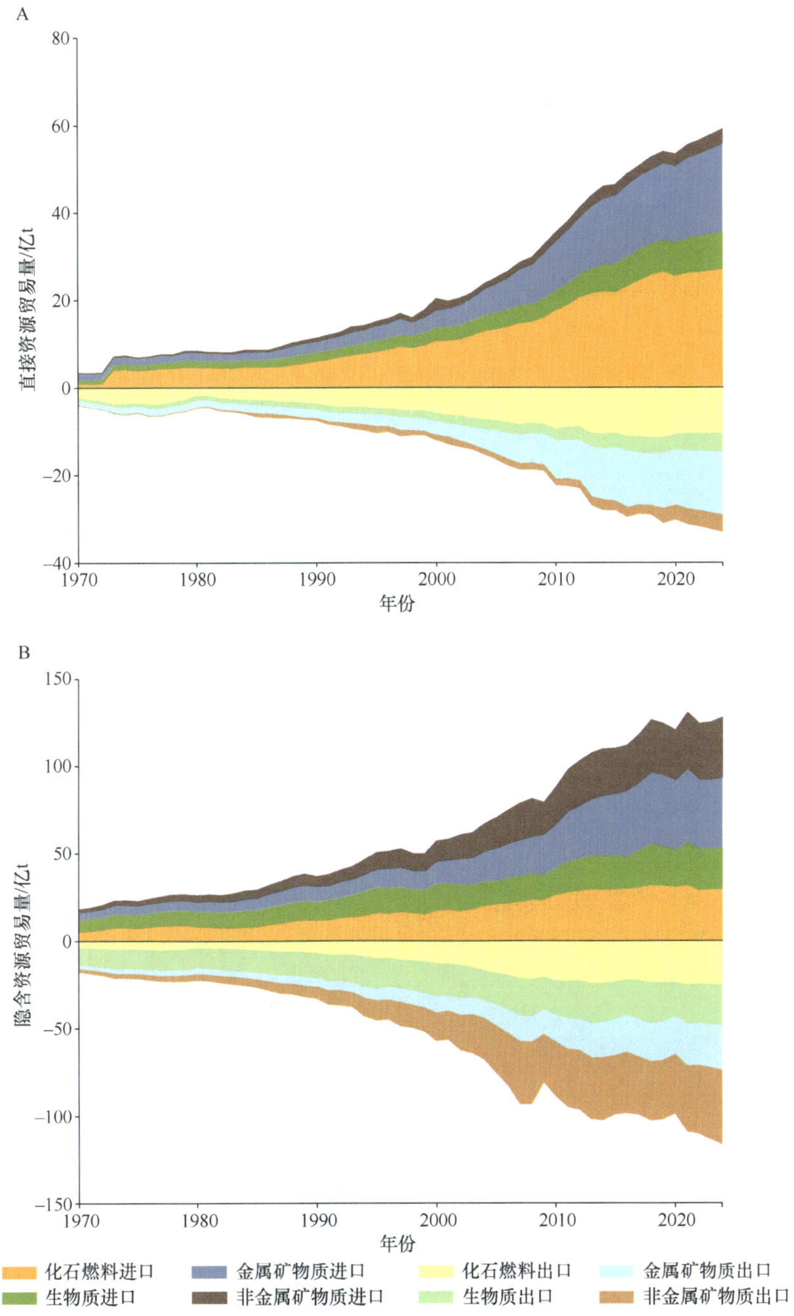

图 5.14　亚太地区四类物质资源的进出口量以及隐含在贸易中的资源量

数据来源：https://www.resourcepanel.org/global-material-flows-database

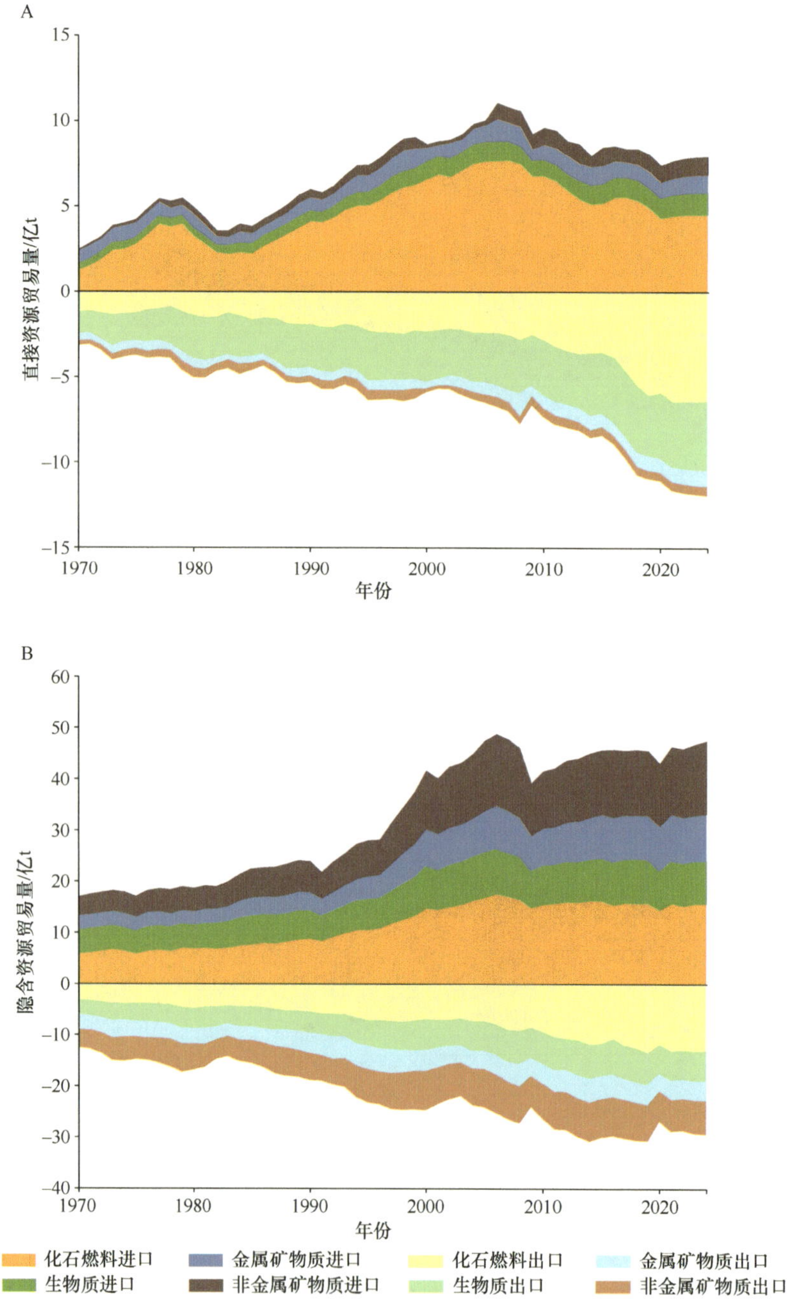

图 5.15　北美洲四类物质资源的进出口量以及隐含在贸易中的资源量

数据来源：https://www.resourcepanel.org/global-material-flows-database

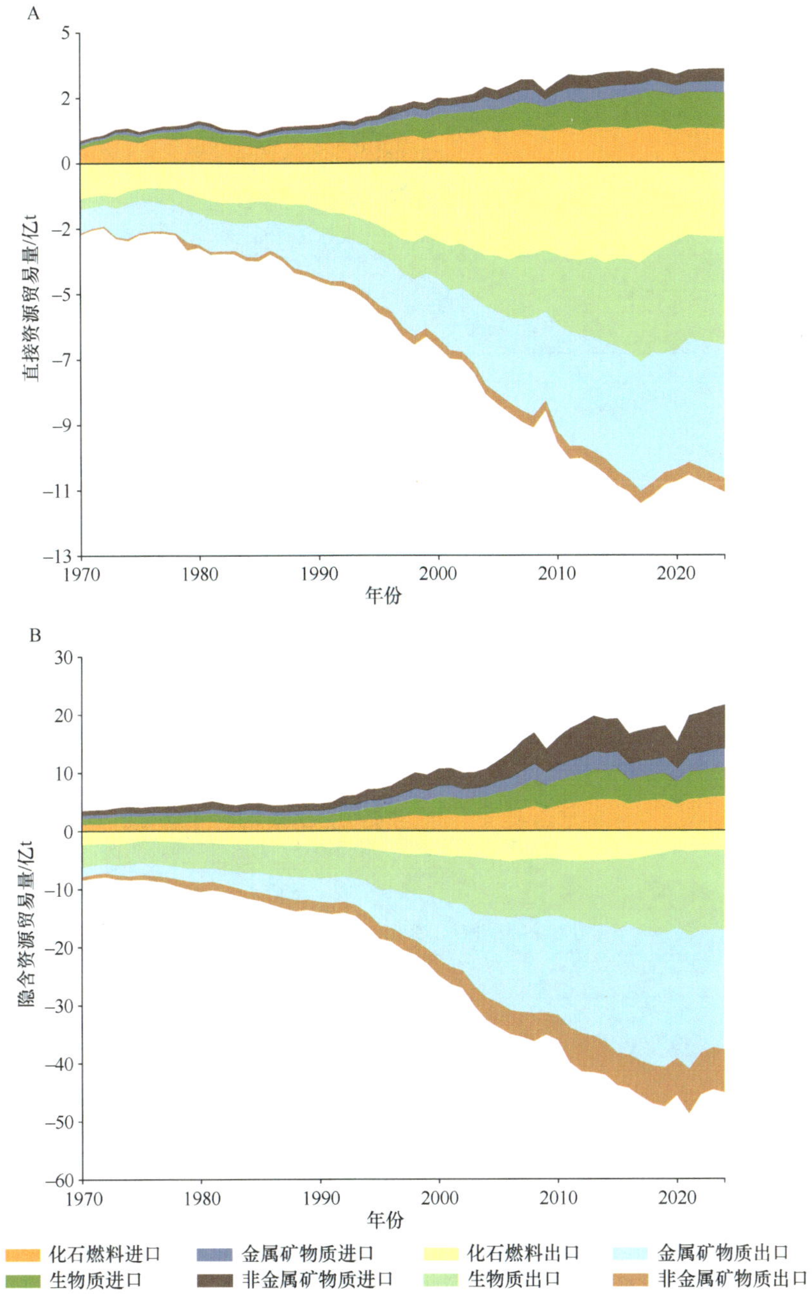

图 5.16　拉丁美洲和加勒比地区各类资源进出口量以及隐含在贸易中的资源量

数据来源：https://www.resourcepanel.org/global-material-flows-database

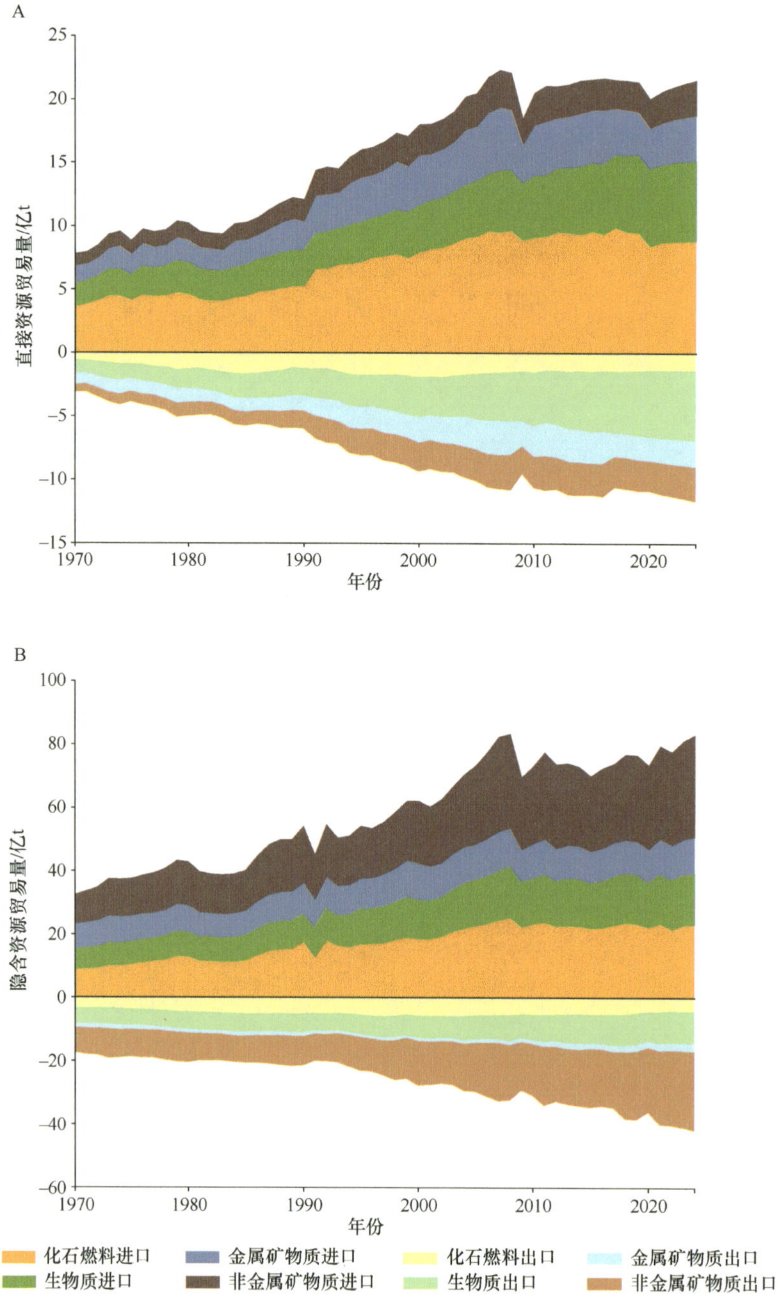

图 5.17　欧洲四类物质资源的进出口量以及隐含在贸易中的资源量

数据来源：https://www.resourcepanel.org/global-material-flows-database

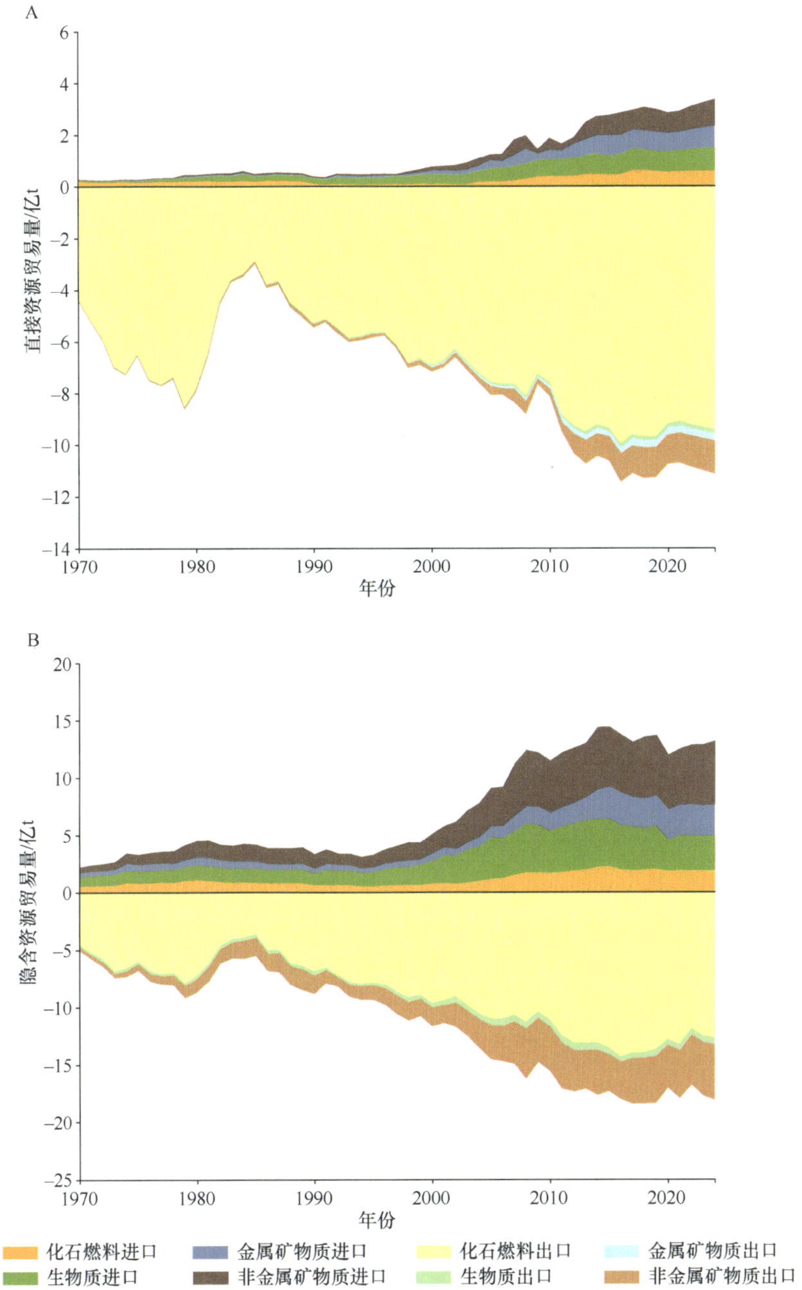

图 5.18　西亚四类物质资源的进出口量以及隐含在贸易中的资源量

数据来源：https://www.resourcepanel.org/global-material-flows-database

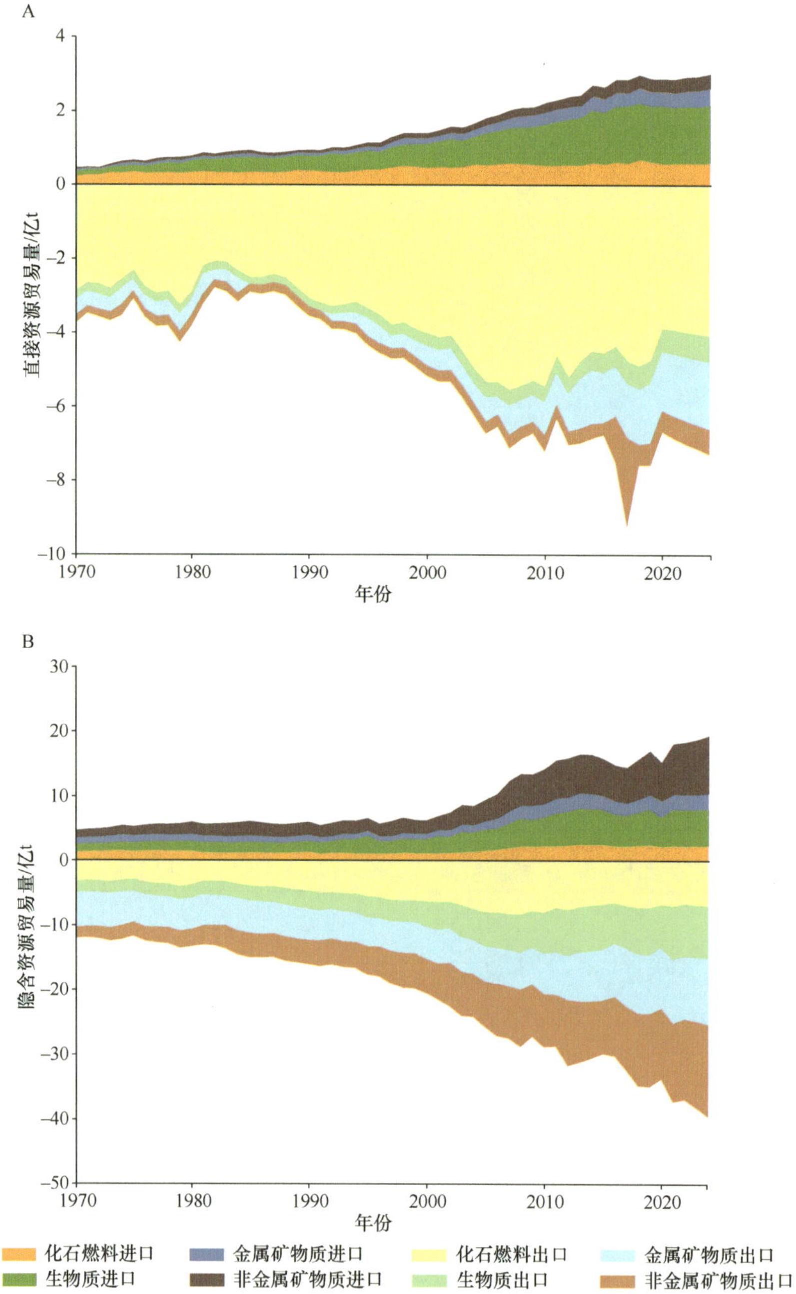

图 5.19 非洲四类物质资源的进出口量

数据来源：https://www.resourcepanel.org/global-material-flows-database

2）资源贸易的集中化

少数资源丰富的国家成为全球物质资源的主要出口国，而资源贫乏但经济发达的国家则依赖大量进口。这种集中化趋势使得一些国家对全球市场波动的依赖性增强，也加剧了全球资源获取的不平等（图 5.14~图 5.19）。

3）新兴市场的崛起

随着中国、印度等新兴经济体的快速发展，这些国家成为全球物质资源需求和贸易增长的主要推动力。这些国家对能源、金属和其他物质资源的巨大需求，进一步加剧了全球资源紧张和环境压力。

4）资源贸易与环境协议的联系

随着国际社会对环境问题的关注增加，资源贸易与环境保护之间的联系日益紧密。诸如《巴黎协定》等国际协议正在推动各国重新审视其物质资源贸易政策，以减少对环境的负面影响。

2. 全球物质资源贸易对星球健康的影响

这些全球趋势表明，物质资源贸易对全球经济的影响越来越深远。然而，伴随着这种增长和集中化的趋势，直接贸易中的物质资源流动对星球健康也带来了显著的影响，这一议题值得深入探讨。

1）资源枯竭与环境破坏

直接贸易中的物质资源流动，如煤炭、石油、矿石和金属等跨国交易，往往涉及大量资源的开采和消耗。此类资源开采活动往往会导致土地的广泛破坏、森林砍伐及水资源的过度利用，从而造成严重的生态系统退化和生物多样性丧失。例如，为满足全球对矿产资源的需求，大规模的矿业活动常破坏自然栖息地，导致物种的栖息地丧失和生态系统的不稳定。

2）碳排放与气候变化

直接贸易所涉及的资源，特别是化石燃料，是全球碳排放的重要来源。化石燃料的开采、加工及运输过程产生的碳排放，直接加速了全球气候变化的进程。例如，石油和煤炭的国际贸易促使全球能源消耗的增加，从而加剧了温室气体排放。此外，跨国贸易还增加了运输活动的需求，进一步扩大了碳排放规模。这种全球碳足迹的扩大，对气候变化的影响深远，不仅导致全球气温上升，还致使极端天气事件频发。

3）生物多样性的丧失

为了满足全球市场对资源的需求，许多国家，特别是资源丰富的发展中国家，不得不加快资源开采速度，国际贸易推动了对特定资源的过度开采，导致栖息地破坏，物种灭绝风险增加，生物多样性大幅度减少。例如，热带雨林的采伐活动主要是为了满足全球对木材和农产品的需求，而这些活动直接威胁到大量物种的生存，使得这些生态系统面临崩溃的风险。

4）全球环境压力的转移

直接物质资源贸易常将环境压力从资源消费国转移到资源生产国。发达国家通过进口物质资源，将资源开采和初加工中的环境负担转移到发展中国家。这些出口国由于基础设施和环境治理能力相对较弱，往往承受着严重的环境退化和公共健康问题，如水污染、空气污染和土地退化（Wiedmann and Lenzen, 2018）。这种环境压力的转移不仅影响了资源生产国的生态系统，还对其社会经济发展造成了负面影响，可能导致社会不稳定和发展不平衡。

5.2.2 隐含在贸易中的物质资源流动

贸易中的物质资源流动不仅包括直接贸易中的显性物质资源流动，还涉及大量隐含在产品和服务中的物质资源流动（图 5.14~图 5.19），这些隐含流动通常被称为“虚拟资源”或“隐含资源”，其规模和作用在全球化背景下日益显著。以下是对这些隐含流动的分析。

1）虚拟水资源与水足迹

在农业和工业产品的国际贸易中，水资源的隐含流动是一个重要的考量因素。例如，水密集型作物的出口相当于将大量的“虚拟水”从一个国家转移到另一个国家。这种隐含的水资源贸易对全球水资源管理和可持续发展具有重大影响。

在全球商品贸易中，水资源的隐含流动，即“虚拟水”，是一个重要的因素。

例如，水密集型作物（如棉花和大豆）的生产消耗了大量的水资源，而这些资源在最终产品出口中未被充分体现。虚拟水资源的流动导致一些地区的水资源过度开发，进而引发了水资源短缺问题，特别是在那些水资源本已匮乏的国家和地区。这种不平衡的水资源利用加剧了全球水危机，对星球健康构成了长期威胁。

2）虚拟能源与碳足迹

能源密集型产品的贸易同样涉及大量隐含的能源流动。例如，生产和贸易能源密集型产品（如钢铁和铝）涉及大量隐含的能源消耗和碳排放。在生产过程中产生的能源消耗和碳排放间接与进口国的消费相关联，增加了全球碳足迹。虽然这些能源消耗和碳排放未直接反映在产品的贸易统计中，但它们对全球能源需求和碳排放有着重要的贡献。

随着全球供应链的复杂化，产品的制造和运输过程中消耗的材料和能源在不同国家之间流动，形成了跨国界的碳足迹。这些隐含在产品中的碳排放，对全球气候政策提出了更大的挑战，需要在全球气候政策制定中得到重视。

3）生态足迹

不同国家在生产和消费过程中对自然资源的依赖程度不同，生态足迹分析可以揭示隐含在国际贸易中的环境影响。

发达国家通过进口产品，将生态足迹转移到资源生产国，这种转移不仅加剧了全球资源的不平衡分布，也增加了生产国的环境负担。发达国家的高资源消费模式导致了生产国的资源枯竭、环境退化和生物多样性丧失，使得全球生态系统更加脆弱。

4）社会经济不平等

隐含在贸易中的物质资源流动往往掩盖了全球资源利用的实际不平等。发达国家通过进口商品，隐含消耗了大量的发展中国家资源，导致全球资源分配不均。这种不平等不仅体现在经济层面，还对社会和环境造成了负面影响，导致全球贫富差距扩大，特别是在那些依赖资源出口的发展中国家，社会经济的可持续发展面临巨大挑战。

物质资源贸易在推动全球经济增长的同时，也对星球健康构成了多重挑战。

直接贸易中的资源开采、运输和加工带来了显著的环境压力，如资源枯竭、污染和生物多样性丧失。而隐含在贸易中的资源流动，如虚拟水和虚拟能源的消耗，则对全球资源管理、气候变化和生态足迹产生了深远的影响。这些问题的复杂性和广泛性要求全球社会采取更为综合和可持续的策略，以确保资源利用的公平性和生态系统的稳定性。

为了应对物质资源贸易对星球健康的负面影响，国际社会需要加强合作，推动绿色贸易和可持续发展政策。这包括减少资源密集型产品的消费、提高资源利用效率、加强环境保护措施以及推广低碳和循环经济模式。只有通过全球的共同努力，才能减轻物质资源消耗对星球健康的压力，实现可持续的全球发展目标。

5.3 结束语

本章系统地梳理了全球物质资源的主要类别及其开采利用的主要趋势，深入分析了各类物质资源对星球健康的影响，并从贸易视角探讨了国际贸易中的物质资源流动对星球健康的影响机制。希望我们可以在今后的工作和生活中减少对资源的消耗和浪费，从而为我们共同的星球增加更多健康能量！

思考题

1. 为什么全球物质资源的开采活动会对星球健康产生深远影响？
2. 亚太地区资源开采量为何一直保持较高水平？这一趋势的主要驱动因素是什么？
3. 非洲的化石燃料开采量虽然较低，但为何在持续增长？这一趋势反映了该地区的哪些经济和能源需求变化？
4. 化石燃料的开采如何加剧全球气候变化，并导致极端天气事件频发？这种关联对粮食安全和水资源的影响是什么？

5. 铜资源的开采会对星球健康产生哪些影响?

6. 为什么砂资源的可持续利用会对星球健康产生影响?

7. 生物质资源消耗对星球健康的影响主要体现在哪些方面?

8. 国际贸易中的物质资源流动如何影响星球健康?

9. 国际贸易中的直接物质资源流动和隐含物质资源流动有什么区别?

10. 你认为可以通过哪些方式减少物质资源消耗对星球健康的影响?

参考文献

张超, 刘蓓蓓, 李楠, 等. 2021. 面向可持续发展的资源关联研究: 现状与展望. 科学通报, 66(26): 3426-3440.

Ali S H, Giurco D, Arndt N, et al. 2017. Mineral supply for sustainable development requires resource governance. Nature, 543(7645): 367-372.

Bruyninckx H, Hatfield-Dodds S, Hellweg S, et al. 2024. Global Resources Outlook 2024: Bend the Trend-Pathways to a Liveable Planet as Resource Use Spikes. (2024-03-01) [2024-06-07]. https://wedocs.unep.org/ handle/20.500.11822/44902?show=full.

Chen W Q, Graedel T E. 2015. In-use product stocks link manufactured capital to natural capital. Proceedings of the National Academy of Sciences of the United States of America, 112(20): 6265-6270.

Fischer-Kowalski M, Krausmann F, Giljum S, et al. 2011. Methodology and indicators of economy-wide material flow accounting. Journal of Industrial Ecology, 15(6): 855-876.

IEA. 2024. Global Critical Minerals Outlook 2024. (2024-05-17) [2024-09-16]. https://origin.iea.org/reports/global-critical- minerals-outlook-2024.

Krausmann F, Wiedenhofer D, Lauk C, et al. 2017. Global socioeconomic material stocks rise 23-fold over the 20th century and require half of annual resource use. Proceedings of the National Academy of Sciences of the United States of America, 114(8): 1880-1885.

Lenzen M, Geschke A, West J, et al. 2022. Implementing the material footprint to measure progress towards Sustainable Development Goals 8 and 12. Nature Sustainability, 5: 157-166.

Lenzen M, Moran D, Kanemoto K, et al. 2012. International trade drives biodiversity threats in developing nations. Nature, 486(7401): 109-112.

Ma F M, Wang H M, Schandl H, et al. 2022. Exploring the relationship between economic complexity and resource efficiency. Resources, Conservation & Recycling, 186: 106530.

Pauliuk S, Fishman T, Heeren N, et al. 2021. Linking service provision to material cycles: A new framework for studying the resource efficiency–climate change (RECC) nexus. Journal of Industrial Ecology, 25(2): 260-273.

Thacker S, Adshead D, Fay M, et al. 2019. Infrastructure for sustainable development. Nature

Sustainability, 2(4): 324-331.

Tzachor A, Wang H M, Richards C E. 2024. Addressing the excessive water consumption of materials manufacturing. Nature Water, 2(1): 4-7.

Wang H M, Wang P, Zhang X, et al. 2024. Substantial increase in China's manufactured sand supply since 2010. Nature Geoscience, 17: 833-836.

Wang R R, Hertwich E G, Fishman T, et al. 2023. The legacy environmental footprints of manufactured capital. Proceedings of the National Academy of Sciences, 120(24): e2218828120.

Wiedmann T, Lenzen M. 2018. Environmental and social footprints of international trade. Nature Geoscience, 11: 314-321.

Wiedmann T, Lenzen M, Keyßer L T, et al. 2020. Scientists' warning on affluence. Nature Communications, 11(1): 3107.

Wiedmann T O, Schandl H, Lenzen M, et al. 2015. The material footprint of nations. Proceedings of the National Academy of Sciences of the United States of America, 112(20): 6271-6276.

第 6 章

食物系统与星球健康

龚一 杨易

本章要点

- 食物系统对人类健康的直接影响
- 当前食物系统对地球生态系统影响程度的概述
- 地球生态系统恶化对人类健康的影响
- 推动食物系统健康发展的核心目标、转型优先事项

逻辑框图

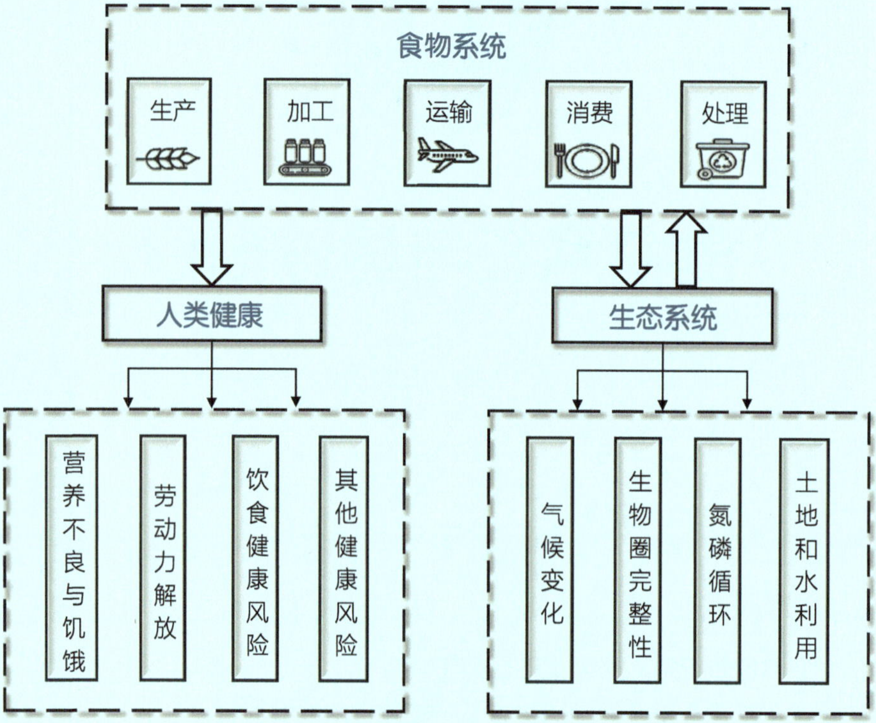

食物系统
生产
加工
运输
消费
处理
人类健康
生态系统
营养不良与饥饿
劳动力解放
饮食健康风险
其他健康风险
气候变化
生物圈完整性
氮磷循环
土地和水利用

联合国粮食及农业组织（Food and Agriculture Organization of the United Nations，FAO）将食物系统（food system）定义为涵盖所有参与者及其相互关联的增值活动，包括食物（源自农业、林业或渔业）的生产、运输、加工、分配、消费以及处置活动，以及更广泛的经济、社会和环境影响（Nguyen，2018）。

当今食物系统与星球健康关系，可以借用 Charles Dickens 名言："这是最好的时代，也是最坏的时代"。回首过去百年，食物系统在营养和能量供应方面取得了显著进步，为人类的生存与发展构筑了坚实的物质基础。然而，目前食物系统的生产和消费均显示出较强不可持续性。食物系统对自然环境的掠夺，对公共健康的威胁，以及对社会正义的侵蚀，已经造成了无法估量的负面影响。

自新石器时代起，人类踏上了农业革命的征程。历经漫长的岁月与不懈的努力，逐渐建立起了一套能够滋养并支撑人口持续增长的食物供应体系。特别是自 20 世纪 50 年代的绿色革命以来，全球食物生产和饮食模式经历了前所未有的巨大变革。这些变革不仅极大提升了粮食产量，优化了农业生产实践，更在缓解饥饿、延长预期寿命、降低婴儿和儿童死亡率等方面取得了显著成效。同时，这些进步在一定程度上也改善了全球贫困问题，为人类社会的可持续发展奠定了坚实基础。

然而，这些健康收益正在被全球范围不健康饮食趋势所抵消。这种趋势主要表现为对高热量、过度加工以及过度依赖动物来源食物的偏好不断增加。尽管这些食物能快速提供能量，却往往缺乏人体所必需的维生素和矿物质。过度食用这些食物还与心血管疾病、2 型糖尿病、肥胖症及多种癌症等非传染性疾病风险的增加直接相关。目前，不健康的饮食习惯对全球发病率和死亡率的影响日益显著，已成为一个需要解决的全球性健康问题。

食物系统不仅是人类健康体系中的关键要素，也是推动环境变化的核心驱动力。自然生态系统的破坏、物种灭绝、湖泊和沿海地区的富营养化等问题，都与食物生产的过度开发密切相关。在全球范围内，农业用地约占土地资源的 40%，面临土地退化、栖息地破坏等挑战；食物生产消耗了全球 70%的淡水资源，引发了水资源短缺与竞争等问题；此外，食物生产过程中排放的温室气体高达全球总量的 30%，不仅加剧了气候变化，还对环境和社会经济造成深远影响。据世界卫生组织 2006 年发布的报告估算，全球约 1/4 的疾病负担以及超过 1/3

的儿童疾病负担，均可归咎于可改变的环境因素（Benetti，2007）。

星球健康强调人类健康与地球环境间的密切联系，而食物系统与星球健康之间存在相互作用关系，构成了一个复杂的因果网络（图 6.1）。在这个网络中，不可持续的饮食习惯、环境变化、暴露和脆弱性等因素相互影响，为星球健康带来前所未有的挑战。因此，实现食物系统的可持续性转型，不仅是改善人类健康的必由之路，更是促进环境可持续发展的关键所在。

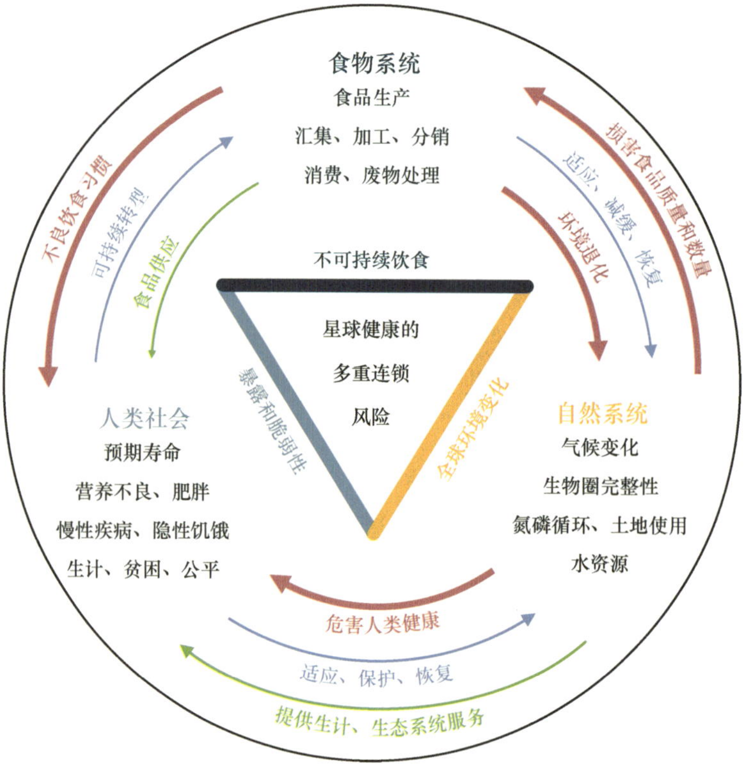

图 6.1 食物系统、人类社会和自然系统间的逻辑关系

本章将深入探讨食物系统和星球健康之间的紧密联系，并阐述如何通过策略性的转型，实现健康和环境的双赢局面。本章第一小节阐述食物系统对人类健康的直接影响，特别是食物供应增强了人类福祉，以及不良饮食习惯带来的健康后果；第二小节描述当前食物系统对环境系统的影响程度，特别是气候变化、生物多样性、土地利用变化、全球氮磷循环、水资源使用；第三小节剖析

全球环境变化对人类健康的影响，尤其是粮食安全和营养不良；第四小节探讨可持续食物系统的核心目标，向可持续消费和生产转型的优先事项，以及推动食物系统健康发展的路径。

6.1　食物系统与人类健康

食物系统在影响人类福祉时具有双重作用：它既是健康与繁荣的保障，也可能成为损害健康的源头。通过提供必需的营养和能量，良好管理的食物系统能够提高生活质量和延长预期寿命。然而，不均衡的饮食结构、加工食物的过度依赖以及不健康的饮食习惯会导致营养不足和慢性疾病人群的增加，对人类健康构成了严重威胁。

6.1.1　食物系统增强人类福祉

人类文明的进步推动了食物系统的演变，从简单原始逐渐发展为复杂而现代，这一变化不仅重塑了我们的饮食结构与营养摄入，也显著提升了人类的福祉水平。

自新石器时代起，人类经历了第一次农业革命，这是人类历史上的一次重大转折。在随后的万年间，农民们主要依靠体力、对机械的基本理解和简单的育种技术来发展农业。农民通过提高粮食产量创造了食物盈余，支持了人口增长，为城市文明的兴起提供了物质基础。这一过程中，非农业群体得以从农业劳动中解放出来，专注于其他，如技术、军事及政治体系等领域的发展。加州大学洛杉矶分校教授、美国科学院院士 Jared Diamond 在《枪炮、病菌与钢铁：人类社会的命运》（*Guns，Germs，and Steel：The Fates of Human Societies*）一书中强调，农业的起源和传播是不同文明之间不平等发展的关键因素之一（Diamond，1998）。

到了西方文明的工业革命时期，农业生产经历了第二次重大变革。在这一时期，科学方法和先进机械的应用推动了农业生产力的飞跃。农民们开始精心培育牲畜，实施作物轮作制度，并使用更高效的农业设备来提高产量。这些变革不仅提高了农业生产效率，也为人类社会的持续发展奠定了坚实基础。

20 世纪中叶的绿色革命，可以作为第三次农业革命，引入了杂交种子、化学投入品及现代化的灌溉设施，极大地推动了农业生产力的发展。全球谷物生产的显著增加就是例证（图 6.2），促进了人口增长，并将饥饿降低到了历史最低水平。

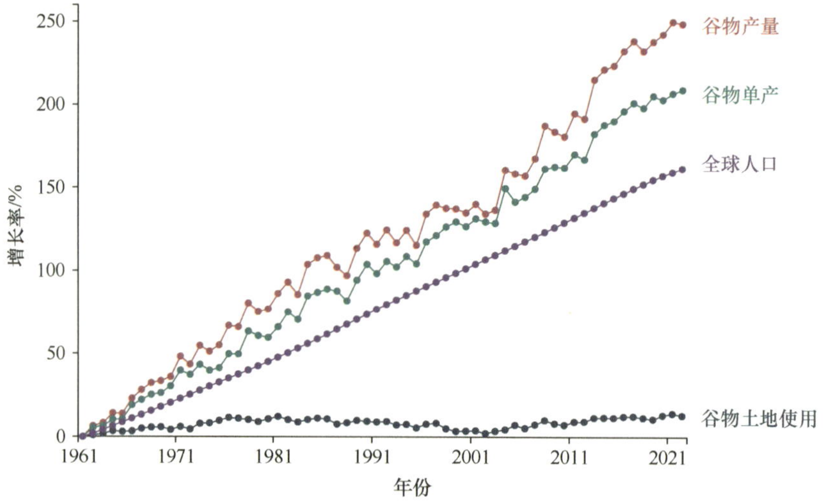

图 6.2 全球谷物单产、产量、土地利用和人口的变化

数据来源：https://www.fao.org/faostat/en/#data/QCL

得益于食物生产、分配、消费模式的进步，全球人均能量和营养供应得到了显著增加（图 6.3）。这不仅为人类的福祉带来了实质性的增长，还显著改善了历史上长期困扰人类的营养不良和饥饿问题，对提升全球健康水平和生活质量产生了深远影响。

营养不良不仅关乎个体的医疗与健康，还涉及广泛的社会经济问题，其负面影响不容忽视。在健康层面，营养不良会削弱人体的免疫系统，增加疾病风险，尤其对儿童和青少年的正常生长发育造成严重影响，损害他们的身心健康与认知能力。长期的营养失衡还可能诱发慢性疾病，如心血管疾病、糖尿病及某些癌症，甚至导致心理与行为问题。在社会层面，营养不良会加剧贫困现象，阻碍儿童和青少年的教育与发展潜力，降低他们的未来收入能力，从而制约社会经济的增长。此外，营养不良也会给公共卫生系统带来沉重负担，特别

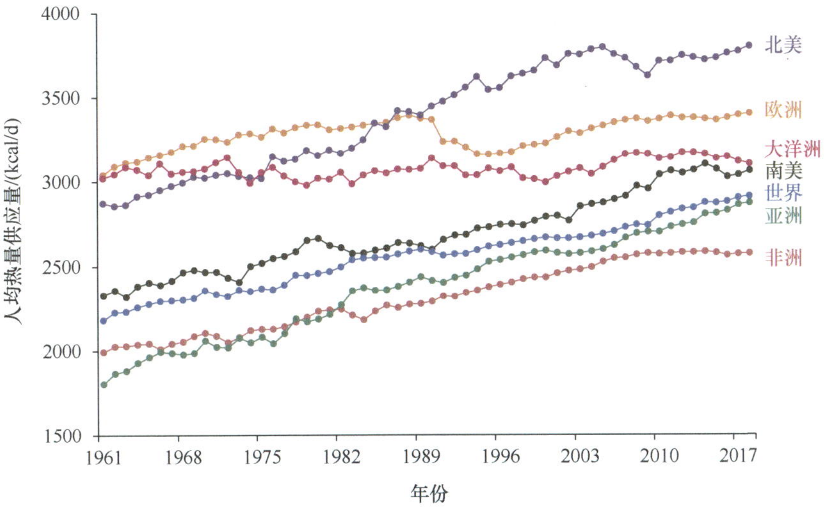

图 6.3 人均每日食物热量供应情况

数据来源：https://www.fao.org/faostat/en/#data/FBS

是在资源匮乏的低收入国家，治疗费用往往超出财政承受能力，导致资源分配不均。更为严重的是，营养不良还将加剧社会不平等，贫困家庭更易受到其影响，形成贫困的恶性循环，削弱社会的凝聚力。因此，减少营养不良对于提升人类福祉至关重要。

近几十年，全球在缓解营养不良方面取得了巨大进步，全球营养不良比例已显著下降（图 6.4）。根据联合国粮食及农业组织的《2019 年世界粮食安全和营养状况》报告，全球饥饿人口的比例从 1990~1992 年的约 18.7%下降到了 2017 年的 8.9%（FAO，2019）。这一进步不仅提高了人们的生活水平，对改善全球贫困状况也起到了积极作用。更多的人能够享受到充足的食物资源，从而摆脱贫困的束缚，更为全球减贫事业做出了重要贡献。

食物系统的进步对延长预期寿命也产生了积极影响。在过去，食物短缺和营养不良是导致婴儿和儿童死亡率居高不下的重要原因。然而，随着食物系统的不断改善和优化，婴儿和儿童死亡率显著降低。此外，营养充足可以预防多种与营养不良相关的疾病，如贫血、佝偻病、免疫力低下等。食物系统的进步也提升了食物安全水平。通过严格的食物安全监管和质量控制，有效减少了食物中的有害物质和污染物，大大降低了食物安全事故的发生率。这意味着人们可以更加放心地食用各种食物，减少了因食物安全问题导致的健康风险，为寿命的增长提供了保障。

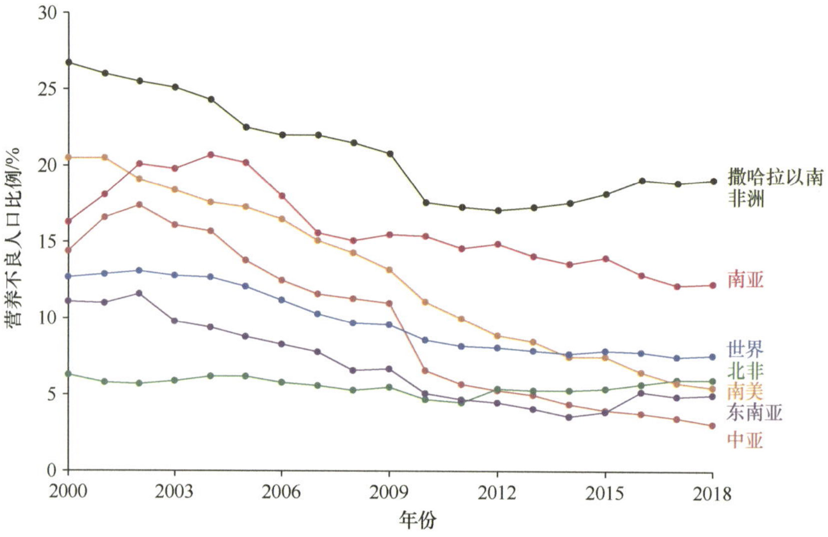

图 6.4　2000~2018 年营养不良人口的比例

数据来源：https://www.fao.org/faostat/en/#data/FS

科技飞速进步不仅极大地提升了农业生产力，有效缓解了饥饿问题，更在深层次上重塑了社会结构和提高了人类福祉。传统的农耕体系中，农民们需要忍受日晒雨淋，付出大量的辛勤劳动。而现在，借助先进的农业机械设备和技术，可以实现精准播种、施肥、灌溉和收割，大大减轻了体力劳动负担。这种变革不仅提高了农业生产的效率和效益，还极大地减少了农业生产过程中对人力的依赖，使大量劳动力从传统的、劳动强度高的农业工作中解放出来。随着劳动力的解放，更多的人得以从事科学研究、技术创新、文化艺术等领域的工作，这些工作不仅更加符合人类的智力与创造力，还能够为社会带来更多的经济与文化价值。

6.1.2　不良饮食习惯与健康风险

21 世纪的前 20 年，随着农业食物系统生产力的不断提升，食物价格降至历史新低。同时，全球收入水平的增长和城市化进程加快，特别是在亚洲和非洲的新兴市场中，食物支出在人们的总支出中占比逐渐下降。这一变化显著提高了食物的可获得性和可负担性，推动了全球饮食模式的深刻变革。

随着人均收入的增加，人均每日总热量及肉类消费量均呈现出显著增长的趋势。短期内，这种趋势对缓解部分地区饥饿问题有一定的积极作用，但从长远来看，它对人类健康构成了巨大风险。

目前，不健康的饮食习惯已成为全球发病率和死亡率的首要风险因素。人们越来越倾向于选择高热量、高脂肪、高糖和高盐食物。这些食物虽然能快速提供能量，但往往缺乏人体必需的维生素和矿物质，其过度消费还与多种非传染性疾病风险的增加直接相关，如心血管疾病、2 型糖尿病、肥胖症及某些类型的癌症。高糖和高脂肪的饮食会导致血糖和胆固醇水平升高，加重心脏和血管的负担，甚至引发胰岛素抵抗，成为 2 型糖尿病的主要诱因。同时，过多的盐分摄入会导致高血压，进而增加心脏病和中风的风险。肥胖作为多种疾病的独立危险因素，与高热量饮食密切相关，影响个体的身体健康，并可能导致心理问题，如自尊心低下和抑郁。此外，过度依赖红肉和加工肉制品的饮食也与某些癌症的发病率上升紧密相关，其高含量的饱和脂肪和胆固醇还会进一步加剧心脏病和中风的风险。

国际著名医学期刊《柳叶刀》（*The Lancet*）在 2019 年发布的一份研究报告指出，1990~2017 年，全球 1/5 的死亡人数与不健康膳食有关（图 6.5），且这种不健康的膳食习惯会在全球范围内引发一系列慢性疾病。具体而言，2017 年全球约有 1100 万人口因不良的饮食习惯而死亡，占总死亡人数的 22%。其中，心血管疾病、肿瘤和 2 型糖尿病是导致死亡的主要原因，分别导致了 1000 万、91 万和 33 万人的死亡。在因不健康膳食而死亡的病例中，钠摄入过多和全谷物及水果摄入不足是两大主要原因（Afshin，2019）。这项研究进一步证实了不健康膳食是全球主要的死亡风险因素之一，凸显了改善全球饮食模式的紧迫性。

6.1.3　其他健康与生态风险

疾病传播及其他健康与生态风险也逐渐成为现代食物系统所面临的突出难题。这一系统不仅影响了病毒从动物向人类的传播路径，还涉及一系列严重的健康与生态问题，诸如人兽共患病频发、抗生素耐药性不断加剧、农药暴露风险上升以及水土污染日益严重等。

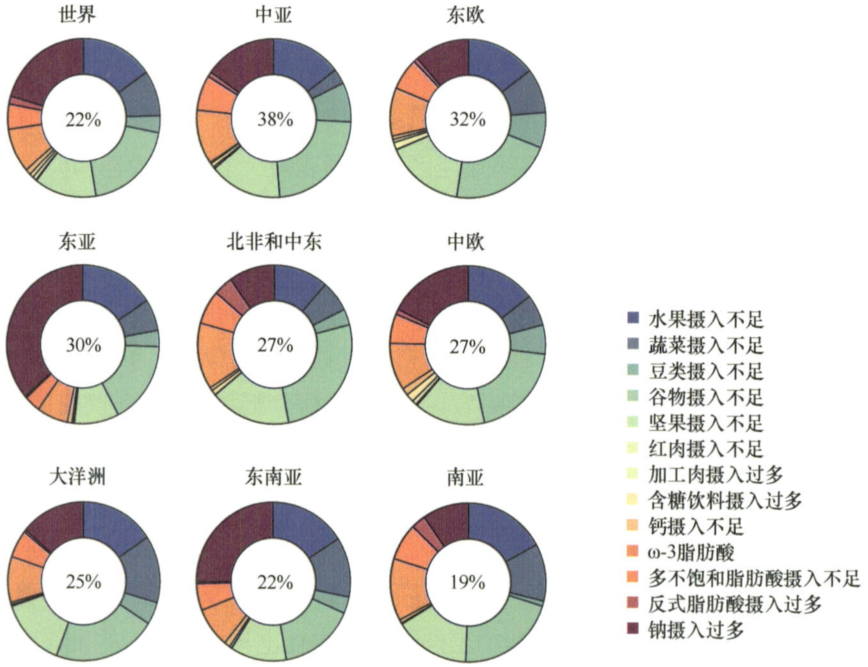

图 6.5 2017 年全球和其余 8 个地区因个人饮食风险导致的死亡比例（Afshin，2019）

尽管遗传多样性为动物提供了天然的抗病毒能力，但集约化畜牧业的实践往往导致羊群和牛群中出现遗传相似性，这削弱了它们对病原体的自然抵抗力，密集饲养环境也加速了病毒在动物间的传播。此外，全球食物系统促进了病毒从动物到人类的传播。一方面，集约化畜牧业成为病原体的桥梁，使得这些病原体能够轻易地从野生动物传播到农场动物，进而传播至人类；另一方面，森林砍伐，以及农场向城市中心地带迁移，均可能破坏原本保护人类免受野生动物病毒侵害的自然屏障。联合国环境规划署（United Nations Environment Programme，UNEP）的评估指出，气候变化和对动物蛋白需求的日益增长进一步加剧了人畜共患疾病的出现，可能使病原体在动物和人类之间的传播更为频繁。

食物系统还助长了抗生素耐药性的蔓延。除了用于预防和治疗疾病外，抗菌药物在畜牧业中常被用作生长促进剂，这种滥用导致微生物逐渐产生耐药性，削弱了抗菌治疗效果。据统计，每年约有 70 万人因抗生素耐药感染而死亡，预计到 2050 年，这一数字可能会超过因癌症导致的死亡人数。世界卫生组织（World Health Organization，WHO）警告称，抗生素耐药可能引发后抗生素时代，届时普通感染和轻伤都可能致命。

食物系统对农药的过度使用也对人类健康构成潜在威胁。为了提高农业产量，大量化肥和农药被应用于农业生产中。人类通过食物链摄入含有潜在有毒物质的农产品，可能引发内分泌失调，对生殖功能产生不良影响，增加乳腺癌的发病率，干扰儿童生长模式并导致发育迟缓，以及改变免疫功能。

最后，全球粮食系统还对水体和土壤造成污染，进而影响人类健康。农业活动是污染的主要来源之一，大量粪便、化学品、抗生素和生长激素被排放至水源中，威胁水生生态系统和人类健康。例如，农业中常见的化学污染物硝酸盐可导致高铁血红蛋白症（俗称蓝婴病），可能导致婴儿死亡。

6.2　食物系统的环境影响

2009 年，由可持续发展领域专家 Johan Rockström 领衔的 28 位国际知名科学家组成的团队，首次提出了行星边界框架。该框架为我们提供了一个全新的视角，去审视和评估人类活动对地球生物物理系统的影响，确定那些对人类生存与发展至关重要的生物和物理过程与系统，并明晰了地球能够维持这些过程的“安全操作空间”（Rockström et al.，2009）。

这一框架聚焦地球面临的 9 个关键全球或区域压力。最新研究已经量化了所有的行星边界，并得出重要结论：与土地系统变化、生物圈完整性、气候变化、新兴实体、淡水变化、生物地球化学流（如氮、磷循环）等相关的边界已经超出了地球的安全操作空间（Richardson et al.，2023）。

农业生产是地球系统超越行星边界的主要驱动力之一。从过度开垦土地到滥用化肥农药，从水资源的过度消耗到生物多样性的丧失，农业生产的每个环节都与突破行星边界的行为息息相关，不仅影响了地球的自然平衡，也对人类社会的长期福祉构成威胁。

6.2.1　气候变化

人为排放温室气体是导致气候变化的主要原因之一，对地球系统造成了严重破坏，如海平面上升和极端天气事件频率增加。食物系统直接将温室气体释放到大气中，如二氧化碳、甲烷和氧化亚氮，对全球人为温室气体排放贡献显著，约占过去 20 年排放量的 31%~38%。

农业生产是温室气体排放的重要来源，特别是非二氧化碳类的温室气体，如甲烷和氧化亚氮，其全球变暖潜力（20 年以上）分别是二氧化碳的 56 倍和 280 倍。首先，这些气体的排放主要来源于农业生产实践，如甲烷是在牛和羊等反刍牲畜的消化过程中产生的，或者在稻田中有机物质的厌氧分解过程中产生的，氧化亚氮主要来自农田和牧场的土壤微生物，并受施肥等土壤肥力管理的影响。其次，为了扩大农业用地，大量的森林被砍伐，导致二氧化碳的大量释放。森林是地球的重要碳汇，砍伐森林不仅破坏了生态平衡，还加剧了全球变暖。此外，食物链的各个环节，从化肥生产、农产品加工到食物分销，都伴随着大量的二氧化碳排放。这些排放主要来自能源消耗和工业生产过程，对气候变化也产生了显著影响。

6.2.2 土地系统变化

最新统计数据揭示了一个严峻的现实：截至 2019 年，全球林地保有量已降至原始森林覆盖率的 60%，远低于维持生态平衡所必需的安全阈值 75%。这一严峻现状不仅体现在全球层面，具体到热带、温带及北方各大陆区域，其森林覆盖率也均未能达到各自的安全操作空间标准（Richardson et al.，2023）。而农业活动已被明确认定为是这一土地系统剧变的首要驱动力。

农业生产将大片野生栖息地转变为农田和牧场。FAO 通过最新的全球遥感技术调查显示，农业扩张对森林资源的影响规模超出以往估计。数据显示，2000~2018 年，全球范围内近 90%的森林砍伐可归因于农业扩张。全球土地利用变化领域的学者 Pendrill 等（2022）在《科学》（*Science*）上发表的研究综述特别指出，2011~2015 年，热带地区 90%~99%的森林砍伐直接源于农业需求，其中牧场扩张是首要驱动力，其次是油棕和大豆等经济作物的种植。而橡胶、可可、咖啡、水稻、玉米和木薯等农作物的栽培，也占据相当比例，进一步加剧了这一生态危机。这一系列数据揭示了农业活动在全球森林资源保护方面所面临的严峻挑战。

6.2.3　生物圈完整性

当前，我们已经进入地球上第六次大规模物种灭绝，物种消失的速度是全新世（末次冰川期以来约 12 000 年的地质时期）的 100~1000 倍。多种人类行为导致生物多样性丧失，其中陆地和水生栖息地丧失和栖息地破碎化、气候变化、化学污染以及入侵物种和野生物种的不可持续收获为主要驱动因素。然而，栖息地的丧失和破碎化，特别是人类占用土地用于粮食生产，是生物多样性丧失的最大驱动因素。根据世界自然保护联盟（International Union for Conservation of Nature，IUCN）对鸟类和哺乳动物灭绝风险的分类结果显示，哺乳动物和鸟类物种的灭绝威胁 80%来自农业活动（Willett et al.，2019）。

此外，与食物系统有关的生物资源过度开发（如捕捞过度），农业污染，特别是环境中氮和磷等营养物质的积累，外来入侵物种的引入，资源竞争加剧（如水资源和土壤养分），以及气候变化和海洋酸化等也都是生物多样性丧失的关键因素。综上，仅食物系统造成的压力就超出了生物圈基因多样性的边界。

除了生物多样性损失，生物圈的完整性还与功能性有关。地球系统作为一个复杂而微妙的生态网络，其核心功能之一便是通过光合作用将太阳能转化为生命所需的能量和物质，这一过程我们通常称之为净初级生产量（net primary production，NPP）。NPP 不仅是生态系统内部能量和物质循环的基础，更是人类社会持续发展的动力源泉。然而，随着人类活动扩张，特别是农业生产的日益加剧（如耕地扩张和过度放牧），占用或消耗了大量原本应流入生态系统的 NPP。这种干预不仅显著减少了生物可利用的能量，更对地球生态系统的平衡和稳定造成了实质性的损害，最终导致生物圈的功能性超出安全边界。

6.2.4　氮、磷流量

当前人类活动已经严重干扰了生物地球化学流，即全球氮磷循环。过量氮磷流入环境会产生严重后果，特别是径流流入溪流和河流，导致淡水和海洋生态系统富营养化，并随后形成缺氧（无氧）条件，导致鱼类死亡及其他环境危害。除了水生生态系统富营养化之外，过量的氮还会导致陆地生态系统富营养化、水和土壤酸化、降低生物多样性、改变生态系统功能、产生强效温室气体氧化亚氮排放等环境问题。

当前食物系统中化肥的生产、使用和贸易环节，特别是化肥田间利用率低下的问题，是导致氮磷循环失衡的最主要因素。为了提高作物产量，农民通常会施用大量的氮肥和磷肥。据统计，农业大约占据了全球人为氮使用总量的 86%，而高达 96%的开采磷被用于化肥生产，几乎所有这些磷都进入陆地土壤（Carpenter and Bennett，2011）。然而，这些化肥中的氮和磷并不能完全被作物吸收利用，近一半的农业用氮因淋滤、土壤侵蚀和气体排放等原因损失并流入环境当中。畜禽养殖也是农业氮磷排放的重要来源。畜禽粪便中含有大量的氮磷元素，如果处理不当，这些元素同样会进入环境。特别是在一些发展中国家，由于技术和资金的限制，畜禽粪便的处理往往不够充分，加剧了氮磷循环的失衡。

6.2.5 淡水利用

食物系统是世界上最大且增长迅速的耗水部门，全球 84%的耕地使用雨水、淡水，其余 16%依赖灌溉用水（即淡水湖泊、河流和含水层中的水）。研究表明，1961~2000 年，食物生产用水量增加了 1 倍以上。统计显示，全球 70%的取水用于灌溉，而用于粮食生产的取水比例因地区而异，从欧洲的 21%到非洲的 82%不等。大规模用水可能会根据地区的水需求和供应能力，改变水循环、耗尽含水层和地表水、增加水资源压力并加剧对淡水资源的竞争。

首先，大量用水行为会改变水循环的自然过程，包括蒸发、降水、地表径流和地下渗透等多个环节，这些环节共同维持着水资源的动态平衡。然而，当用水量超过当地水资源的可再生能力时，水循环的动态平衡就会被打破。例如，大量的灌溉和工业生产用水可能导致地表水体减少，进而影响蒸发和降水过程，形成恶性循环。其次，过度的用水会耗尽含水层和地表水。含水层是地下水储存的重要场所，而地表水则包括河流、湖泊和水库等。这些水资源是人类生活和生产的基础，但如果不加以合理利用和保护，它们将面临枯竭的风险。当含水层的水位下降到一定程度时，就会导致地下水资源的枯竭；而地表水的减少则可能引发河流断流、湖泊干涸等严重后果。此外，大量用水还会增加水资源压力并加剧对淡水资源的竞争。随着人口的增长和经济的发展，人类对水资源的需求不断增加，然而水资源的供给却受到自然条件和人为因素的限制。因此，当用水量超过当地水资源的承载能力时，就会形成水资源压力。这种压力不仅会导致水资源的短缺和紧张，还可能引发社会矛盾和冲突。

6.3 食物系统环境影响对人类健康的深远作用

食物系统与环境的相互作用不仅停留在生态层面，环境退化、资源耗竭和生态系统服务的减少也会加剧人类面临的健康挑战，形成一个复杂的因果网络，影响全球的人类健康格局。据 WHO 于 2006 年发布的报告估算，全球约 1/4 的疾病负担和超过 1/3 的儿童疾病负担，均可归因于可改变的环境因素（Benetti，2007）。这些环境因素对人类健康的影响既可能是直接的，也可能是间接的。

食物系统会引发多种环境变化，反之生态系统改变也会以多种方式影响人类健康（图 6.6），本节主要讨论全球环境变化对粮食安全和营养不良的影响，其他直接或间接影响将在其他章节阐述。全球环境变化加剧了营养不良和发育

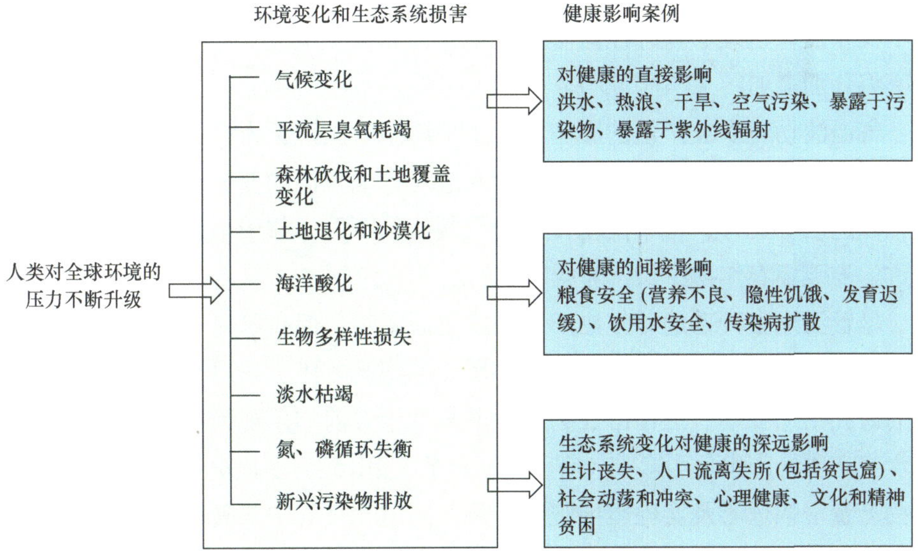

图 6.6　生态系统变化影响人类健康的机制（Whitmee et al.，2015）

迟缓问题，并对粮食安全的 4 个方面：粮食供应、粮食可及性、粮食利用以及粮食系统稳定性，产生负面影响。每年因营养不良导致的儿童死亡数约为 300 万，约占全球 5 岁以下儿童死亡总数的 45%。尽管多数地区的营养不良率有所下降，但全球 5 岁以下儿童中仍有 1/4 存在发育迟缓、认知和身体发育障碍的问题。在一些地区，儿童发育迟缓数量甚至呈现上升趋势：1990~2012 年，撒哈拉以南非洲地区的发育迟缓儿童比例从 50%下降至 30%，但绝对数量却从 4400 万增至 5800 万。此外，越来越多的证据表明，环境变化还会影响食物的营养成分，进而加剧隐性饥饿问题。

6.3.1 气候变化对粮食生产的负面影响

气候变化对全球粮食生产产生深远影响，威胁粮食安全，尤其在发展中国家更为严峻。大量研究证实，农作物对气温上升高度敏感。预计到 21 世纪末，热带和亚热带地区的生长季节温度将超越历史极端水平。政府间气候变化专门委员会（Intergovernmental Panel on Climate Change，IPCC）指出，即使采取适当措施，气候变化仍可能导致农作物单产在 21 世纪剩余时间内每十年下降 0~2%（Field et al.，2014）。相较于无气候变化的未来，这种产量下降可能加剧儿童营养不良和发育迟缓，预计在撒哈拉以南非洲和南亚地区受影响最严重，发育迟缓率将分别增加约 23%和 63%。

气温波动对农业产量的影响可能比平均温度上升更为严重。尽管农民可以通过调整作物种植时间、地点和品种来应对平均气温的变化，但剧烈的气温波动难以适应。此外，气候变化带来的极端天气事件，如干旱、洪水、热浪等，将进一步破坏农作物生长，降低产量。

尽管温度上升普遍对作物产量构成负面影响，但有研究也指出二氧化碳浓度的上升能够通过促进作物的光合作用（即施肥效应）来提升产量。然而，最新的研究结果显示，这种潜在的产量增长低于先前的乐观预期，并且还可能对粮食生产质量产生负面影响（Whitmee et al.，2015）。多项田间试验数据显示，作物产量增幅远不及实验室内观察结果；同时，大气中二氧化碳浓度的上升会显著降低谷物作物（如水稻和小麦）中的锌、铁和蛋白质含量，以及豆类作物（如大豆和豌豆）中的锌和铁含量。粮食作物锌含量减少可能会使额外约 1.5 亿人面临缺锌风险，尤其是非洲和南亚地区。

甲烷作为一种强效温室气体和对流层臭氧的前体物，其排放量增加（如气井泄漏或苔原融化导致）将促使地面臭氧浓度上升，而臭氧是一种对植物具有毒性的物质。臭氧浓度的增加不仅会降低主要粮食作物的产量，还可能显著加剧气温上升对农作物产量的负面影响。此外，气候变化还将改变全球降雨模式，增加极端降雨事件的可能性，使未来农业适应面临更大挑战。

气候变化还会加剧由真菌、细菌病毒和卵菌引起的植物病害，威胁粮食安全，可能导致全球农作物产量下降约 16%。这些病害损失预计将随着气候变化的加剧而增加。在热胁迫下，由于植物内部的多个免疫系统会受到损害，植物防御病原体攻击的能力通常会减弱。

缺水、大气二氧化碳浓度上升和气温升高的综合效应会增加作物（如玉米）中黄曲霉毒素的含量。暴露的黄曲霉毒素会增加乙型肝炎相关甚至肝癌风险，同时也会增加儿童发育迟缓的风险。对西非人群的黄曲霉毒素暴露水平研究表明，95%血液样本中都检测到黄曲霉毒素加合物（Whitmee et al.，2015）。东非、中国以及东南亚部分地区也发现了类似的高暴露风险情况。黄曲霉和寄生曲霉等真菌会在多种食物（包括玉米、油籽、香料、花生、坚果、牛奶和干果）中生长，并产生黄曲霉毒素。

6.3.2　不可持续的渔业

人类健康与渔业健康息息相关。鱼类作为蛋白质的重要来源，每年为约 2.90 亿人提供了 20%的所需蛋白质。同时，鱼类还是维生素和关键微量营养素（如铁、锌和 ω-3 脂肪酸）的宝贵来源。油性鱼类中丰富的 ω-3 脂肪酸对健康具有潜在益处，能够降低缺血性心脏病的风险。然而，过度捕捞、气候变暖以及海洋栖息地退化等问题正在威胁鱼类资源，进而加剧粮食不安全和贫困问题。根据 FAO 的最新评估，目前近 90%的评估鱼类种群正面临捕捞过度或已达到最大可持续产量的风险。捕捞过度会导致鱼类数量的急剧减少，物种灭绝，乃至整个海洋生态系统的崩溃。鱼类资源的减少还可能加剧捕鱼权和海洋资源的竞争，进一步加快陆地生物多样性的丧失。

除了捕捞过度，气候变化预计将导致重要商业鱼类和无脊椎动物的大规模分布变化及局部灭绝，对低纬度地区的鱼类捕捞尤为不利。气候变化叠加海洋酸化、捕捞过度和污染等因素，威胁珊瑚礁健康。目前，人类活动已使 1/3 的造礁珊瑚面临灭绝风险，这不仅对生活在沿海社区数百万人的生计产生了重大影响（包括收入减少和粮食来源的丧失），还影响了重要商业捕捞物种的重要栖息地，进而威胁鱼类种群的生存与繁衍。

尽管水产养殖在一定程度上满足了鱼类需求的增长，但其可持续性仍然存疑。许多水产养殖活动退化或破坏了沿海栖息地，并通过排放有机和有毒废物污染海洋环境。2012 年，全球约 70%的水产养殖产量依赖人工补充饲料，这不仅增加了环境负担，还可能影响鱼类的质量和口感。此外，水产养殖监管不善还可能导致抗生素的滥用，进而促使细菌对抗生素产生耐药性，对人类健康构成潜在威胁。

6.3.3 土地退化和水土流失

土壤侵蚀、荒漠化和土地开发等多重因素导致的耕地退化，导致全球多个地区的农业生产力显著下降。目前，全球约 90%的食物依赖土壤培植，而土壤是一种在人类时间尺度上不可再生的资源。土壤退化每年导致 100 万~1200 万 hm^2 的农业用地流失，每年粮食的潜在损失高达 2000 万 t（Bai et al.，2008）。此外，在许多地区，大量土地已经丧失了必要的土壤养分。过去 30 年，37 个非洲国家的土壤养分流失严重，导致土壤严重贫瘠和农业产量下降。

6.3.4 传粉媒介的丧失

大量确凿证据表明，野生和驯化传粉媒介数量减少是一个不容忽视的事实，这一现象由多种复杂因素共同导致。例如，驯化蜜蜂数量的普遍减少是受到害虫和寄生虫侵扰的加剧、环境压力（特别是农用化学品的广泛使用）以及遗传多样性减少等多重因素的交织影响。在东南亚大部分地区，植物源性维生素 A 的种植高度依赖昆虫（尤其是蜜蜂）授粉，其比例高达 50%，这与当地的饮食结构密切相关。虽然铁和叶酸的授粉媒介依赖性相对较低，但在某些地区仍达到了 12%~15%的显著水平。哈佛大学医学院 Matthew Smith 及其团队的研究报告指出，传粉媒介的丧失可能导致数亿人面临维生素 A 和叶酸缺乏的风险，并减少人们饮食中水果、蔬菜、坚果和种子的摄入量。这种饮食结构的变化对全球健康的潜在影响将是灾难性的（Smith et al.，2015）。

6.3.5　淡水供应量减少

由于农业中不可持续的取水行为，全球三大粮食生产国的地下水资源正面临严峻挑战。在中国，华北平原作为全国一半小麦的种植区，其地下水位以每年超过 1 m 的速度持续下降，形势极为严峻。在印度，约 15%的粮食生产依赖于从化石含水层中抽取的水资源，而这些含水层的水量因缺乏有效补充而逐年减少。同样，在美国的三大粮食主产州，部分地区的地下水位已下降超过 30 m。

气候变化进一步加剧了全球水资源短缺的局势，预计未来一些灌溉地区的淡水资源将日益稀缺。这可能意味着到 21 世纪末，全球可能有 2000 万~6000 万 hm^2 的农田被迫从灌溉农业转回依赖雨水的自然灌溉模式，进而可能带来高达 6000 亿~29 000 亿 kcal 的粮食生产损失，具体损失规模取决于水需求和水资源供应的实际状况。

尽管有部分地区因气候变化而获得了更多淡水供应，从而部分缓解上述损失，但这需要对相关基础设施进行大规模投入与改造。除此之外，气候变化对玉米、大豆、小麦和水稻等作物的直接不利影响，叠加淡水相关的损失，预计将导致额外的 4000 亿~14 000 亿 kcal 的产量损失，相当于当前全球粮食总产量的 8%左右。

6.4　可持续食物系统

人类的健康与地球的未来紧密相连，而食物生产和消费方式将在其中发挥决定性作用。为防止预期寿命下降和生态环境持续退化，全球食物系统亟待根本性变革。在 21 世纪全球人口将突破 90 亿甚至 100 亿的背景下，我们需要系统应对多重挑战：减轻农业和食物生产对环境的负面影响，增强食物系统对多变环境及日益频发极端事件的适应能力，稳定食物价格以保护弱势群体免受市场波动影响，以及应对从营养不足到肥胖、从微量营养素缺乏到非传染性疾病蔓延等多重营养挑战。我们需要积极寻求创新解决方案，实现食物生产和消费的绿色转型和食物系统可持续发展，确保在满足人类健康需求的同时，维护地球生态系统的平衡与健康。这一转型不仅关乎人类的福祉，更是对地球未来可持续发展的关键投资。

6.4.1 可持续食物系统的核心理念

可持续粮食系统（sustainable food system）的核心理念主要围绕以下5个关键点。第一，致力于保障全体人群的安全营养食物获取，确保每个人都能享有优质的营养与健康；第二，推动可持续消费模式的形成，促进对健康与可持续饮食的需求，并减少浪费；第三，大力推进有利于自然的生产实践，积极应对气候变化，减少排放，增加碳捕获，同时再生和保护关键生态系统，减少粮食损失和能源使用，确保其不损害健康与营养饮食原则；第四，积极促进公平生计与价值分配，提高收入，分散风险，增强包容性，并创造更多的就业机会；第五，不断提升抵御脆弱性、冲击和压力的能力，确保可持续粮食系统能够稳健、持续地运作。这5个方面的综合推进，构成了可持续粮食系统的核心内容与目标。

总而言之，可持续食物系统是一种能够为所有人提供食物安全和营养需求，同时确保不会损害人类未来获取食物安全和营养所需的经济、社会和环境基础的体系。

6.4.2 可持续消费：推广健康、低环境影响的饮食

安全且营养的饮食是一种健康的饮食，它促进人类健康并预防疾病。它提供充足的（不过量）营养和健康促进物质，并避免摄入对健康有害的物质。营养食物提供有益的营养成分（如蛋白质、维生素、矿物质、必需氨基酸、必需脂肪酸和膳食纤维），并尽可能减少潜在的有害元素（如抗营养物质、钠、饱和脂肪和糖分）。在整个生命历程中保持健康饮食有助于预防各种类型的营养不良和一系列非传染性疾病。

多样化、平衡和健康饮食的构成因个人情况（如年龄、性别、生活方式以

及身体活动程度等）、文化背景、本地食物可获得性以及饮食习俗而异。但构成健康饮食的基本原则保持不变。

- 趋向以植物为主的饮食，同时适量摄入动物、海洋和替代蛋白质。
- 多摄入保护性食物，比如水果、蔬菜、豆类和坚果。
- 限制高盐、高糖和高饱和脂肪的食物摄入；
- 适量食用红肉，减少当前普遍超出推荐摄入量的情况，同时鼓励在摄入不足人群中适度增加摄入；
- 增加全谷物的消费，替代精制谷物。

《中国居民膳食指南（2022）》或《柳叶刀》委员会的 *The Planetary Health Diet* 推荐了灵活适应食物类型、农业系统、文化传统和个人饮食偏好的摄入标准，包括弹性素食、杂食、素食和纯素饮食等饮食模式。

向更健康饮食的过渡还需为生活在中度或严重粮食不安全状况中的 20 亿人提供更有营养的食物。目前，全球约有 8.2 亿人继续面临饥饿，尤其在撒哈拉以南非洲地区、拉丁美洲部分地区和西亚，且这一数字还在上升（FAO，2019）。而粮食不安全在各大洲，尤其是在拉丁美洲，女性比男性更为普遍。严重的经济和气候冲击，以及冲突和长期的收入和财富不平等，在高收入和低收入地区都破坏了粮食安全，加剧了营养不良。

值得注意的是，健康饮食的转变不仅有助于降低与饮食相关的非传染性疾病风险，也可能减少饮食对环境的影响。与改善健康相关的食物（如全谷物、水果、蔬菜、豆类、坚果、橄榄油和鱼）大多具有较低的环境负担，尽管鱼类的环境影响略高于植物性食物，但仍显著低于红肉和加工肉类。对环境影响最大的是未加工和加工过的红肉，其过度摄入也与多种疾病风险增加密切相关。因此，向健康饮食转变通常会提升环境的可持续性，消费者、政策制定者和食品企业应该更好地了解食物选择对健康和环境的多重影响。

6.4.3　可持续生产：将食物系统保持在地球行星边界内

1. 可持续集约化生产

1967~2007 年，全球作物产量增长了 115%，但农业用地面积仅增加了 8%，目前总面积约为 460 万 km^2。随着可用于农业的新土地日渐稀缺，可持续农业集约化（agricultural intensification）已被提议成为一项战略，相比传统农业做法，这种战略能够在保护生物多样性和其他环境资产的同时，在同一块土地上种植出更多的粮食。在低收入国家中，可持续农业集约化可能包括以下三种：生态集约化（如保护性农业、农林间作和病虫害综合防治，尽量减少农药的使用）、遗传集约化（如植物和动物育种）和市场集约化，为生产者和消费者创造互利共赢的有利环境。

创新是推动可持续农业集约化的动力。例如，可以通过分子育种、使用伴生植物和基因改造等方式提高植物性能。将肥料从过度施用的地区重新分配到施用不足的地区，可增加全球粮食产量并提高养分利用效率。对养分投入过多的地区，增加养分投入往往会增加农业径流并降低养分利用效率，可以通过法规（如欧盟的《硝酸盐指令》）来强制规定水质目标，而在施肥不足的地区，增加肥料获取的补贴可以有效提升产量。

增加农业土壤和地表碳封存潜力至关重要，并可通过多种措施实现。这些措施包括将农场有机废弃物还田、实行少耕或免耕、种植固氮覆盖作物、用多年生作物和牧草替代一年生作物、实施农林复合系统、建立缓冲带，以及保留部分农田的自然植被。然而，这些措施可能会对短期产量和农业经济造成一定影响，因此需要强有力的政策支持和财政激励。

生物多样性保护对维持农业的生态系统服务至关重要。除了节约用地外，还需要在农业系统内实施增强生物多样性的实践（如河岸缓冲带或花田边缘）。农业系统内生物多样性增加所带来的自然天敌，有助于实现杂草、害虫和疾病的综合管理，从而防止产量损失，并可能通过自然授粉者的增加来提高作物产量。保护现存的完整生态系统，对气候和生物多样性至关重要。然而，在生产景观中为生物多样性腾出空间，能保障生物多样性对粮食生产的贡献（包括授粉、害虫控制、碳捕捉和水质调节）。

2. 强有力、协调的陆地和海洋治理

要实现土地的有效治理，必须摒弃以牺牲自然生态系统为代价来扩张农业用地的做法。直接监管手段至关重要，包括严格保护完整的生态系统，暂停在

保护区内发放砍伐林木的特许权，并禁止将现存的完整生态系统，特别是泥炭地和森林地区，转化为其他用途。此外，还应实施土地使用分区、禁止土地清理的法规，以及为保护包括森林在内的自然区域提供激励措施。除了公共部门的努力，社区森林管理等非公共部门方法也能促进保护，但其效果在不同环境下差异显著。虽然私营部门的参与逐渐增多，但这并不能替代监管治理机构的作用。

为确保农业可持续发展，在农业用地零净扩张的约束下，允许在特定条件下进行局部扩张，但需确保任何农业扩张都发生在现有管理良好的森林（如种植园）、废弃的农业地区或其他生态系统中，而非侵占自然栖息地和物种丰富的地区。同时，农业用地内部的转换同样重要，需要权衡多种生态系统服务之间的得失，如改变土地使用方式时可能导致生物多样性与温室气体减排之间失衡。

维持土地使用的零净增长边界需要从地方到全球层面的集体行动。跨国协调的国际治理至关重要，以减少森林砍伐的“漏出”效应，并协调各地区的土地控制措施。在区域和地方层面，将可持续产量的集约化与治理和保护区的建立相结合，对于防止土地使用扩张、保护生产景观中的生物多样性以及维护依赖土地的土著社区和利益相关者的福祉至关重要。

通过向土地所有者提供财政激励来推动退化土地的恢复，并对未采取恢复措施的土地所有者实施处罚。积极的恢复技术，如土壤管理、种植以及使用疏伐或焚烧来加速植被恢复，虽然受到决策者和执行者的青睐，但往往成本高昂且不一定适合所有地区。例如，在热带森林中，自然再生在促进生物多样性和恢复自然植被结构方面往往更为有效。政策制定者应根据特定生态条件，确定最适合的恢复方法或自然恢复与积极恢复方法的组合。通过支持现有框架，如《波恩挑战》和《生物多样性公约》等政治承诺，可以推动全球恢复运动的进展。

严格管理水生生态系统对于保护海洋生物多样性、确保生态系统的功能以及维持未来野生海鲜的可持续供应至关重要。必须消除对全球渔业的有害补贴，这些补贴导致了全球渔船队的产能过剩。为确保可持续发展，还需要采取更多必要措施，如普遍防止捕捞过度、采用预防性措施，并管理与未来水产养殖扩张相关的风险和机遇。这包括对新运营地点选址、抗生素和化学品的使用、营养物质的流失以及可持续饲料来源的严格监管。同时，实施海鲜透明度和生态认证计划，可以有效提升不断扩大的海鲜行业的绩效。

3. 减少食物损失和浪费

据联合国环境规划署（United Nations Environment Programme，UNEP）报道，2022 年全球食物浪费总量高达 11.6 亿 t，相当于零售端、餐饮服务和家庭消费环节损失了 19%的可供消费食物。此外，据 FAO 估计，全球还有 13%的粮食损失是在供应链中（从收获后到零售前）发生的（Cederberg and Sonesson，2011）。减少这些损失和浪费不仅关乎资源利用，更与全球环境和社会福祉紧密相连。

最初生产阶段的粮食损失可能是收获计划和时间安排不当、农产品处理粗糙，或缺乏市场准入所导致的。冷却和储存设施不足也可能导致农民将作物遗弃在田间，增加腐烂和污染的风险。因此，增加对收获后基础设施的投资，以及对干燥和包装解决方案等加工技术进行投资，有助于减少粮食损失和浪费。在食物系统末端，食物浪费现象是由多个因素共同导致的。现代社会的消费观念和习惯往往导致人们对食物价值认识不足，从而过多购买和储存食物。餐饮服务业在食物制作和剩余处理方面也存在不合理之处，这些都加剧了食物浪费问题。

要有效减少粮食损失和浪费，必须促使粮食系统中的多个行为体展开紧密合作，共同控制损失和浪费源头，并制定针对性的解决方案。例如，“节约粮食倡议”等举措已在推动减少粮食损失和浪费的政策、战略、计划和融资策略方面发挥积极作用。同时，我们还应探索基础设施解决方案，如建立集体储存设施、开发食物加工技术和基础设施，以及投资冷链建设等。

此外，鼓励种植者采用更科学的农场实践，如提升动物卫生标准、改进收获和储存技术，也是减少粮食损失和浪费的重要途径。为实现这一目标，我们需要在教育、培训和推广服务方面加大投资力度，特别是针对发展中国家的妇女生产者，她们在收获后处理等多个环节中发挥着重要作用。

在发达国家则要重点防止食物浪费。因此，有必要通过各种宣传活动，引导公众改进采购计划、了解最佳食用标签、优化储存方法、评估所需食物分量、提升食物制备技术，并学会合理利用剩饭剩菜。同时，制定适当的公共政策为这些行动提供激励，如将粮食损失和浪费纳入国家废物政策、食物安全政策、食物标准规则、食物标签法规、粮食再分配政策和粮食补贴等。此外，财政奖励或国家减少废物方案也可以激励各行为体之间的合作或创新，共同减少供应链中的粮食损失和浪费。

6.4.4 食物系统转型的优先事项

粮食系统的转型需要全人类的长期共同努力。食物系统转型目标需要国际、国家、区域和地方层面倡议的补充和支持，这些倡议将公共部门、私营和民间组织各行为体聚集在一起，围绕粮食系统转型最紧迫、可行和必要的优先事项开展工作。虽然人们认识到这些行动通常需要根据具体情况量身定制，但以下优先事项通常广泛适用。

1. 政策和治理层面

1）开展全球对谈：各国领导人和决策者应利用全球性论坛达成新的承诺，使粮食系统更具弹性并支持健康和可持续饮食。例如，联合国粮食系统峰会（United Nations Food Systems Summit）、联合国气候变化大会（United Nations Climate Change Conference）等，都是探索建立专门的粮食系统转型全球融资机制和确保国家对变革认可的重要机会，旨在提高研究和论证能力，以更好地支持政策决定。实现为所有人提供健康饮食的可持续粮食系统新愿景，必须得到最佳科学和有效证据的支持，并以实际证据为依据。

2）加强国际合作：加强国际合作可以提升全球农业生产水平、促进可持续发展、并减少全球不平等。以中国 2019 年启动的中非农业教育项目“中非科技小院”为例，该项目推动农业技术援助与共享，面向非洲招收农业专业来华留学生，用中国农业经验帮助非洲培养高素质农业人才，致力于在非洲本土培育出一批具备高技能、高素质的农业人才。“中非科技小院”还提供适应当地小农经济的农业机械和设备支持，如小型拖拉机、播种机、收割机等，提升农业生产效率。以多层次、多形式的合作，有效提升了全球农业生产的整体水平，并共同应对气候变化的挑战。

3）建立共同目标：各国政策制定者必须以现有的全球发展目标（如可持续发展目标和《巴黎协定》）为基础，将每个人可持续、健康的饮食作为共同目标。这些目标需要认识到可持续、健康饮食的核心重要性，它是推动不同议程取得进展的关键推动因素，涉及不平等、经济增长、气候变化、环境退化以及生计和创造就业等问题。

4）改善健康饮食的可获得性和可及性：国家和国际机构需协同努力，改善可持续食物系统中健康饮食的可获得性和可及性。高收入国家应重点优化食品供给模式，通过调整餐食分量、精简产品种类、改进包装设计（特别是易腐食品的创新保鲜包装）等方式减少过度供给。而低收入国家则应通过减少初级生产环节或附近的食物浪费、改善物流和储存条件，以及增加食物的多样性和季节性来扩大食物供应范围。

5）降低政策扭曲：各国政府必须解决可能从根本上阻碍变革、产生误导的政策扭曲和错误引导，包括限制不健康、不可持续食物的广告和营销，并支持从可持续食物系统中选择健康饮食的正面引导，严格审查化肥、水、燃料、电力和杀虫剂的补贴。

6）实施综合政策：相关政策部门（如农业、渔业、卫生、交通、环境）需要共同努力实施调整生产系统的政策，以便以可持续的方式支持健康饮食。当今的粮食系统无法生产足够的营养丰富的食物来满足当前的需求，更不用说未来几十年的预计需求，也无法可持续地生产大多数食物，因此与生产率相关的狭隘目标需要被强调效率和可持续性的更广泛措施所取代。

7）推动地方层级的规划：促进地方层级的粮食规划与社区参与，推动透明和包容的食品治理。支持地方社区制定粮食规划，鼓励居民直接参与食物生产与消费。通过建立社区食物委员会，提升公众对食物系统治理的参与度与透明度，推动民主和包容的决策过程。这样的治理方式能够更好地回应社区需求，打造公平且具有韧性的本地食物系统。

8）改变消费者观念和行为：通过推动文化和教育转变，改变消费者观念和行为。向消费者提供关于健康和可持续饮食的教育，辅以其他激励措施，可以有效引导健康选择。投资女性、少数民族和青年的领导力、技术和管理技能，特别是通过妇女自助团体等形式，促进其在食物供应链中更平等和可持续地参与。改变食物供应选项以推广健康饮食，并通过大规模宣传将食物消费与健康、环境和气候变化的影响联系起来。同时，推动可持续饮食教育进入学校和医学院课程，确保新一代具备食物系统的前沿概念与意识。

2. 食品行业和私营部门

1）制定共同目标和框架：主要跨国企业和当地中小企业必须与政府密切合作，制定可持续、健康饮食的共同目标和行为框架。公共和私营部门必须就行为框架开展合作并分担实施成本，阐明改善饮食质量和粮食系统可持续性的具体的、可衡量的责任，并共同承担。

2）推动可持续生产和供应链管理：采用可持续农业和生产实践，食品行业可以与农民和供应商合作，推广有机农业、精准农业和再生农业等可持续生产模式，减少化肥、农药和水资源的使用，同时保护土壤健康和生物多样性。建立绿色供应链，通过优化供应链管理，减少食物运输过程中的碳排放，实施绿色采购政策，优先选择低环境影响的原材料和可持续认证的产品。供应链透明化和可追溯性，利用区块链等技术实现供应链透明化，确保从农场到餐桌的每个环节都符合可持续标准，提升消费者对产品的信任度。

3）产品创新与市场引导：开发和推广低环境影响的食物产品，私营部门可以投资替代蛋白（如植物基肉类、微生物蛋白、昆虫蛋白）以及新型食品加工技术，减少传统肉类生产对环境的影响。推广健康和可持续的饮食选择，通过产品创新和市场营销，引导消费者选择营养健康、低碳足迹的食物。通过标签、包装和宣传，引导消费者做出更环保的选择。减少食物浪费，实施“零废弃”策略，从生产、加工、包装到销售的每个环节减少食物浪费。

4）推进企业社会责任与社区参与：私营部门可以通过企业社会责任项目，支持环境保护、社区发展和小农户的可持续农业实践，通过提供技术援助、培训和融资，帮助小农户转型为可持续生产模式。食品行业应与公共部门、民间组织、科学研究机构合作，共同制定和实施可持续发展政策与标准，推动全行业的绿色转型。开展消费者教育和意识提升活动，通过公众教育活动，宣传可持续饮食的重要性，培养消费者的环境责任意识。企业可以与社区合作，举办可持续食物研讨会、烹饪班和教育活动。

6.5 结束语

食物系统作为连接人类健康与地球生态系统健康的桥梁，其重要性不言而喻。它既是人类福祉的基石，也是环境可持续发展的关键所在。食物系统在提升营养供应、促进人口增长和经济发展方面取得了显著成就，但同时也暴露出严重的不可持续性问题，对人类健康和地球生态系统造成了深远影响。

面对这一挑战，我们必须深刻认识到食物系统转型的紧迫性和重要性。通过策略性的转型，食物系统可以实现食物生产的可持续性，减少对自然资源的过度依赖和破坏，降低温室气体排放，保护生物多样性，从而维护地球生态系统的健康和稳定。同时，转型后的食物系统也将更加注重人类健康需求，提供营养均衡、安全可靠的食品，减少不健康饮食习惯带来的健康风险。

展望未来，一个更加健康、可持续的食物系统将成为我们共同的追求。在此系统中，人类将与自然和谐共生，共享地球的美好与繁荣。通过科技创新、政策引导和社会各界的共同努力，我们有信心实现这一愿景，为子孙后代留下一个更加健康、更加美好的世界。

思　考　题

1. 食物系统如何定义，以及食物系统如何从多维度影响人类健康？
2. 当前食物系统对全球资源（如土地、水、能源）的利用情况及其可持续性？
3. 未来食物系统对人类健康和地球生态系统的影响趋势？
4. 地球生态系统变化如何影响食物系统？
5. 结合具体实例，讨论食物系统如何加剧气候变化，探讨食物系统转型在减缓气候变化方面的潜力。
6. 讨论生物多样性丧失对食物系统的影响是什么？
7. 分析并总结为什么食物系统的转型对星球健康至关重要，以及食物系统转型涉及哪些方面？

8. 在星球健康框架下，食物系统转型的优先事项有哪些？

参考文献

Afshin A. 2019. Health effects of dietary risks in 195 countries, 1990–2017: A systematic analysis for the Global Burden of Disease Study 2017. The Lancet, 393(10184): 1958-1972.

Bai Z G, Dent D L, Olsson L, et al. 2008. Proxy global assessment of land degradation. Soil Use and Management, 24(3): 223-234.

Benetti A D. 2007. Preventing disease through healthy environments: Towards an estimate of the environmental burden of disease. Engenharia Sanitaria e Ambiental, 12(2): 115-116.

Campbell B M, Beare D J, Bennett E M, et al. 2017. Agriculture production as a major driver of the Earth system exceeding planetary boundaries. Ecology and Society, 22(4): art8.

Carpenter S R, Bennett E M. 2011. Reconsideration of the planetary boundary for phosphorus. Environmental Research Letters, 6(1): 014009.

Cederberg C, Sonesson U. 2011. Global food losses and food waste: Extent, causes and prevention. Rome: Food and Agriculture Organization of the United Nations.

Diamond J. 1998. Guns, germs and steel: A short history of everybody for the last 13 000 years. New edition. New York: W.W. Norton.

Elliott J, Deryng D, M ü ller C, et al. 2014. Constraints and potentials of future irrigation water availability on agricultural production under climate change. Proceedings of the National Academy of Sciences, 111(9): 3239-3244.

FAO. 2021. COP26: Agricultural expansion drives almost 90 percent of global deforestation. (2021-06-11) [2024-08-30]. https://www.fao.org/newsroom/detail/cop26-agricultural- expansion-drives-almost-90-percent-of-global-eforestation/en.

FAO, IFAD, UNICEF, WFP, WHO. 2019. The State of Food Security and Nutrition in the World 2019. Safeguarding against economic slowdowns and downturns. Rome, FAO.

Field C B, Barros V R, Dokken J D. 2014. Climate change 2014: Impacts, adaptation, and vulnerability. New York, NY: Cambridge University Press.

Godfray H C J, Garnett T. 2014. Food security and sustainable intensification. Philosophical Transactions of the Royal Society B: Biological Sciences, 369(1639): 20120273.

Nguyen H. 2018. Sustainable food systems: Concept and framework. Rome: Food and Agriculture Organization of the United Nations.

Pendrill F, Gardner T A, Meyfroidt P, et al. 2022. Disentangling the numbers behind agriculture-driven tropical deforestation. Science, 377(6611): eabm9267.

Richardson K, Steffen W, Lucht W, et al. 2023. Earth beyond six of nine planetary boundaries. Science Advances, 9(37): eadh2458.

Rockström J, Steffen W, Noone K, et al. 2009. A safe operating space for humanity. Nature, 461:

472-475.

Smith M R, Singh G M, Mozaffarian D, et al. 2015. Effects of decreases of animal pollinators on human nutrition and global health: A modelling analysis. The Lancet, 386(10007): 1964-1972.

Whitmee S, Haines A, Beyrer C, et al. 2015. Safeguarding human health in the anthropocene epoch: report of the Rockefeller foundation-lancet commission on planetary health. The Lancet, 386(10007): 1973-2028.

Wild C P, Gong Y Y. 2010. Mycotoxins and human disease: A largely ignored global health issue. Carcinogenesis, 31(1): 71-82.

Willett W, Rockström J, Loken B, et al. 2019. Food in the Anthropocene: The EAT-Lancet Commission on healthy diets from sustainable food systems. Lancet, 393(10170): 447-492.

第 7 章

环境污染与星球健康

汪俊峰　李　刚　戴　源　张　宁　张崇崇

本章要点

- 不同圈层的环境污染与星球及人类健康的关系论述
- 典型污染物的环境行为、健康风险评估以及控制策略
- 全球行动和科技创新是实现星球健康可持续发展的关键

逻辑框图

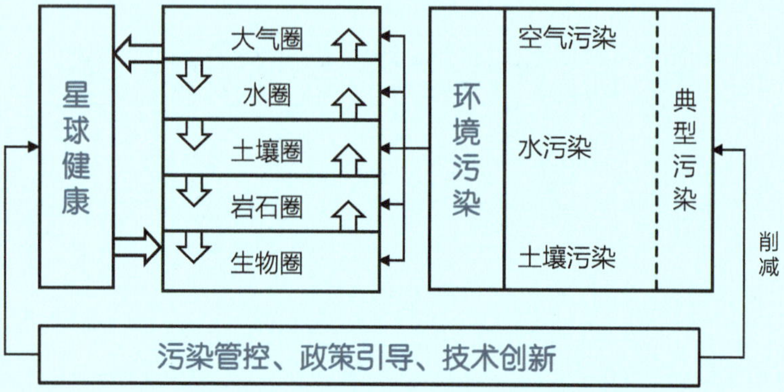
星球健康
大气圈
水圈
土壤圈
岩石圈
生物圈
环境污染
空气污染
水污染
土壤污染
典型污染
促进
削减
污染管控、政策引导、技术创新

21 世纪，环境污染对星球健康的威胁是一个多维度的全球性议题，其核心在于人类活动引发的生态失衡。《全球环境展望 6》(Global Environment Outlook 6) 和《2024 年全球资源展望》(Global Resources Outlook 2024) 指出，人类活动的过度开发，特别是工业活动、城市化和农业扩张等行为导致空气质量恶化、水体污染、土壤退化以及生物多样性减少，这些因素的共同作用加剧了气候变化的速度与强度，进而影响到地球系统的稳定性和恢复力。污染物在生态系统中的累积和传播不仅干扰了自然界的物质循环和能量流动，还通过食物链放大效应给人类及其他物种带来直接健康风险。研究指出，全球的疾病谱和死因谱正在发生根本性的变化。20 世纪 50 年代之前，传染病仍然是威胁人类健康的主要疾病，20 世纪 70 年代至今，许多国家的传染病已经不再是主要的健康威胁，取而代之的是心脑血管疾病、肿瘤等非传染性疾病，而环境污染正是引发这些非传染性疾病的重要因素之一 (图 7.1)。

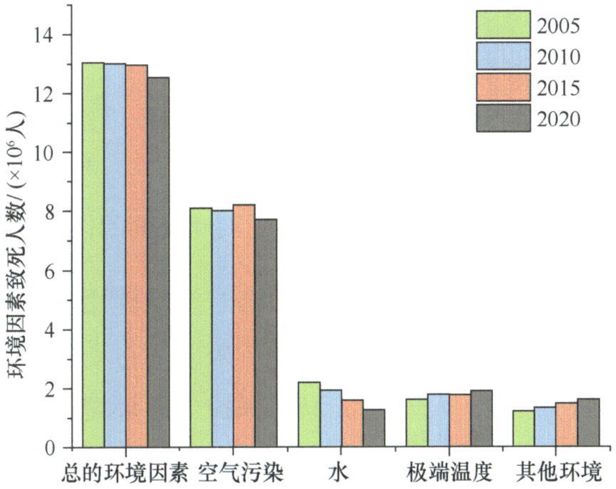

图 7.1　全球因不同环境污染致死人数 (改自 Fuller et al.，2022)

其他环境污染包括土壤、重金属和其他化学物质污染

数据来源：https://vizhub.healthdata.org/gbd-compare/

环境污染主要包括空气、水体和土壤的污染。这些污染对整个星球的影响是多方面的，不仅破坏生态平衡，导致生物多样性减少和生态系统服务功能下降，还会加剧气候变化，导致极端天气事件频发、冰川融化和海平面上升等问题。同时，环境污染问题还威胁着人类健康，造成呼吸道疾病、心血管疾病等

多种疾病的发病率升高，并引发资源枯竭和经济损失，影响社会稳定与安全，因此人们需重新审视发展模式并寻求可持续的解决方案（图 7.2）。

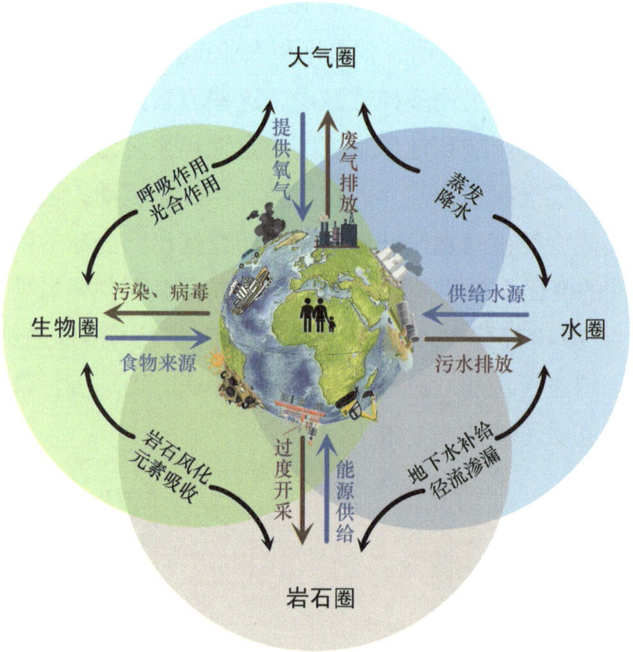

图 7.2　地球不同圈层与星球健康的相互作用

本章重点介绍空气、水体和土壤的污染对星球健康的影响，包括典型污染物对星球健康的影响，以及应对这些问题所采取的行动和措施。通过综合分析环境污染造成的各种影响，人们已认识到保护生态环境的重要性，并已采取积极行动，共同致力于改善我们的生活环境，为我们自己以及未来的世代创造一个可持续的健康星球。

7.1　不同圈层的环境污染对星球健康的影响

环境污染主要是指人类在追求经济发展和现代化的过程中，忽视环境承载能力和生态后果，将大量废物排放到空气、水体、土壤等环境中，从而对人类健康、地球健康以及现代社会的可持续性构成严重威胁的行为。本节将综合讨论空气、水体和土壤三大环境圈层的污染现状，并探讨这些污染给生态系统和人类社会带来的深远影响。

7.1.1 空气污染

空气污染被喻为人类健康的“隐形杀手”，是指由人类活动或自然过程产生的某些有害物进入空气中，当其含量与浓度及持续时间超过一个阈值后，会引发多数居民的不适感，在很大范围内危害公共卫生安全，并对人类、动植物的正常生活造成妨碍的环境现象。空气污染物的形态多种多样，涵盖了气体、颗粒物以及其他化学物质等。例如，常见的气体污染物包括二氧化硫、氮氧化物、一氧化碳、臭氧等；颗粒物（particulate matter，PM）则包括总悬浮颗粒物、可吸入呼吸道的 PM_{10}（粒径≤10 μm）、能深入肺部甚至血液且危害性极大的 $PM_{2.5}$（粒径≤2.5 μm，又名细颗粒物），以及粒径更小的 PM_1（粒径≤1 μm）；还有挥发性有机化合物（volatile organic compound，VOC）等。它们可以通过一系列复杂的化学和物理作用，扰乱空气中自然成分的平衡，对生物体及生态系统造成直接或间接的负面影响。因此，为了更清晰地了解空气污染物的来源、特征及其对星球健康的影响，本节根据污染物发生的空间范围以及暴露人群的不同，将空气污染分为大气污染（即室外大气环境污染）和室内空气污染两部分进行深入探讨。随着全球城市化和工业化的加速发展，空气污染的影响已经超越了个体健康问题，逐步演变成对全球公共健康和生态平衡构成严重威胁的挑战。

1. 大气污染

大气污染，主要涉及对流层污染，是由人类活动（如工业排放、交通运输、能源燃烧等）和自然过程（如火山喷发、沙尘暴等）产生的污染物进入大气，导致空气质量下降，对人类健康和生态系统造成严重危害的现象。主要污染物包括 PM_{10}、$PM_{2.5}$ 和 PM_1、二氧化硫、氮氧化物、一氧化碳、挥发性有机化合物和臭氧。这些污染物不仅会引发心血管疾病、呼吸系统疾病和癌症，还会导致酸雨、光化学烟雾等环境问题，影响生态平衡和生物多样性。

20 世纪 30~50 年代，欧美工业国家和地区发生的一系列严重的空气重污染事件引起了全球对对流层大气污染的广泛关注，促使人们逐渐认识到空气污染对人类健康的严重威胁。研究表明，空气污染已经成为全球每年300万~900万人过早死亡的主要原因之一。图7.3揭示了世界不同地区、不同年龄层因空气污染引发的人类死亡率。

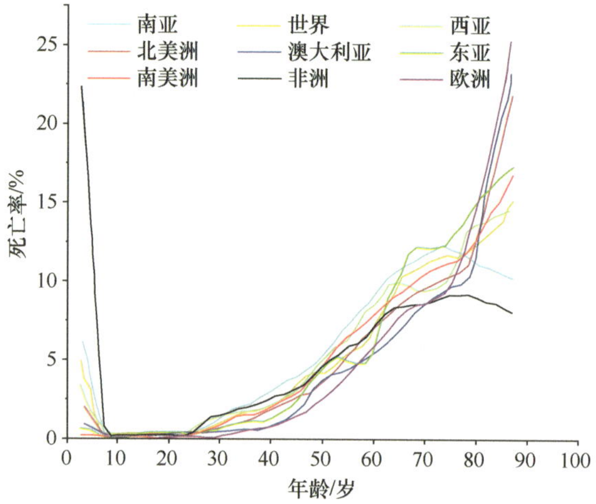

图7.3　空气污染导致的不同年龄层人类死亡率（改自Lelieveld et al.，2020）

根据主要污染物的不同，大气污染事件可以分为两大类。第一类污染事件以二氧化硫和$PM_{2.5}$等为主要污染物。最早的空气污染记录可追溯到1930年比利时的马斯河谷烟雾事件。由于气候异常和地形特点，该地区遭遇了持续的逆温和浓雾，致使工业排放污染物在河谷中积聚，引发了大规模呼吸道疾病的暴发，致使63人死亡，是同期正常死亡人数的10倍以上。1952年12月5日至9日，伦敦发生了著名的烟雾事件。不利的气象条件导致工业排放和居民燃煤产生的废气难以扩散，积聚在城市上空。持续4天的大雾使得当地居民普遍出现胸闷、窒息等症状，其间约4000人死亡，此事件被列为20世纪十大环境公害事件之一（Davis，2002）。第二类污染事件主要涉及氮氧化物和碳氢化合物在阳光作用下生成的臭氧污染物。该类污染事件的典型代表是1943年起发生在美国洛杉矶的一系列光化学烟雾污染事件，其中一次严重污染事件导致当地65岁以上老年居民的死亡人数超400人。随着对空气污染认识的深化，英国和美国分别于1956年和1963年颁布了《清洁空气法》，这些举措有效改善了空气质量。然而，严格的空气污染防控政策导致高污染排放的相关产业转移至发展中国家。部分发展中国家在经济转型和快速发展的过程中，面临城市化与工业化加速推进的双重压力，燃油汽车数量激增，化石燃料消耗急剧增加，同时又承接了大量高污染、高能耗的产业。这一系列因素导致这些国家的空气污染问题日益严重，频繁发生大规模污染事件。

在中国，京津冀、长三角等重点地区在 2018 年前经历了一系列的 $PM_{2.5}$ 重污染事件，尤其是 2013 年 12 月席卷中国中东部地区的严重灰霾事件，该事件使京津冀和长三角污染区域连成片，首要污染物 $PM_{2.5}$ 日均浓度超过 150 μg/m^3，部分地区的浓度甚至达到 300~600 μg/m^3，严重威胁了人民的身心健康。这些污染事件不仅暴露了空气质量问题的严峻性，也加深了公众和政府对空气污染治理的紧迫感，增强了中国政府治理大气污染的决心。从 2013 年国务院颁布实施《大气污染防治行动计划》以来，中国大气中 PM_{10}、$PM_{2.5}$ 重污染态势得到了切实有效的改善。2018 年，国务院开始推行《打赢蓝天保卫战三年行动计划》，清洁空气行动实施以来，我国 $PM_{2.5}$ 污染状况再次得到明显改善，空气质量显著提升。截至 2022 年底，中国大气 $PM_{2.5}$ 平均浓度较 2013 年下降了近 60%，重污染天数减少了 90%以上。为进一步巩固治理成果，2023 年底，国务院颁布了《空气质量持续改善行动计划》，旨在巩固先前各行动计划的成果，进一步改善人民群众关心的空气质量问题。

臭氧空洞是另一种由污染物质（如氧化亚氮和卤代烃）扩散至平流层与臭氧发生化学反应，导致臭氧层局部稀薄或消失的生态环境问题。20 世纪 70 年代，加州大学欧文分校的博士后 Mario Molina 和导师 Sherwood Rowland 曾预言，全球各地排放的氯氟烃可能会耗尽平流层的臭氧。1985 年，英国南极观测站的科学家报告称，南极上空的臭氧层出现了巨大空洞（图 7.4A），且该空洞还在逐渐扩大（图 7.4B）。1987 年，在 Molina 的倡导和外交努力下，联合国邀请多国签署了《蒙特利尔破坏臭氧层物质管制议定书》（简称《蒙特利尔议定书》）这项国际协议对氯氟烃及其他消耗臭氧层的化学品实施了严格管控。因在平流层化学领域的开创性贡献，Molina 与 Sherwood Rowland 以及荷兰化学家 Paul Crutzen 共同荣获 1995 年诺贝尔化学奖。

2. 室内空气污染

室内空气污染（indoor air pollution，IAP）主要发生在封闭或半封闭空间内，包括住宅、办公室、地铁、学校、医院、商场等场所（图 7.5）。室内空气污染物的来源广泛且复杂，主要污染物包括挥发性有机化合物、甲醛、苯系物、一氧化碳、氮氧化物、氡气、微纳米塑料（micro- and nano-plastic，MNP）、

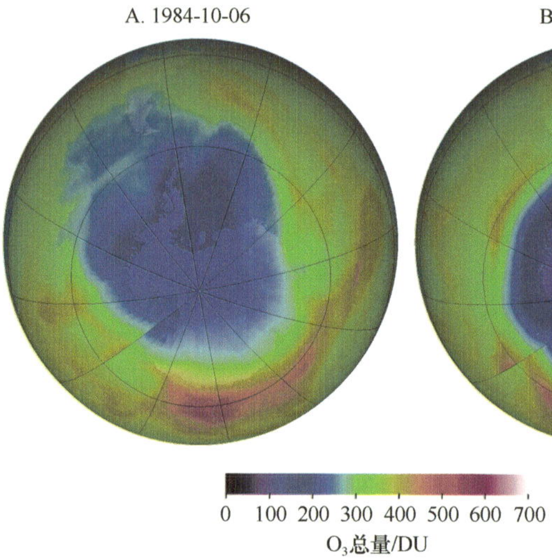

图 7.4　南极上空臭氧空洞

数据来源：https://ozonewatch.gsfc.nasa.gov/Scripts/big_image.php?date=2023-10-06&hem=S

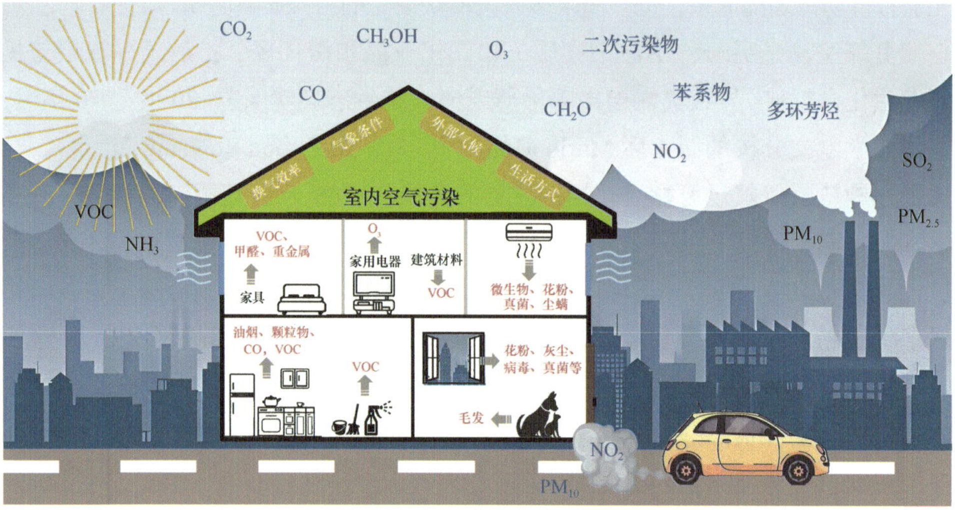

图 7.5　室内空气污染示意图

细菌、病毒、霉菌和尘螨等（图 7.5）。这些污染物主要来源于燃料燃烧排放（如使用煤炭、木柴、液化石油气及天然气进行烹饪和取暖时排放的污染物）、建筑材料与家具（如释放甲醛和苯）、家用化学品（如清洁剂、杀虫剂和油漆等散发的有毒气体）、烟草烟雾（吸烟产生的二手烟含有尼古丁、焦油等多种有害成分），以及生物污染物（如空调机内及宠物会藏匿微生物），可能会引发呼吸道疾病、过敏反应、神经系统疾病和癌症等。

20 世纪 70 年代能源危机期间，为了节约能源，建筑物的通风减少，导致室内空气污染问题加剧。20 世纪 80 年代，关于“病态建筑综合征”（sick building syndrome，SBS）的研究进一步推动了室内空气污染问题的研究。近年来，新型冠状病毒感染（coronavirus disease 2019，COVID-19）和严重急性呼吸综合征（severe acute respiratory syndrome，SARS）等流行性病毒病的出现，进一步引发了公众对密闭环境中空气传播疾病风险的关注。

研究结果显示，人们 80%以上的活动时间在室内。即使是低浓度的空气污染物，长期暴露在其中也会对健康构成不可忽视的威胁。世界卫生组织（World Health Organization，WHO）指出，全球约有 23 亿人依赖木材、煤炭和生物质作为烹饪和取暖的主要燃料，造成严重的室内空气污染。现代建筑中的空调、新风系统为人们提供了舒适的室内环境，但其送风和回风管道系统在潮湿和通风不良的条件下也可能成为微生物的滋生地。2023 年，联合国环境规划署（United Nations Environment Programme，UNEP）报道，全球约 99%的人呼吸着不安全的空气，每年因患有空气污染相关疾病而过早死亡的人数超过 670 万，主要死因包括肺炎、慢性阻塞性肺疾病、心血管疾病、中风、癌症等疾病。这一严峻形势已成为全球公共卫生领域的重要挑战。长期接触高浓度的室内空气污染物，会导致呼吸系统疾病、心血管疾病、癌症以及免疫系统损伤。特别是孕妇、幼儿和老人等易感人群，长期暴露于室内空气污染物中会进一步加剧健康风险。因此，亟须通过加强防护措施并完善政策支持来改善室内空气质量，从而保障人类健康。

研究表明，在通风不足或抽油烟机效能不佳的环境中，室内空气中的 $PM_{2.5}$ 浓度在烹饪时会急剧上升。这是因为烹饪时产生的烟雾和油烟未能得到有效排放，导致微小颗粒物在空气中积累，进而对人体健康构成潜在风险。甲醛，作为一种普遍存在的室内污染物，其来源包括人造板材、家具、装修材料、化妆品、清洁剂、杀虫剂、消毒剂、防腐剂、印刷油墨、纸张以及燃料的不完全燃烧和烟草烟雾等。研究表明，长期暴露于低浓度甲醛环境中可能增加患呼吸系统疾病、过敏反应及癌症的风险，对儿童和老年人等敏感人群的影响尤为显著。氡气是一种无色无味的天然放射性气体，普遍存在于土壤、岩石以及建筑物的地基和地下室中。尽管氡气难以察觉，但它可以通过呼吸进入人体，长期接触高浓度氡气已被证实是继吸烟之后肺癌第二大诱因。因此，对于氡气浓度较高的地区，尤其是在地下室等密闭空间，定期检测氡气浓度并采取减氡措施至关重要，如安装通风系统或使用氡气吸附设备，以减少氡气对健康的潜在危害。

在新冠疫情期间，空气中的病毒传播成为公共卫生领域的重点关注问题。美国疾病控制与预防中心（Center for Disease Control and Prevention，CDC）的数据显示，适当的通风措施可减少室内空气中高达 75%的病毒，而在通风不良的环境中，病毒、细菌等生物性污染物以生物气溶胶形式长时间悬浮于空气中，极大地增加了传播的可能性。研究表明，在拥挤的公共场所，空气中病毒颗粒的浓度可能比通风良好的环境高出 10 倍以上，特别是在地铁、办公楼等封闭空间，由于空调系统的循环和人员密度较高，气溶胶传播的速度明显加快，加剧了病毒在人群中的传播风险，对公共卫生构成了更大的威胁。空调系统中常见的微生物包括军团菌、霉菌等，这些微生物不仅影响空气质量，还可能对人体健康构成威胁。军团菌感染可引发严重肺炎，而霉菌则可能导致过敏和呼吸道疾病。因此，定期清洁和维护空调设备，结合紫外线消毒和使用高效空气过滤器，是控制微生物滋生、降低空调系统中微生物负荷、改善室内空气质量以及降低健康风险的关键措施。

为有效应对室内空气污染这一复杂而广泛的问题，各国政府和相关组织已经陆续出台了一系列针对性的标准和法规，以保障室内空气质量和居民的生命健康。室内空气污染不仅威胁人类健康，还对社会经济和环境产生深远影响。WHO 在 2014 年发布的《世界卫生组织室内空气质量指南》为 $PM_{2.5}$、PM_{10}、二氧化氮、二氧化碳等主要污染物设定了限值建议，为全球政策制定提供了科学依据。欧盟通过《建筑产品法规》等指令，要求建筑产品符合特定的健康和安全标准。中国也在积极行动，已于 2002 年发布《室内空气质量标准》（GB/T 18883—2002），对甲醛、苯、氨、总挥发性有机化合物等室内污染物设定了限值，并在 2022 年对该标准进行了修订，发布了新版的《室内空气质量标准》（GB/T 18883—2022）。2024 年，中国住房和城乡建设部进一步推出了《绿色建筑评价标准》(GB/T 50378—2019)，以推动室内空气质量的提升。

为了从源头上减少室内空气污染，中国还发布了一系列室内装饰装修材料有害物质限量标准，特别是针对人造板及其制品中的甲醛释放限量进行严格管控，并发布了《室内装饰装修材料人造板及其制品中甲醛释放限量》(GB 50325—2020)。该标准是人造板及其制品行业唯一的强制性规定，主要关注甲醛等有害物质的释放量，确保材料的安全性。此外，该标准还对 10 余种室内装饰装修材料中有害物质设定了限量要求，有效降低了上述污染对室内空气质量和居民健康的威胁。

室内空气污染是一个复杂且广泛的问题，除了威胁人类的身体健康，室内空气污染还对社会经济和环境造成深远的影响。为了有效应对这一挑战，需采取多方面的措施，包括改进建筑设计和材料、推广清洁能源、加强通风和空气净化、进行广泛的公众教育以及推动相关政策的制定和实施。只有通过全社会的共同努力才能有效改善室内空气质量，保障人类和星球健康。

7.1.2　水污染

水污染通常指自然情况下水体的污染物在数量上超过了该物质在水体中的本底含量和水体环境容量，从而导致水质恶化的现象。主要的水污染物包括微生物、营养物质、重金属、有机化学品、石油和沉积物等。热量，因其会提高受纳水体的温度，也可能成为污染物。污染物通常是引发全球水质下降的主要原因。水污染不仅破坏了水生生态系统的平衡，还威胁到了饮用水源的安全，进而影响到公众健康和社会经济发展。

尽管水覆盖了地球表面的近 71%，但其仍然是世界上最稀缺的资源之一。全球水资源总量中只有 2.5%是淡水，其余 97.5%是咸水。其中，约 87%的淡水资源储存在冰盖、冰川和雪中，仅约 13%的淡水是地表水和地下水。然而，这 13%的淡水不仅需要满足人类消费和经济需求(农业使用淡水约占 70%、工业使用淡水约占 20%和生活用水约占 10%)，还要维持淡水水生生态系统。自工业革命伊始，伴随商品生产量的持续增长，水资源的密集利用以及在缺乏有效控制与监管机制的情况下，将工业废弃物直接排放至水体中，标志着一系列水污染问题的开始。随着社会经济的不断发展，工业化、城镇化进程的推进和农业生产活动的增加所带来的污染（图 7.6），导致发达国家和发展中国家的水污染急剧增加，造成一些地区污染性缺水，不仅影响数十亿人的身体健康和经济发展，还威胁着全球生态平衡。

图 7.6 水污染源及污染途径（改自 Food and Agriculture Organization of the United Nations and International Water Management Institute，2018）

目前，世界上约 50%的人口在一年之中至少有一部分时间面临严重的缺水问题。其中，1/4 的人口生活在水资源压力“极高”的地区，这些地区的水资源利用率超过 80%。《2024 年联合国世界水发展报告》指出，在低收入国家，污水处理程度低是环境水质差的主要原因，而在高收入国家，农业面源污染是最严重的问题。调查显示，全球范围内，预估有 80%的工业和城市废水未经任何处理就直接排放到环境中，不发达国家的这一比例更高，因为这些国家严重缺乏标准的废水处理设施。亚洲和非洲的许多不发达国家尤其如此。

水污染正在危及我们的健康，不安全的水每年造成的死亡人数比战争和所有其他形式暴力造成的死亡人数总和还要多。预计到 2050 年全球淡水需求预计将比现在增长 1/3，因此保护现有淡水资源是人类社会实现可持续发展的基本前提和重要保障。

1. 水污染的来源

水被誉为生命之源，却因其强大的溶解能力而极易遭受污染。工业废水中的重金属（如汞、镉、铬、铅）、有毒有机物（如多环芳烃、有机磷农药）和酸碱物质，农业面源的过量氮磷营养物及农药残留，以及生活污水中的致病微生物（如细菌、病毒）和耗氧有机物（如蛋白质、脂类）等，均易溶于水并引发污染。这些污染物按来源可分为工业、农业和生活三大类，不仅危害水生生态系统，还通过食物链累积威胁人类健康，亟需综合防治以保障水资源安全。目前，全球每年估计排放到环境中的废水约 2250 km^3，其中工业废水（包括冷却用水）约 660 km^3、城市污水约 330 km^3、农业废水约 1260 km^3。

工业污染源是水域的重要污染源，具有量大、面积广、成分复杂、毒性大、不易净化、难处理等特点。生活污染源主要来自城市生活中产生的各类生活废弃物，如洗涤剂、塑料垃圾和粪便等。这些污染物多为有机污染物，生活污水中氮、磷、硫含量较高，并含有大量致病细菌。城市化和工业活动是导致水污染的重要因素，但在许多国家，农业污染因其广泛性和隐蔽性，已被认为是当前最主要的水污染来源。农业污染源主要特点为：有机质、植物营养物及病原微生物含量高，农药、化肥含量高，污染成因复杂、随机性大、时空范围广及潜伏周期长。除了上述三大主要污染源外，还有其他一些污染源同样值得关注。例如，自然污染源，如岩石的风化和水解、火山喷发等地质活动释放的重金属、二氧化硫和氢氯酸等污染物，会造成的水体污染；大气降尘、降水淋洗等会引入一些水溶性离子、重金属等到水体中；突发性事件对水体的污染，如油轮漏油或事故引起的石油泄漏对海洋的污染。

2. 水污染的影响

水污染对地球生态系统和人类健康影响深远，许多污染物长期存留于水体，致使水质恶化、淡水资源锐减，进而引发水传播疾病等问题，严重威胁人类健康。此外，水污染使得水提供生态系统服务的能力也大大降低，有时还会造成不可逆转的影响。水污染会导致生物量生产力下降、生物多样性减少，并加剧其他环境压力，从而加速生态系统的退化。

1）水污染对人类健康的影响

水污染对人体健康的影响主要包括引起急性和慢性中毒、致癌以及通过水传播传染病。例如，水体受化学有毒物质污染后，污染物可能通过饮水或食物链进入人体导致人类中毒，如甲基汞中毒（水俣病）、镉中毒（痛痛病）、砷中毒等。此外，某些有致癌作用的化学物质，如砷、铬、镍等，污染水体后，长期饮用含有这类物质的水或食用体内蓄积有这类物质的生物就可能诱发癌症。水污染还可能引起以水为媒介的传染病，如伤寒、副伤寒、痢疾、霍乱等。Pedro Arrojo-Agudo 说过，生活在受污染淡水水源附近的贫困人口最容易受到相关传染病的影响。每年有 180 万人死于生物污染、有机物污染和营养物污染引起的腹泻。据世界卫生组织调查，人类 80%的疾病与饮用水不安全有关。从历史上看，19 世纪以前，生物污染在水污染中是最严重的，这类污染主要是细菌、藻类、寄生虫、病毒等引起，一旦水体受到它们污染，就能够传播各种疾病，如伤寒、腹泻、痢疾和霍乱等。历史上有数以千万计的人因霍乱流行而丧生。直到今天，非洲一些国家仍时常受到因饮用水中生物污染带来的威胁。据估计，全球每年大约有 100 万例腹泻死亡是因不安全饮用水、环境卫生和手部卫生不善所导致。20 世纪中叶，水体开始受到工业废水、废气、固体废物的化学污染。在这一时期，污染物主要是重金属（如铅、汞、铬）以及氰化物、氟化物、亚硝酸盐等无机物。这些饮用水中的无机污染，在当时给不少地区的人们带来沉痛的灾难。例如，日本发生的水俣病，就是一个典型的饮用水无机污染事件。

除了来源于工业排放的无机污染，某些地区由于地理地质原因，水源中个别元素含量过多（或过少），也可能引发区域性疾病。在中国，饮水型氟中毒和饮水型砷中毒较为严重。当每升水中氟化物超过 1 mg 就有可能使儿童和青少年出现牙齿色斑的比例超过 30%。如果饮用水中氟化物的浓度更高，会严重影响骨骼发育，使患者不能直立，疼痛不堪。砷是一种有毒元素，矿物中的砷会通过水文地球化学和生物地球化学作用进入地下水中，导致一些地区出现原生的高砷地下水，其砷含量远超过世界卫生组织规定的饮用水标准（10 μg/L）。据联合国儿童基金会调查报告，目前全球范围内 70 多个国家和地区都分布有高砷地下水，受影响人口达 1.4 亿，且这一数字仍在上升。据《2018 中国卫生健康统计年鉴》显示，中国有 2667 个村庄为饮水型砷中毒病区，受影响人口约为 160 万。长期饮用高砷水可导致皮肤色素异常、角质化、皮肤癌、内脏癌症等慢性砷中毒症状和疾病。

水质专家普遍认为，当前饮水安全的最大隐患来自有机污染。饮用水中有机污染的来源十分广泛，包括工业污染排放、化肥农药等农业污染以及人类的日常生活。2005 年的松花江水污染事件就是一个典型案例，当时吉林石化公司双苯厂发生爆炸，导致约 100 t 苯类物质（包括苯、硝基苯等）流入松花江，造成江水严重污染，沿岸数百万居民的生活受到影响。苯类化合物是高毒性物质，对人体健康有严重危害，是一种致癌物质，可以通过皮肤和呼吸道进入人体，在体内难以降解。2021 年，清华大学研究团队在中国若干城市和地区的饮用水中检测出新兴污染物——全氟和多氟烷基物质（per- and polyfluoroalkyl substances，PFAS），这些城市包括自贡、连云港、常熟、成都、无锡和杭州，其中自贡的 PFAS 浓度最高，达 502.9 ng/L，远超美国环境保护总署 2016 年发布的非强制执行的健康建议值 70 ng/L。这些化学物质在环境中难以降解，被称为“永久性化学品”，对人体健康构成潜在威胁，可能导致肝损伤、免疫系统异常，并与某些癌症、生殖问题和发育问题相关。

世界卫生组织指出，全球 80%的疾病和 50%的儿童死亡与饮用水的水质有关，这表明水污染对人类健康构成了重大威胁。因此，加强水污染的控制和预防措施，对于保护公共健康至关重要。

2）水污染对生态系统的影响

水污染对生态系统的影响是深远且复杂的，主要表现在导致水质和栖息地改变、食物链和食物网的破坏、生物多样性下降和生态系统服务功能下降。例如，污染物会改变水体的 pH、溶解氧浓度和温度，使得水生生物难以生存，进而引发多米诺骨牌效应（即在一个相互联系的系统中，一个很小的初始能量就可能产生一系列的连锁反应），导致生态系统失去平衡。19 世纪，随着工业革命的推进，大量生活污水和工业废水未经处理直接排放到河流、湖泊等水体中，导致水质恶化。这一时期，水污染主要对水生生物的生存环境造成初步破坏，但危害尚未全面显现。典型案例是，19 世纪末，英国泰晤士河因大量工业废水和生活污水的排放而变得黑臭缺氧，成为第一代水污染史的典型代表。20 世纪 50~70 年代，随着工业化的快速发展，莱茵河遭受了严重的工业污染，导致水生生物多样性急剧下降，鲑鱼种群几乎消失。2018 年，我国的《重点流域水生生物多样性保护方案》显示，水污染导致的生物多样性丧失问题在各流域不同程度存在，长江上游受威胁鱼类种数占总数的 27.6%，黄河流域受威胁鱼类种数占总数的 14.7%。联合国 2019 年发布的《生物多样性和生态系统服务全球评估报告》称，全球有 100 多万种动植物正濒临灭绝，物种消失速度比过去快几十倍甚至几百倍。《2023 年全球可持续发展报告》显示，1970 年以来，依赖内陆湿地生存的物种数量下降了 81%。在生态系统中，水污染一旦发生，不仅会破坏水生生态平衡，降低生物多样性，还会使有毒有害物质通过食物链传递，最终进入不同营养级的个体中，进而威胁人类健康。

3）水污染对社会经济的影响

水污染会导致人体健康受损、农业产量下降、工业生产效率降低，以及旅游业和房地产价值等降低，同时还会增加社会治理成本和经济负担。2019 年，《未知的质量：无形的水危机》报告发布，该报告显示，清洁水源短缺会限制全球 1/3 的经济增长，微生物、污水、化学品和塑料相结合，会从水中吸取氧气，将其变成危害人类和生态系统的“毒药”，对人类和环境健康构成威胁。当水体生物需氧量（衡量水中有机污染程度和整体水质的代表性指标）超过一定阈值，其下游地区的国内生产总值（gross domestic product，GDP）增长就会因人类健康、农业和生态系统受到影响而下降，降幅可高达 1/3。例如，全球每年因水资源盐碱化而损失的粮食产量足够养活 1.7 亿人。清洁水源是经济增长的一个关键要素，水质恶化不仅阻碍经济增长，还影响公众健康，减少粮食生产，导致很多国家贫困加剧，进而威胁着社会的和平与稳定。在过去的 40 年中，全球用水量以每年约 1%的速度持续增长，在人口增长、社会经济发展和消费模式变化等因素的共同驱动下，预计直到 2050 年，全球用水量仍将继续增长，这部分增长主要集中在中低收入国家，尤其是新兴经济体。2023 年，全球有 20 亿人（约占世界人口的 26%）无法获得安全饮用水，36 亿人缺乏管理得当的卫生设施，有 20 亿~30 亿人每年至少有一个月会面临缺水问题，这严重威胁他们的生计，尤其是粮食安全和电力供应。2023 年，联合国专家表示，水污染威胁着淡水资源的可持续性和数十亿人的用水权利，因此恢复和保护水生生态系统至关重要。

7.1.3 土壤污染

土壤污染是指人类活动或者自然活动产生的污染物进入土壤并积累到一定程度，引起土壤质量恶化的现象。这种污染不仅影响土壤的自然功能和生物多样性，还可能通过食物链影响人类和动植物的健康。

土壤污染不同于土壤侵蚀或盐碱化等其他危害，它难以用肉眼察觉，其影响通常只有在污染累积到对环境和人类健康造成危害时才会显现。这种隐蔽性使其成为全球重大威胁之一。2018 年 5 月 2 日，联合国粮食及农业组织（Food and Agriculture Organization of the United Nations，FAO）在全球土壤污染研讨会上指出，土壤污染对土壤功能的威胁程度存在显著差异：在欧洲和欧亚大陆为第三大威胁，在其他地区依次为：北非第四、亚洲第五、西北太平洋第七、北美第八，而在撒哈拉以南非洲和拉丁美洲为第九大威胁。早在 20 世纪 90 年代，国际土壤参考与信息中心（International Soil Reference and Information Centre，ISRIC）和联合国环境规划署就已经报道了全球土壤污染的严重性，根据当时的估计，全球已有约 2200 万 hm^2 土地受到污染。近些年的数据进一步凸显了土壤污染问题的严重性。2018 年，《隐藏的危险—— 全球土壤污染问题》报告指出，中国有 16%的土壤和约 19%的农业土壤受到不同程度的污染；在欧洲经济区和西巴尔干地区约有 300 万个潜在污染地点；美国有超过 1300 个已污染或潜在污染地点被列入其超级基金国家重点污染热点清单；澳大利亚估计约有 8 万个污染点位。然而，目前国家尺度的土壤污染评估主要集中在发达国家，发展中国家往往缺乏污染识别、量化与风险评估的资源，导致现有数据可能严重低估全球土壤污染的实际程度。此外，持久性有机污染物（permanent organic pollution，POP）及挥发性有机化合物等污染物可通过大气进行长距离迁移，这意味着土壤污染具有跨国界特性，本质上是一个全球性问题。因此，预防与修复土壤污染亟需全球协作。

1. 土壤污染的来源

土壤污染根据污染物的来源可以分为人为源与自然源。工业革命以来，人类活动全球的土壤造成了持续的、严重的污染，如在土壤上不当处置危险废物和城市废物、城市扩张、工业和运输活动、采矿、军事活动和武装冲突、对土壤的不当开发以及不可持续的农业实践活动，使得人为污染源成为威胁土壤健康的主要来源。人为源产生的污染物包括重金属、无机盐、有机污染物、病原菌等，如农业活动大量使用的六六六、滴滴涕等有机氯农药易在土壤中长期残留并通过食物链进入人体，造成潜在风险。此外，地球自身的自然演化过程也会释放一些有毒化学物质，或者释放的物质与外界物质发生反应生成有毒、有害物质造成土壤污染，即为自然源污染。一些土壤母质是某些重金属和其他元素（如放射性核素）的自然来源，这些元素在浓度升高时可能对环境和人类健康构成威胁。例如，火山喷发以及含砷矿物和矿石的风化均会释放砷；而与其他土壤相比，含碳酸盐的土壤会释放更多放射性气体氡。同时，火山爆发或森林火灾等自然事件也会造成土壤污染。Doelsch 等（2006）指出在留尼汪岛（La Réunion）的火山土壤中有高浓度重金属，如汞、铬、铜、镍和锌。Anda（2012）也发现印度尼西亚的火山土壤中有着高浓度的铬和镍，当这些元素浓度高于生态系统所能承受的正常水平时，会引发相关环境问题。这些人为活动或者自然活动向环境中释放的各种污染物，可能会导致生物个体和种群的变化，甚至导致特定地方的生物死亡和消失。人类也会直接或间接受到土壤污染物的影响，包括因此患有急性、毒性致命疾病或癌症等慢性疾病。

土壤污染按污染途径可分为大气沉降型、水体渗透型、固体废物堆放型、农业投入型、工业排放型和市政排污型，具有来源多样、成因复杂、交叉叠加的特点（图 7.7）。大气沉降型主要源于工业排放和汽车尾气，导致二氧化硫、

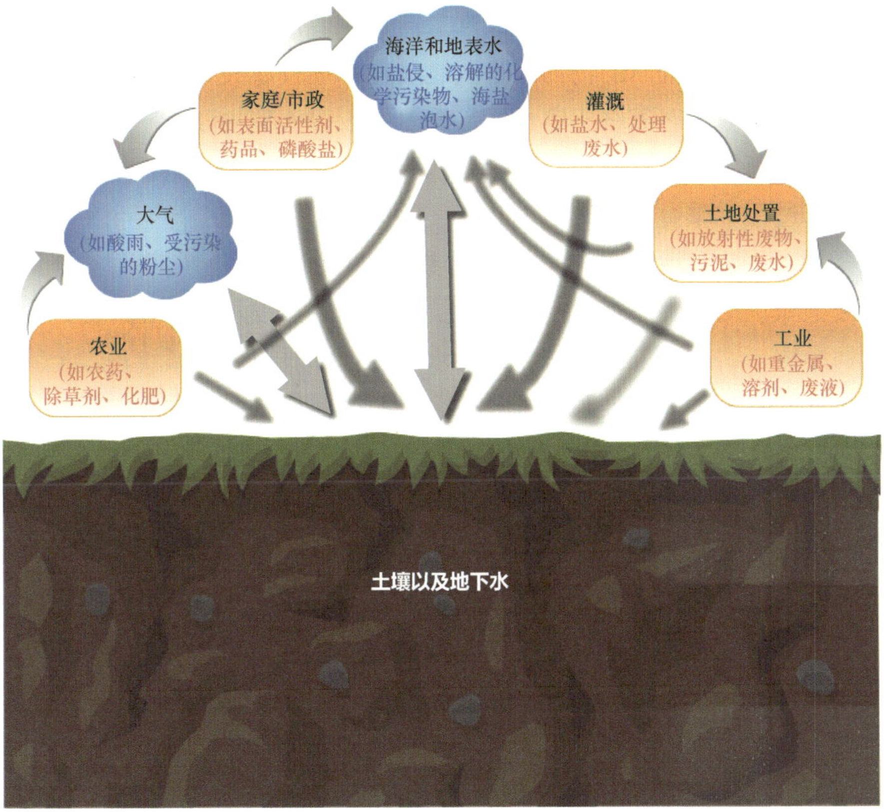

图 7.7　土壤污染源及污染途径的相互关联（改自联合国粮食及农业组织，2021）

氮氧化物、重金属和挥发性有机化合物等污染物通过沉降和降雨进入土壤，从而改变土壤的化学性质和微生物活性，影响土壤肥力并危害人类健康。水体渗透型主要由农业灌溉、工业废水排放以及海洋和地表水的污染引起。农业灌溉中，过量使用化肥和农药会导致氮、磷等营养物质流失，这些污染物通过灌溉水进入土壤，造成富营养化和土壤质量下降；工业废水则含有重金属和有机污染物，这些物质渗透进入土壤，可能导致土壤酸化和生态失衡；此外，海洋和地表水的污染，如盐侵和海盐泡水，亦会对土壤造成威胁，盐分的积累会影响土壤的渗透性和植物生长，而其他溶解性污染物则可能通过径流进入土壤，进一步恶化土壤环境。固体废物堆放型主要来源于工矿业废弃物、城市生活垃圾和污泥等。工矿业废弃物和污泥通常含有重金属、有毒化学物质以及病原微生物等，这些废物如果未经妥善处理而直接堆放，可能会通过渗透和径流进入土壤，造成严重污染；城市生活垃圾包含塑料、食物残渣和各种含有害物质的物品，这些垃圾在填埋或露天堆放时，会释放出有害气体和渗滤液，对周围土壤造成污染。农业投入型主要是不当使用农药、除草剂和化肥等，导致农药和重金属残留以及面源污染。工业排放型主要是工业生产过程中重金属、溶剂以及废气的排放，在化工、冶金和矿业等行业尤为严重。市政排污型主要来源于城市生活和管理过程中的各种废弃物，包括清洁剂和洗涤剂中的表面活性剂、抗生素等药品以及肥料和清洁剂中的磷酸盐的排放，这些污染物通常通过污水处理厂和城市排水系统进入土壤。土壤污染通常是由多种污染源通过多种途径共同作用所引发的环境问题，这种复杂性使得土壤污染问题更加棘手。不同的污染源，如工业排放、农业活动、城市固体废物和大气沉降等，往往交织在一起形成综合性污染。因此，解决土壤污染问题需要综合考虑各类污染源，采取系统化的治理措施，以有效实现土壤污染防治与生态功能恢复。

2. 土壤污染的影响

土壤污染对星球健康的影响体现在多个方面。土壤污染不仅损害生态系统功能，降低土壤生产力，还通过食物链将有害物质（如重金属、有机污染物和病原体）传递给人类，直接威胁到食品安全和人类健康。此外，土壤污染还会引发微量营养素缺乏，加剧营养不良，进而对公共卫生产生长远影响。

人类接触土壤污染物的途径根据污染物本身性质以及特定地点的条件和活动不同而不同。人类通常通过接触或食用富集了土壤污染物的食物而暴露，或者通过在公园等公共空间活动造成皮肤暴露，以及吸入挥发性土壤污染物而暴露（图 7.8）。此外，在特定情况下，土壤作为污染物的来源在供水和大气沉降过程中起着重要作用。因此，人类也可能因供水和空气污染物沉降引起的二次污染而受到影响。

2020 年，世界卫生组织已经确定了 10 种具有重大公共卫生问题的化学品，主要包括重金属（如砷、镉、铅和汞）、二噁英（dioxin）、氟化物、高毒农药[如六氯苯（hexachlorobenzene，HCB）]、石棉等。其中，二噁英包括 75 种异构体多氯代二苯（polychlorinated dibenzo-p-dioxin，PCDD）和 135 种异构体多氯

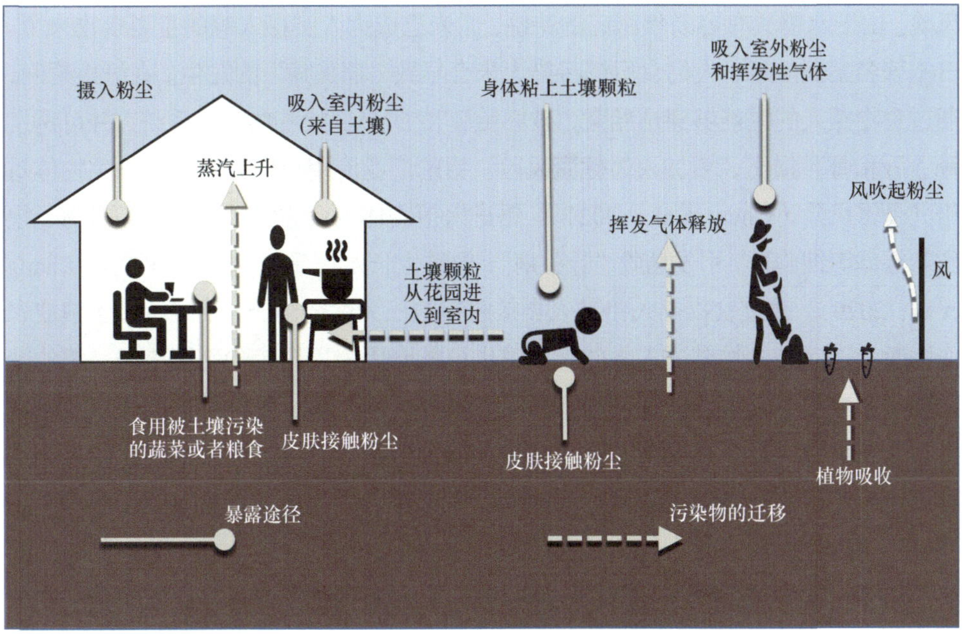

图 7.8　人类可能暴露于土壤污染的途径（改自联合国粮食及农业组织，2021）

二苯并呋喃（polychlorinated dibenzofuran，PCDF）。Oliver 和 Gregory（2015）总结了六大类可能引起人类健康风险的因素，分别为：危险元素（如砷、镉、铅）、有机化学污染物（如多环芳烃、持久性有机污染物、纳米材料）、药品和个人护理品（如雌激素、抗生素）、土壤中的病原体（如炭疽杆菌和朊病毒）、微量营养素缺乏以及土壤退化而导致的营养不足。这些因素引起的土壤污染可以通过食物链影响人类健康。例如，长期接触农药会产生潜在的慢性危害，尤其是儿童、孕妇和营养不良的人，更容易受到农药的影响。2023 年，WHO 报道称，土壤中的病原体会通过食物影响人类健康，导致从腹泻到癌症在内的超过 200 种疾病。全球约 24%的人口受到土壤传播寄生虫感染，这可能导致营养失衡和慢性贫血。

2014 年，全国土壤污染调查报告显示，82.8%的受污染土壤是由于砷、镉、铜、铅和汞等元素引起的，而 95%的食物生产依赖于土壤提供的服务，当土壤受到污染时，污染物可以通过食物链进入人体，进而影响人类健康。研究表明，镉和铅是对人类毒性最大的元素，而食物是人类暴露于镉的主要来源。以下以镉和铅为例，说明土壤被这些危险元素污染后，通过食物链进入人体，进而产生健康风险。由于水稻具有容易累积镉的特性，大米已成为人类摄入镉的主要食物来源。日本著名案例显示，人们食用镉污染大米会导致“痛痛病”的发生。在妊娠期间，通过食物摄入的镉能够穿透胎盘，破坏胎膜和 DNA，扰乱内分泌系统，并可诱发肾、肝和骨骼损伤，增加人体健康风险。铅的广泛应用也增加了环境中生物体对铅的暴露风险（Chen et al.，2021）。铅进入植物体内会破坏植物生长必需酶、损伤叶绿体等细胞器，引发植物“叶黄病”，导致生长发育受阻及病变等危害（Zhang et al.，2020）。通过食物摄入铅是人类接触铅的三大途径之一，铅经污染土壤被农作物吸收进而经食物链进入人体，儿童也可能会因为误食铅尘而摄入铅。铅的毒性作用影响多个器官，长期铅暴露可能引发肝、肾、脾、肺的生化失衡以及贫血等，甚至导致神经系统损害，影响婴幼儿的大脑发育。儿童的铅暴露和中毒风险远高于成年人（Kushwaha et al.，2018）。我国曾大面积暴发儿童血铅超标事件。同样，重金属汞可引起人体神经系统和胃的病变，并可导致死亡。砷是已知的人类致癌物，能经过口或呼吸道被人体吸收，主要储存在肝、肾、心脏和肺中，少量积聚在肌肉和神经组织，会导致神经系统紊乱、肝肾衰竭以及贫血和皮肤癌。镍会引起胃、肝、肾缺陷并影响神经系统。锌则与贫血和组织病变有关。虽然铜对健康的影响比较少，但如果长期接触，也可能对婴儿的肝肾造成损害。

土壤中有机污染物，包括多环芳烃化合物（PAH）、挥发性有机化合物（VOC）、持久性有机污染物（POP）和新污染物，也是引起人类非致癌和致癌疾病的危险因素。它们在土壤中的生物利用度和从土壤到人类的接触途径是决定健康风险的关键因素。多环芳烃化合物是土壤中普遍存在的污染物，具有高毒性、致突变性、致癌性，并且广泛存在于环境中，因此受到人们的关注，其浓度随着与污染源的距离、土壤性质和气候条件的不同而变化。研究发现，印度土壤中多环芳烃化合物的浓度高于非洲、伊朗、巴西、俄罗斯、加拿大和澳大利亚。在中国，通过全国土壤污染调研可知，16 种 PAH 的总浓度为 74.4~17 700 ng/g，芘是最主要的 PAH（中位浓度 71.3 ng/g），其中东北地区土壤 PAH 含量最高（中位浓度 1961 ng/g），石油排放和木材、草、煤燃烧是土壤 PAH 的潜在来源（Zhang et al., 2023）。持久性有机污染物是指在环境中可以持续存在，能通过食物链造成生物积累，对人类健康和环境产生不利影响的一类化学物质。持久性有机污染物包括氯化和溴化芳香烃，如多氯联苯（polychlorinated biphenyl，PCB）。这类物质在多种工业过程中都有应用，如在变压器和大型电容器中作为液压和热交换液，或者作为涂料和润滑剂的添加剂。此外，持久性有机污染物还包括有机氯杀虫剂，如滴滴涕及其代谢产物。这些农药在世界上许多国家已被禁用，但在一些疟疾流行地区，其仍然被用来防治蚊虫，以控制疾病传播。发展中国家土壤中持久性有机污染物的赋存情况仍然缺乏相关资料。考虑到亚洲发展中国家过去对城市废物管理不善和过量使用这类化学品的情况，持久性有机污染物在弃渣场造成的污染估计会很严重。20 世纪 70 年代末，大多数国家政府已禁止 PCB 的生产，但运输、储存和处置不当造成的意外泄漏和渗漏引起的广泛环境污染问题至今仍然存在。尽管自《斯德哥尔摩公约》生效以来，持久性有机污染物的生产和使用已显著减少（图 7.9），但其在环境中的持续存在仍对粮食安全、人类健康及生态系统构成跨代际的长期威胁。

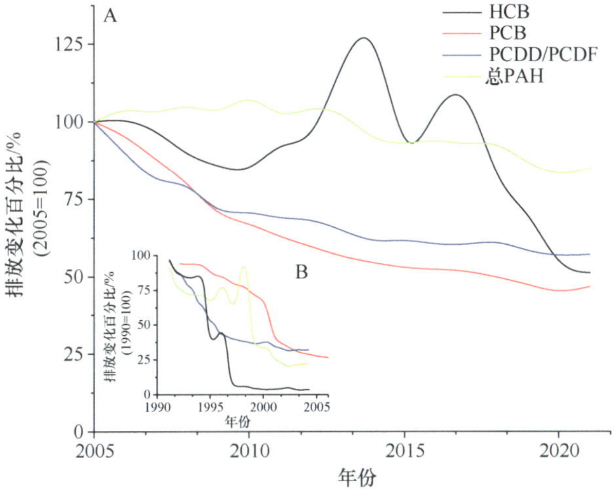

图 7.9　欧盟持久性有机污染物的排放趋势（European Agency Environment，2024）

7.2　环境中典型污染对星球健康的影响

7.2.1　炭黑

炭黑（black carbon，BC）是由化石燃料和生物质燃料等不完全燃烧直接排放到大气中的微粒，其全球年排放量约 7.5×10^{12} t（Xu et al.，2021）。尽管炭黑仅占大气气溶胶总质量浓度的不到 10%，但因其能够吸收从可见光到红外光波段的太阳辐射，短期地球增温效应可达二氧化碳的数倍（IPCC，2013），因此被认为是加热效应最强的短期气候污染物（图 7.10）。从长期看，炭黑的热效应仅次于二氧化碳，是全球气候变暖的第二大影响因子。

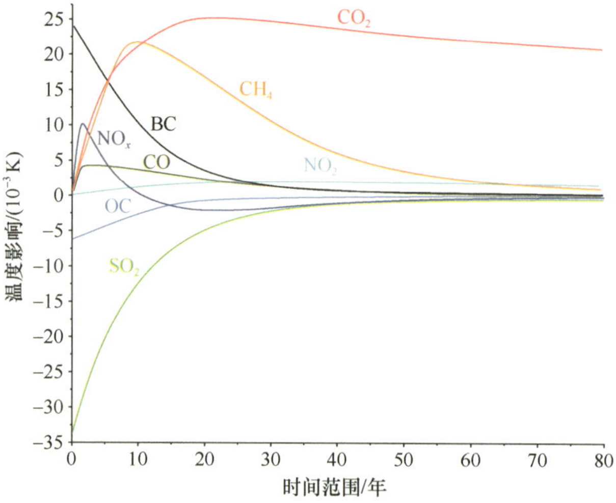

图 7.10　气候污染物温度效应（改自 IPCC，2013）

炭黑的来源广泛且多样，家庭生物质燃料使用和交通排放（特别是柴油车辆和船舶）贡献了人为炭黑排放量的 70%。此外，工业及能源部门的运作，包括砖瓦窑的烧制、工业锅炉的运行以及钢铁冶炼等过程，均持续不断地向大气中释放炭黑。森林野火以及农业活动中的焚烧行为也是炭黑排放急剧增加的原因之一，进一步加剧了全球炭黑污染的严峻形势。

炭黑不仅是全球变暖的重要因素，还是区域和全球气候变化的关键驱动力，对气候系统、冰雪覆盖、水资源、农业生产和人类健康都产生了深远的影响。例如，当炭黑沉降到冰雪的表面时会降低其行星反照率，从而加速冰川或积雪的融化，间接影响地球气候。2015~2021 年，北极地区航运相关的炭黑排放量增加了一倍，炭黑沉积物加速了该地区冰川融化，同时，新航运路线的开通又带来了更多污染，形成了破坏性的反馈循环，导致北极地区的升温速度是全球平均水平的 4 倍，这对全球气候系统构成了严重威胁。青藏高原冰川上炭黑的累积也加速了该地区冰川的萎缩，除直接改变河流流量，还导致灾难性的洪水，对社会经济产生负面影响。此外，炭黑还通过改变大气过程影响南亚季风和西非的降雨模式。有研究认为，中国北方的洪水频发和南方的干旱加剧也与炭黑排放有关。这些区域性气候变化进一步影响了农业生产、生态系统稳定性以及居民生活。

尽管炭黑气溶胶对区域和全球气候有着重要影响，早期的气候协议，如《京都议定书》却未将其列为关键气候污染物。随着学界对炭黑气候效应认识的不断加深，国际社会开始重视减少炭黑排放的问题。更重要的是，炭黑在大气中的存留时间较短，减少其排放能够在较短时间内减缓局地乃至全球的气候变暖进程。因此，2023 年，联合国政府间气候变化专门委员会（IPCC）在其第六次气候变化评估报告中指出，炭黑已经造成了全球温度上升 0.1℃，并建议到 2030 年大幅减少这种污染物的排放，以实现《巴黎协定》的目标。

7.2.2 酸雨

酸雨是指 pH 小于 5.6 的降水，主要由二氧化硫、氮氧化物和有机酸等大气污染物与水蒸气反应形成硫酸和硝酸所导致。Abbasi 等（2013）研究发现，酸雨的分布主要集中在工业发达地区，如北美东北部、欧洲中部和东部以及中国南部和东部都是酸雨高发区。这些地区的工业活动密集，化石燃料的燃烧和汽车尾气排放量大，导致大量二氧化硫和氮氧化物进入大气形成酸雨。根据《2022 中国生态环境状况公报》，中国的酸雨覆盖面积约 48.4 万 km^2，占国土面积的约 5%，主要分布在长江以南和云贵高原以东地区。陈璇等（2021）研究结果显示，与 1998 年相比，我国酸雨总面积呈下降趋势，同时大部分地区的酸雨的酸度情况有所改善。

酸雨对生态系统、建筑物、公共健康和经济均有广泛而深远的影响，对地球生态系统的负面影响尤为显著。酸雨落到水体中时，水体 pH 下降，酸度升高，导致水中重金属和其他有害物质的溶解度增加，加剧了水体污染。例如，在美国阿迪朗达克山脉，酸雨导致许多湖泊的 pH 下降至 5 以下，鱼类和其他水生生物的数量显著减少。这种污染不仅影响水质，还可能通过饮用水进入人体，导致各种健康问题，如肾损伤、骨质疏松和心血管疾病。在发展中国家，酸雨污染的水源导致居民饮用水质量下降，增加了肠胃疾病和其他健康问题的风险。在印度，酸雨污染已导致呼吸系统疾病的发病率显著上升，尤其是对儿童和老年人群体的影响更为显著。

此外，酸雨会引起土壤化学性质显著变化，影响土壤肥力和营养可用性，抑制营养元素的吸收，导致植物营养不良。在中国云贵高原地区，酸雨导致土壤酸化，造成的农作物减产每年达数亿元人民币。德国黑森林地区由于长期受酸雨侵袭，树木健康状况恶化，生长速度减缓，甚至出现大面积森林枯死的现象。在美国阿巴拉契亚山脉，酸雨造成的树木营养流失和土壤酸化使得红枫和红橡树的生长受到了严重影响。当土壤酸化时，重金属（如铅、镉和汞）的溶解度增加，导致重金属在植物体内的浓度上升，并通过食物链逐级积累，最终影响到食草动物和食肉动物，甚至人类。

酸雨中的硫酸和硝酸成分会与建筑材料中的矿物质反应，导致石材和混凝土的风化加速，降低其耐久性和美观度。在意大利，著名的罗马斗兽场由于酸雨的侵蚀，其石灰岩结构受到严重损害，需要频繁地修复和养护。伦敦大英博物馆和巴黎卢浮宫也因为酸雨而增加了巨额维护成本。

7.2.3 持久性有机污染物

持久性有机污染物是一类难以降解、易于在环境中累积，并对人类健康和生态系统造成长期危害的化学物质。这些物质包括二噁英、多氯联苯和农药（如滴滴涕）。它们具有持久性、生物累积性和毒性等特征，能够通过空气、水和食物链在全球范围内扩散（图 7.11）。例如，北极地区虽然远离污染源，但由于持久性有机污染物通过大气和海洋长距离传输，北极生物的体内仍检测到高浓度的持久性有机污染物。

持久性有机污染物能够以蒸汽形态或吸附在大气颗粒物上进行长距离大气传输，并最终沉降到地球表面，尤其是在低温条件下的北极地区。全球变暖现象加剧了持久性有机污染物的二次排放，随着温度的升高，原本封存在土壤和海洋中的持久性有机污染物重新进入大气循环，加剧了地球环境负担。

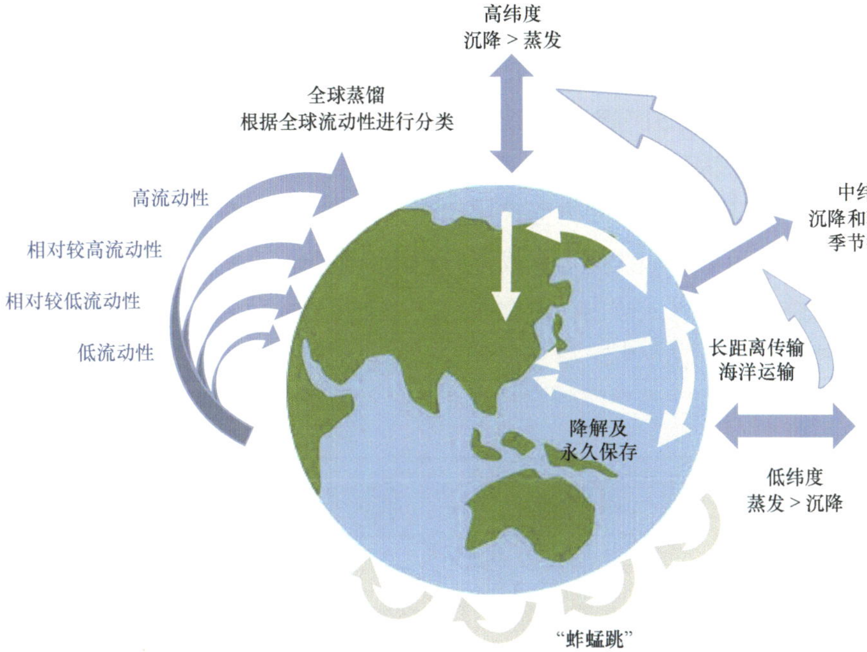

图 7.11　持久性有机污染物的传输途径（改自联合国粮食及农业组织，2021）

持久性有机污染物能够在生物体内脂肪中积累，并通过食物链的传递而逐级浓缩，这一过程被称为“生物富集”。这种生物富集效应意味着即便是在食物链底端微量的持久性有机污染物也可能对处于食物链顶端的动物构成显著危害，从而对整个生态系统产生重大影响。在北美五大湖区已观察到鱼类、鸟类和哺乳动物因持久性有机污染物暴露而表现出行为异常和出生缺陷，这些现象与食物链生物放大效应有关，导致北极熊和老鹰等顶级掠食者体内积累了高浓度的持久性有机污染物。研究表明，持久性有机污染物能够抑制免疫系统、干扰内分泌系统、损害生殖健康、影响神经系统发育，并具有潜在的致癌性。这些污染物能够在人体内长期积累，不仅危害当代人的健康，还可能对后代产生长远影响。

7.2.4　微塑料

微塑料是指直径小于 5 mm 的塑料颗粒，主要来源于工业废弃物、家庭日常使用的塑料制品以及塑料垃圾的降解。根据来源，微塑料可以分为原生塑料和次生塑料，前者是为特殊用途生产的微小塑料制品，后者则是由大块塑料废弃物经过机械破碎、紫外辐射氧化或生物降解等过程形成的微小颗粒。从海洋到土壤、空气乃至人类食物链中，微塑料几乎无处不在（图 7.12），对生态系统、人类健康以及经济等多个方面产生了深远影响。微塑料能够在环境中长期存在，易于吸附污染物和病原体，成为新的污染载体。这些微小颗粒通过食物链积累，最终可能进入人体内，对健康构成潜在风险。此外，微塑料的广泛分布还对生物多样性、农业生产和水资源安全造成威胁，需要引起全球范围的重视和应对。

图 7.12 微塑料的来源与传输

2023 年，联合国环境规划署强调了微塑料污染的长期影响，指出全球每年生产超过 4.3 亿 t 塑料，其中 2/3 成为废弃物，最终进入环境。

海洋表层水体是微塑料的重要聚集区，全球 90%的表层水体中检测到了微塑料。一旦进入海洋，微塑料可在洋流作用下远距离传播，北大西洋、南大西洋、北太平洋、南太平洋、印度洋的亚热带环流区以及北极水域都已发现微塑料的存在。河流输入是陆源微塑料进入海洋的主要途径，全球海洋中的塑料垃圾估计已超过 1.5 亿 t，每年有 115 万～241 万 t 塑料垃圾进入海洋，亚洲河流贡献了全球 86%的河流塑料输送量，其中中国的长江和珠江以及印度、菲律宾、越南等国的入海河流是主要来源。微塑料对海洋生态系统影响严重，鱼类、贝类和浮游生物等常误食微塑料，导致消化系统受损、营养摄入减少甚至死亡；微塑料还能吸附有毒化学物质，如多环芳烃化合物和重金属，在食物链中逐级累积，威胁生态健康。微塑料可为微生物提供附着点，形成“塑料际”，目前已被证实具有较高的氧化亚氮排放潜力，可能加剧温室气体排放。此外，研究人员在南极和北极海冰中均检测到了大量微塑料，融化后将重新进入海洋，从而对极地生态系统产生持续影响。

微塑料颗粒可以通过饮用水、食物以及空气进入人体内，对健康造成多种潜在危害。目前，已经在瓶装水、食盐以及多种海产品中检测到了微塑料。值得注意的是，近年来的研究发现，微塑料已存在于人体多个组织和器官中，包括血液、肺组织、胎盘甚至母乳。这表明微塑料能够穿过生物屏障，在人体内累积。研究表明，微塑料可能引起炎症反应，导致细胞损伤和氧化应激，甚至干扰内分泌系统的正常功能。特别是微塑料所吸附的有毒化学物质进入人体后，可能增加患癌症、肝病和生殖系统疾病的风险。例如，微塑料可以携带持久性有机污染物和重金属，这些物质具有生物累积性和毒性，会对人体健康造成长期危害。鉴于微塑料已广泛存在于环境中，并被发现可进入人体，亟须深入研究其潜在健康危害，并制定应对措施以减少其排放和人体暴露。

7.2.5　抗生素

抗生素是一类抑制或杀灭微生物的药物，用于治疗细菌感染，包括青霉素、四环素等，具有广泛的生物活性，能够影响多种微生物种群。抗生素在环境中稳定且持久，不易降解，并且具有水溶性，容易通过水体扩散，对生态系统和人类健康产生深远影响。

抗生素污染主要来源于农业、畜牧业、人类医疗和制药工业等行业。现有的污水处理设施往往无法完全去除抗生素，导致其通过废水排放进入自然水体。此外，畜牧业中广泛使用的抗生素通过动物粪便进入土壤和水体，并进一步扩散到环境中。研究表明，抗生素在地表水、地下水、土壤和沉积物中均有检出，且其污染分布具有显著的地域差异。一项涵盖全球 72 个国家的研究表明，亚洲、非洲和南美洲的抗生素污染水平普遍较高，特别是在人口密集、工业和农业活动频繁的地区。以中国和印度为例，作为抗生素使用和排放的主要国家，其河流和土壤中的抗生素浓度显著高于全球平均水平。

抗生素对生态系统和人类健康有多方面的危害。首先，抗生素能够抑制水生和土壤微生物的生长，破坏生态系统中的微生物平衡，导致有机物分解、营养循环和土壤肥力的下降。抗生素通过畜牧业废弃物和农业灌溉进入土壤，影响土壤微生物群落的结构和功能。这些微生物在营养循环、土壤肥力和植物健康中扮演着关键角色。土壤中的抗生素残留会导致有益微生物数量减少，有害微生物数量增加，从而破坏土壤生态系统的平衡。例如，在欧洲和亚洲的许多水体中，抗生素浓度显著高于安全水平，这对鱼类、藻类和微生物群落均构成威胁。

其次，长期暴露于抗生素中促使环境中的微生物产生抗药性，增加抗生素抗性基因库，并通过基因水平转移将抗性基因传播给病原微生物，对公共健康构成威胁。世界卫生组织指出，抗生素耐药导致的感染治疗失败率正在上升，威胁到手术、化疗等现代医疗手段的有效性。研究显示，1990~2021 年，每年有超过 100 万人死于抗微生物药物耐药菌感染，预计到 2050 年，抗微生物药物耐药菌感染可能会直接造成 191 万人的死亡，与 2022 年相比每年增加近 70%。同期，与抗微生物药物耐药菌感染相关的死亡人数将增加近 75%，从每年 471 万增加到每年 822 万人。抗生素残留通过饮用水、食物链等途径进入人体，可能引发过敏反应、耐药性感染等健康问题。

此外，环境中抗生素的存在也增加了病原菌产生耐药性的风险，使得常规治疗手段失效，带来严重的公共卫生危机。人类通过饮用受污染的水、食用受污染的食物和接触受污染的环境，暴露于抗生素和耐药菌。这些途径增加了人类患病的风险，并可能导致治疗失败和病情加重。

抗生素污染和耐药性问题对全球经济也有深远影响。治疗耐药性感染需要更昂贵的药物和更长的住院时间，增加了医疗成本。据估计，到 2050 年，抗生素耐药可能导致全球经济损失高达 100 万亿美元。此外，农业和畜牧业的生产力下降和食品安全问题也会对经济产生负面影响。

7.2.6 含氟物质

含氟物质是一类含有氟元素的化合物，其中 PFAS 被广泛应用于防水、防油、防污的材料制造中，这些物质难以降解，因而被称为“永久性化学物质”。由于其在工业和消费品中的广泛应用，加之其在环境中具有极强的持久性，这类物质已逐渐成为全球性的重大环境问题。

含氟物质在全球环境中的分布十分广泛。首先，水体污染是 PFAS 污染的主要形式，工业排放、废水处理和垃圾填埋渗滤液是主要的污染来源。其次，土壤中也长期存在 PFAS，通过农田灌溉、污泥施肥等途径传播。此外，含氟物质可以通过大气沉降和空气传播扩散至远离污染源的地区，甚至在极地环境中也检测到了 PFAS 的存在。最后，由于其生物累积性，PFAS 在食物链中逐级放大，从而影响包括人类在内的多种生物体。

含氟物质对生态环境的危害主要体现在水生和陆生生态系统，以及对人体健康的影响。在水生生态系统中，PFAS 会影响水生生物的生长和繁殖。例如，暴露于高浓度 PFAS 的鱼类表现出肝肾损伤以及内分泌紊乱。再如，高浓度全氟辛烷磺酸（PFOS）会导致鱼类肝损伤和生殖能力下降。在陆生生态系统中，土壤中的 PFAS 通过植物吸收进入食物链，对食草动物和掠食者产生影响，一些研究指出，PFAS 会导致野生动物的内分泌系统紊乱。此外，PFAS 能够通过饮用水、食物等途径进入人体，并在血液和肝中积累。2024 年 5 月 17 日，第十八届持久性有机污染物论坛暨化学品环境安全大会上，中国环境科学学会持久性有机污染物专委会委员祝凌燕教授就“全/多氟化合物：从环境到人体”作精彩报告。她指出，传统观点普遍认为人体主要通过食用动物性食物暴露于 PFAS，但是实际上对于我们中国人来说，大量食用的主食，如小麦和米饭等一些植物性食物可能是一个重要的 PFAS 暴露来源；并强调在实际环境中很多因素可能会进一步促进植物吸收 PFAS，然后通过食物链最终进入到人体，特别是氟化工生产地区周边人群的 PFAS 暴露，植物性食物对这些特殊的高暴露人群的贡献非常大。长期暴露于 PFAS 可能导致肾病、免疫系统抑制以及癌症等健康问题。此外，PFAS 被认为是内分泌干扰物，可能影响人体的激素系统，导致生育能力下降、胎儿发育问题以及与激素相关的癌症的发病率增加。中国长江三角洲地区密集的工业活动，导致该地区的河流和湖泊中 PFAS 浓度显著增加，影响了当地居民的饮用水安全和生态系统健康。此外，尽管北极地区没有明显的污染源，但由于大气和海洋的长距离传输，北极的野生动物体内已经积累了较高水平的 PFAS，这表明这些化学物质可以通过全球环境循环进行远距离传播。

含氟物质的污染具有全球性，特别是在工业发达国家和工业化迅速发展的地区污染较为严重。北美、欧洲和亚洲的许多地区已检测到高浓度的 PFAS 污染。随着对 PFAS 环境影响认识的加深，各国开始加强对这些物质的监管。例如，美国环境保护署已制定了关于 PFAS 在饮用水中的限值，欧盟也在限制 PFAS 的使用和排放。尽管如此，全球 PFAS 污染问题依然严重。一些研究表明，尽管某些发达国家已采取措施减少 PFAS 的使用和排放，但由于其极强的持久性和广泛应用，环境中的 PFAS 浓度在未来仍可能维持上升趋势。

7.3 应对环境污染的策略与措施：环境保护的全球行动

在探索环境污染对星球健康的影响时，我们不得不面对一个残酷的现实：大气、水和土壤——生命的三大支柱，正受到严重威胁。此外，污染还能通过复杂的生态和气候反馈循环对地球系统产生长期影响。环境污染的普遍性和长期性要求我们必须从全球视角出发，理解并应对环境污染问题。

面对日益严峻的环境问题，各国和国际组织纷纷采取行动，共同应对环境污染和气候变化。本节综述了全球和国家层面的环境保护措施，包括持久性污染物管控、碳中和政策、国际环境协议等，展现人类为实现绿色健康未来所做出的努力。

7.3.1 持久性污染物管控

为了应对持久性污染物的挑战，各国采取了一系列的监管措施。首先，通过立法和政策制定，各国建立了严格的环境标准和排放限制，强化对污染物排放的管控。2004 年 5 月 17 日，《关于持久性有机污染物的斯德哥尔摩公约》（简称《斯德哥尔摩公约》）正式生效。中国作为公约的起草国和首批签约国之一，于同年在第十届全国人民代表大会常务委员会第十次会议中批准该公约，并于 2004 年 11 月 11 日对中国生效。经过 20 年的持续努力，中国持久性有机污染物控制工作取得显著成效。其次，通过技术创新，科研机构和企业研发了一系列持久性有机污染物污染治理技术，包括物理、化学和生物方法，用以清除和处理污染物。

7.3.2　碳中和政策

国际社会普遍认为，二氧化碳过度排放是引起气候变化的主要因素。因此各国纷纷采取碳中和政策，旨在降低因二氧化碳等温室气体过量排放而引发的极端天气事件。2020 年 9 月 22 日，习近平在第七十五届联合国大会一般性辩论上提出了“双碳”目标。碳中和政策的核心目标是实现减排与吸收的平衡，即将排放的温室气体量减少到吸收或移除的水平，以实现碳排放的“净零”。这一政策框架旨在推动经济社会转型，从高碳向低碳发展，实现可持续发展的目标。

为了实现碳中和的目标，各国采取了一系列措施。首先，建立碳市场，通过碳交易机制，对碳排放进行定量控制和交易，激励企业和机构减少碳排放。其次，推动清洁能源发展，加大对可再生能源的投资和支持，减少对化石燃料的依赖，降低碳排放。最后，加强节能减排，推广能效技术和绿色生产方式，提高资源利用效率，减少能源消耗和碳排放。

除了国家层面的政策和措施外，国际合作也是推动碳中和的重要手段。各国通过《联合国气候变化框架公约》等国际机制进行合作，分享经验、技术和资源，共同应对全球气候变化挑战。同时，一些国际性的碳中和倡议和联盟也不断涌现，吸引更多的国家和企业加入，共同推动碳中和进程。

在碳中和政策的推动下，全球范围内的碳排放已经开始呈现下降趋势，一些国家和地区取得了显著的成效。然而，要实现碳中和目标仍面临诸多挑战，包括技术成本、社会转型和政策制定等方面的难题。因此，各国和国际社会需要加强合作，共同克服困难，推动碳中和政策的落实，为减缓气候变化、保护地球生态环境做出更大的贡献。

7.3.3　国际环境协议

在应对全球环境危机的过程中，各国签署了一系列具有里程碑意义的国际环境公约。这些公约旨在规范和指导全球范围内的环境保护行动，推动全球环境治理进程，涵盖海洋法、臭氧层保护、废物管理、生物多样性保护、气候变化等多个重要领域。以下介绍一些具有代表性的国际公约及其对全球环境治理的重要作用。

《联合国海洋法公约》（1982 年签署）：作为国际海洋法的核心文书，规定了海洋的法律地位、海洋环境保护、海洋资源利用和海洋科学研究等方面的原则和规则，为全球海洋事务提供了法律框架和指导原则。

《蒙特利尔议定书》（1987 年签署）：作为联合国环境规划署大会的一个附属议定书，旨在保护臭氧层，是全球首个成功的国际环境协议。通过限制臭氧层破坏物质（如氟氯碳化物）的生产和使用，成功减缓了臭氧层的破坏速度，为保护地球的大气层做出了重要贡献。

《巴塞尔公约》（1989 年签署）：旨在控制跨境转移和处置危险废物和其他废物的国际协定。公约规定了对跨境转移的控制和监督机制，鼓励各缔约方采取措施减少危险废物的产生和转移，以减少环境和健康风险。

《生物多样性公约》（1992 年签署）：旨在保护和可持续利用地球上的生物多样性，通过促进各缔约方之间的合作和共享经验，推动生物多样性的保护和恢复。公约包括制定生物多样性保护计划、保护和管理生物多样性相关的生态系统和基因资源等内容，为生物多样性的保护提供了法律和政策保障。

《联合国防治荒漠化公约》（1994 年签署）：是联合国环境与发展大会框架下的三大环境公约之一，其核心目标是由各国政府共同制定国家级、次区域级和区域级行动方案，并与捐助方、地方社区和非政府组织合作，以对抗应对荒漠化的挑战。

《京都议定书》（1998 年签署）：是《联合国气候变化框架公约》的补充条款，其核心宗旨是通过具有法律约束力的量化减排目标，推动工业化国家率先承担温室气体减排责任，以应对全球气候变化。

《鹿特丹公约》（1998 年签署，2004 年 2 月 24 日生效）：是关于有害化学品和农药在国际贸易中的信息透明和安全管理的国际公约，旨在确保各缔约方能够知晓和控制其进出口的有害化学品和农药，特别是对有毒物质的管控，避免这些物质对人类健康和环境造成负面影响。

《斯德哥尔摩公约》(2001 年签署)：是一个旨在消除或限制全球范围内持久性有机污染物的生产、使用和排放的国际条约，其目标是通过控制这些化学品的全球流通来保护人类健康和环境。

《水俣公约》(2013 年签署)：是一个全球性的环保公约，旨在保护人类健康和环境免受汞及其化合物造成的不良影响，特别是预防未来类似水俣病的灾难性事件。

《巴黎协定》(2015 年签署)：作为《联合国气候变化框架公约》下的一个重要协议，旨在应对全球气候变化挑战。协定要求各缔约方制定自主贡献目标，承诺减少温室气体排放，并加强应对气候变化的适应能力。《巴黎协定》的签署和落实标志着全球共同应对气候变化新时代的开始。

《全球塑料公约》(2022 年启动谈判)：是目前由联合国主导的正在制定的国际条约，旨在应对全球塑料污染危机，涵盖塑料全生命周期的管理，包括从生产、消费到废弃物处理的各个环节。该公约的目标是到 2024 年达成一个涵盖塑料全生命周期管理的全面协议，从塑料的生产到处置，全方位减少塑料对环境的影响。

这些国际环境协议凝聚了全球共识，推动了环境保护事业的进步和发展。通过各缔约方之间的合作和协商，共同制定和落实环境政策和措施，实现全球环境治理的目标，促进人与自然的和谐共生。

7.3.4 创新科技与可持续发展

在环境保护领域，科技创新是推动进步和实现可持续发展的关键。通过不断地研发和应用新技术，人类可以更有效地保护环境、节约资源，并实现经济社会的可持续发展。以下是一些创新科技与可持续发展方面的关键领域。

1)循环经济模式：循环经济模式强调资源的循环和再生利用，将废弃物转化为资源，实现资源利用最大化和能量回收最大化。通过设计更加环保和可持续的产品和生产方式，减少资源浪费和环境污染。

2)环保材料：以循环经济模式为出发点，对环保材料的研发和应用可以减少资源消耗和源头环境污染。例如，可降解材料、再生材料、低碳材料等，具有较低的环境影响和更长的使用寿命，有助于减少废弃物的产生和减缓资源枯竭的速度。

3）清洁能源技术：清洁能源技术是实现低碳经济的关键，包括太阳能、风能、水能、地热能等多种可再生能源技术的研发和应用，可以减少对化石燃料的依赖，降低碳排放，实现能源的可持续利用。

4）生态修复技术：生态修复技术可以帮助恢复受损的生态系统，包括湿地修复、水体净化、土壤修复等。通过植被恢复、土壤改良、生物修复等手段，提高生态系统的稳定性和抗干扰能力，保护生物多样性和生态平衡。

5）智能环保技术：智能环保技术包括传感器技术、大数据分析、人工智能等，可以实现环境监测、污染防治和资源管理的智能化和自动化。通过实时监测环境数据，及时预警和处理环境污染事件，提高环境治理的效率和精度。

这些创新科技对于环境的可持续发展至关重要。随着技术的不断进步，将会有更多环保科技涌现，助力创造一个更清洁、更绿色的未来。通过持续推动科技创新与应用，人类能够更好地保护环境、提升生活质量，实现经济与社会的可持续发展。

7.4 结束语

星球健康是研究环境污染与人类、星球，以及星球健康与人类健康之间联系的重要学科。人类的生存状况和星球的健康密不可分，我们吃的食物、喝的水、呼吸的空气以及人类自身均与星球有着密切的联系。然而，人类活动导致的空气污染、水污染和土壤污染已经对星球的各个角落都造成了严重影响。观测数据显示，目前，全球环境正在发生变化：有记录以来最热的年份接连出现，全球范围内传粉昆虫种群逐渐衰退，渔业资源不断减少，人类可用的宜居土地面积已缩减至地球总量的一半。这些现象表明，主要由污染驱动的环境变化正在改变星球健康和人类福祉的轨迹。

但希望依然存在。星球具备惊人的自我修复能力，前提是人类愿意成为其守护者而非破坏者。通过减少污染排放、恢复生态系统、发展绿色科技与加强跨国合作，我们仍有机会让星球恢复生机。我们必须认识到，保护环境不仅是道德责任，更是生存策略。我们保护的不仅是森林、河流、空气和土壤，更是人类未来的生存根基。

让我们“星球健康”理念为指引，把它从一项科学主张，转化为切实可行的社会行动与生活准则。为了人类的明天，为了星球的未来，每个人都有责任，贡献自己的一份力量。

思　考　题

1. 结合实例说明，环境污染包括哪些方面？
2. 典型污染物包括哪些？
3. 环境污染对全球气候变化的影响有哪些？
4. 探讨工业化进程中环境污染对人类健康的具体影响。
5. 分析农业活动引起的环境污染，并讨论其对生态系统及人类健康的长期影响。
6. 讨论城市化进程中产生的环境问题，以及这些问题如何影响星球健康。
7. 阐述海洋污染对海洋生态系统和全球气候的影响。
8. 探讨环境政策和法规在减少环境污染和促进星球健康中的作用。

参 考 文 献

陈璇, 单晓冉, 石兆基, 等. 2021. 1998~2018 年我国酸雨的时空变化及其原因分析. 资源与生态学报, 12(5): 593-599.

联合国粮食及农业组织. 2021. 土壤污染: 一个隐藏的现实. 陈保青, 刘海涛译. 北京: 中国农业出版社.

Abbasi T, Poornima P, Kannadasan T, et al. 2013. Acid rain: Past, present, and future . International Journal of Environmental Engineering, 5(3): 229.

Anda M. 2012. Cation imbalance and heavy metal content of seven Indonesian soils as affected by elemental compositions of parent rocks. Geoderma, 189: 388-396.

Chen Z K, Muhammad I, Zhang Y X, et al. 2021. Transfer of heavy metals in fruits and vegetables grown in greenhouse cultivation systems and their health risks in Northwest China. Science of the Total Environment, 766: 142663.

Doelsch E, Saint Macary H, Van de Kerchove V. 2006. Sources of very high heavy metal content in soils of volcanic island (La Réunion). Journal of Geochemical Exploration, 88(1-3): 194-197.

Food and Agriculture Organization of the United Nations and International Water Management Institute. 2018. More people, more food, worse water? A global review of water pollution from agriculture. (2018-06-20) [2024-07-14]. http://www.fao.org/3/ca0146en/CA0146EN.pdf.

Fuller R, Landrigan P J, Balakrishnan K, et al. 2022. Pollution and health: A progress update. The Lancet Planetary Health, 6(6): e535-e547.

Kushwaha A, Hans N, Kumar S, et al. 2018. A critical review on speciation, mobilization and toxicity of lead in soil-microbe-plant system and bioremediation strategies. Ecotoxicology and Environmental Safety, 147: 1035-1045.

Lelieveld J, Pozzer A, Pöschl U, et al. 2020. Loss of life expectancy from air pollution compared to other risk factors: A worldwide perspective. Cardiovascular Research, 116(11): 1910-1917.

Li Y F, Hao S, Ma W L, et al. 2024. Persistent organic pollutants in global surface soils: Distributions and fractionations. Environmental Science and Ecotechnology, 18: 100311.

Oliver M A, Gregory P J. 2015. Soil, food security and human health: A review. European Journal of Soil Science, 66(2): 257-276.

Sharma K, Rajan S, Nayak S K. 2024. Water pollution: Primary sources and associated human health hazards with special emphasis on rural areas // Sharma K, Rajan S, Nayak S K. Water resources management for rural development: Challenges and Mitigation. Cambridge: Elsevier: 3-14.

The Intergovernmental Panel on Climate Change (IPCC). 2013. Climate Change 2013: The Physical Science Basis: Contribution of Working Group I to the Fifth Assessment Report of the Intergovernmental Panel on Climate Change. Cambridge: Cambridge University Press.

WHO. 2023. Soil transmitted helminth infections. (2023-01-18) [2025-06-15]. https://www.who.int/news-room/fact-sheets/ detail/soil-transmitted-helminth-infections.

Wu M T, Qi C C, Derrible S, et al. 2024. Regional and global hotspots of arsenic contamination of topsoil identified by deep learning. Communications Earth & Environment, 5: 10.

Xu H R, Ren Y A, Zhang W X, et al. 2021. Updated global black carbon emissions from 1960 to 2017: Improvements, trends, and drivers. Environmental Science & Technology, 55(12): 7869-7879.

You Q, Yan K, Yuan Z H, et al. 2024. Polycyclic aromatic hydrocarbons (PAHs) pollution and risk assessment of soils at contaminated sites in China over the past two decades. Journal of Cleaner Production, 450: 141876.

Zhang H H, Li X, Xu Z S, et al. 2020. Toxic effects of heavy metals Pb and Cd on mulberry (*Morus alba* L.) seedling leaves: Photosynthetic function and reactive oxygen species (ROS) metabolism responses. Ecotoxicology and Environmental Safety, 195: 110469.

Zhang Q Y, Gao M, Sun X H, et al. 2023. Nationwide distribution of polycyclic aromatic hydrocarbons in soil of China and the association with bacterial community. Journal of Environmental Sciences, 128: 1-11.

第 8 章

气候变化与星球健康

黄存瑞　张宏亮　王姝欢　王瑞奇　周　淼　刘泽桦　陈嘉玥

本章要点

- 气候变化的现状、特征和原因，以及未来发展趋势
- 气候变化对地球环境、动物、植物和微生物的影响
- 气候变化影响人类健康和疾病发生的潜在机制和路径
- 实现星球健康目标的气候变化应对和可持续发展理念

逻辑框图

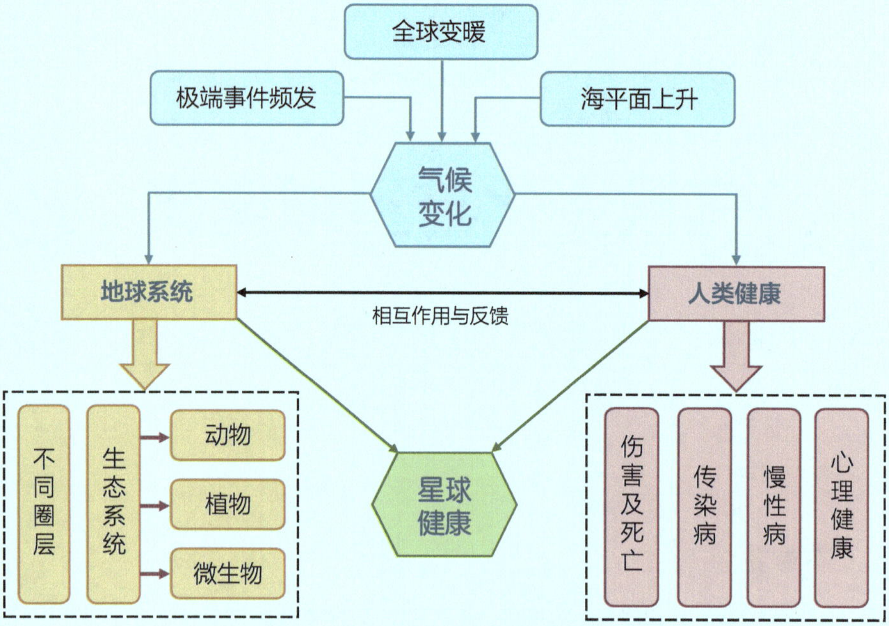

全球变暖
极端事件频发
海平面上升
气候变化
地球系统
人类健康
相互作用与反馈
不同圈层
生态系统
动物
植物
微生物
星球健康
伤害及死亡
传染病
慢性病
心理健康

气候变化是 21 世纪最为严峻的全球性挑战之一。《政府间气候变化专门委员会第六次评估报告》(Sixth Assessment Report of Intergovernmental Panel on Climate Change，IPCC AR6) 的综合报告《气候变化 2023》(AR6 Synthesis Report：Climate Change 2023) 指出，由于全球变暖，地球系统发生了广泛而深刻的变化，并通过大气圈、水圈、冰冻圈和生物圈等多个圈层的相互作用与反馈，干扰各生态系统的正常功能和运转，并最终影响人类社会和星球健康 (planetary health)。世界卫生组织 (World Health Organization，WHO) 在 2015 年的《巴黎协定》相关会议上将气候变化列为重要的公共卫生问题之一，呼吁全球各国采取紧急行动，以减缓气候变化的进程并适应其不可避免的影响。

星球健康是指人类及其所依赖的地球系统的健康，而气候变化对星球健康的影响是多层次和多方面的。充分理解气候变化与星球健康的关系，采取有效措施积极应对气候变化，是保障人类和地球共同健康的关键。本章旨在系统地阐述气候变化对星球健康的多重影响，探讨其对地球系统和人类健康的具体威胁，并提出气候变化应对的策略和措施。首先，介绍了气候变化的现状、特征、归因及其预估；其次，分述了气候变化对地球系统及人类健康的主要影响；最后，提出在星球健康理念引领下未来应对气候变化健康风险并实现可持续发展的思考。

8.1　气候变化的现状与趋势

8.1.1　气候变化的现状和特征

气候是指某一地区多年（一般为 30 年）内大气的平均状态，即地球大气各要素在相当长一段时间内的平均值，以及在此基础上以年为周期的振荡变化。根据世界气象组织 (World Meteorological Organization，WMO) 发布的《2024 年全球气候状况》报告，气候变化使得地球各圈层发生了显著而又深刻的变化，近几十年全球温室气体水平、地表温度、海洋变暖和酸化、海平面上升、南极海洋冰盖和冰川退缩等方面的纪录不断被打破 (World Meteorological

Organization，2025）。

全球变暖是气候变化最显著的特征，当前世界正经历着前所未有的变暖。WMO《2024年全球气候状况》报告数据显示，自工业革命以来，全球温室气体浓度不断升高，并直接导致了全球变暖。至2023年，全球二氧化碳（CO_2）平均浓度达到420.0 ppm，甲烷（CH_4）平均浓度达到1934 ppb（十亿分之一），氧化亚氮（N_2O）平均浓度达到336.9 ppb，分别是工业革命前的1.5倍、2.65倍和1.25倍。在这种排放背景下，全球平均气温已比工业化革命前上升了约1.55℃，且温度升高的趋势在近10年（自2015年起）尤为明显。2001~2020年全球表面温度比1850~1900年高出0.99℃，2011~2020年全球表面温度比1850~1900年高出1.09℃，且陆地表面的增温幅度（1.59℃）比海洋表面（0.88℃）更大。中国作为全球气候变化的敏感区域之一，自1900年以来，陆地温度上升了1.3~1.7℃，平均气温上升幅度高于全球平均水平。

全球变暖导致冰盖迅速消融、海平面上升及海洋酸化等问题，北极地区受到的影响尤为严重，其变暖速度是全球平均值的2倍以上。2023年，整个北半球的积雪覆盖面积为1674万km^2，是1967年以来第8低。陆地冰川和冰盖的快速融化、海水热膨胀等因素导致全球海平面快速上升。自1901年以来，全球平均海平面已经上升了0.20 m，并且上升速率有明显加快的迹象。海平面上升以及由此引发的海岸洪水、风暴潮和海岸侵蚀，将威胁到人口稠密、海拔较低的沿海城市。海洋变暖也将引起海水中氧的溶解度降低、海洋层化以及海洋生物耗氧量增加。另外，因海洋吸收了大气中释放的过量二氧化碳，近40年来（1982~2021年）海洋酸化明显，且向海洋深层传递（Ma et al.，2023）。

气候变化还表现为极端天气事件的频发和强度增加，并具有范围广、持续久、影响大等特征。在大多数陆地区域，高温热浪事件越发频繁和强烈。例如，自20世纪80年代以来，海洋区域热浪的发生频率增加了大约1倍，而低温冰冻（包括寒潮）事件发生频率则相对减少。同时，温度升高引起了陆地蒸发的增加，从而导致了一些地区，尤其是干旱、半干旱地区农业和生态干旱的增加。除了极端温度事件，全球极端降水事件（包括与热带气旋相关的强降水事件）的频率和强度均有所增加。在全球变暖背景下，一些复合极端事件发生的概率也在增加，如复合干热（干旱和高温热浪）、复合湿热（高温高湿）事件等。

8.1.2　气候变化的归因

气候变化的原因复杂多样，政府间气候变化专门委员会发布的一系列评估报告逐步加强了对气候变化的归因认知。1990 年，《政府间气候变化专门委员会第一次评估报告》的综合报告指出，气温升高可能主要是自然变率的结果，同时也开始注意人类活动的影响。2014 年，《政府间气候变化专门委员会第五次评估报告》的综合报告指出，20 世纪中叶以来，全球气候变暖一半以上是由人类活动造成的。2023 年，最新的 IPCC AR6 的综合报告指出，1850~2019 年，人类活动已使全球温度上升了 1.07℃。这一数值与观测到的 1.06℃升温基本一致，其中温室气体贡献 1.0~2.0℃，气溶胶等其他人为强迫的贡献为–0.8~0.0℃，气候系统内部变率的贡献为–0.2~0.2℃。

自然和人为因素共同驱动了全球气候变化。自然因素包括太阳辐射变化、火山活动、地球轨道变化及气候系统内部变率等。然而，科学研究表明，这些自然因素对近几十年的全球变暖贡献有限，无法解释观测到的气温上升趋势。因此，人类活动被认为是当前气候变化的主要驱动力。人为因素主要是温室气体排放、气溶胶排放和土地利用变化等。

为了量化人类活动对气候系统的影响，可基于辐射强迫来描述地球系统能量平衡的变化，衡量外部强迫引起的能量失衡，用于比较不同强迫对气候响应的潜在影响，尤其是在估计全球平均温度变化时。根据 IPCC AR6 的综合报告，2019 年的辐射强迫（相对于 1750 年）为 2.72 W/m^2，较 2011 年增加了 0.43 W/m^2。温室气体是主要的辐射强迫因素，且自 1750 年以来，大气中二氧化碳浓度的增加是辐射强迫增长的主要原因。甲烷和氧化亚氮虽然在大气中的浓度较低，但其温室效应更强，对气候变暖也有显著影响。

在所有温室气体的排放来源中，人类活动导致的温室气体排放是气候变化的主要驱动力。目前，全球仅有略多于 1/4 的电力来自可再生能源，化石燃料仍然是主要的电力来源，而煤炭、石油和天然气等化石燃料的大量燃烧带来了温室气体的显著排放。此外，制造业（如一些工业过程和采矿活动）也是全球温室气体排放的主要来源之一。与此同时，交通对化石燃料的依赖也导致大量温室气体的排放，尤其是公路、航空和海运等运输方式的广泛使用，进一步加剧了全球排放问题。这些温室气体在大气中积累，增强了温室效应，使得地球的热量难以散发到太空，导致全球气温上升。

气溶胶作为气候变化最重要的人类活动驱动因子之一，其在气候变化中的作用也是认识人类活动贡献的关键问题。大气气溶胶污染形成和累积与气候变化密切相关，如高温热浪会使空气趋于稳定而不利于污染物扩散，而暴风雪期间电能需求的增加会导致更多大气污染问题。气候年际变化对气溶胶污染也有影响，如海温、海冰和陆面可通过激发大气遥相关或局地环流异常，进而影响大气扩散条件。在气溶胶-气候系统的反馈方面，气溶胶排放量会影响气候，同时自然和人在气溶胶的清除过程也受气候变化调控。

土地利用变化也是气候变化的重要因素。森林砍伐和土地退化减少了植被对二氧化碳的吸收能力，进一步加剧了大气中温室气体的积累。与此同时，城市化进程改变了地表特性，影响了局地和区域的气候模式。

8.1.3 气候变化的未来预估

人类活动，包括对化石燃料的依赖、温室气体的持续排放以及土地利用的改变，是当前气候变化现状的主要原因。气候变化的未来趋势很大程度也取决于人类社会对温室气体排放的控制。IPCC AR6 的综合报告中以 1850~1900 年为基准，考虑了未来 5 种共享社会经济路径（shared socioeconomic pathway，SSP）情景，以探讨气候对更大范围的温室气体、土地利用和空气污染物等的响应。

在极低温室气体排放情景（SSP1-1.9）下，全球变暖速度得到减缓，但无论何种排放强度都将导致未来全球平均表面温度升高的结局。与 1850~1900 年相比，2081~2100 年全球平均表面温度很可能在极低温室气体排放情景（SSP1-1.9）下高出 1.4℃；在中等温室气体排放情景（SSP2-4.5）下超出 2℃的可能性大于 95%；在较高排放情景（SSP3-7.0）和极高排放情景（SSP5-8.5）之下，气温升高幅度则将势必超过 2℃，SSP5-8.5 下甚至为 4.4℃。

未来随着气温升高，极端天气事件的发生也将变得越来越频繁。《管理极端事件和灾害风险推进气候变化适应特别报告》指出，未来极端热事件将持续增多，且强度增加；而极端冷事件则将频次减少、强度减弱。在全球尺度上，逐日气温暖极值的频率和强度将增加，而冷极值的频率和强度将减少，大多数陆地区域极端温度事件强度的变化与全球增温幅度成正比。而降水的变化情况相对复杂，区域强降水与全球增温幅度呈近似线性关系，强降水增强幅度、频次随变暖幅度增大而增大。部分地区 20 年一遇的极端降雨事件在 21 世纪末可能变成 5~15 年一遇的事件。总体而言，全球许多地区的强降水频率或强降水占总降水的比例可能将增加。

未来的气候变化还可能引发一系列复杂的反馈机制。例如，永久冻土融化可能释放大量甲烷，进一步加剧温室效应；冰盖消融会减少地球表面的反射率，导致更多的太阳能被吸收，加快变暖的速度。这些反馈机制不仅增加了气候系统的不确定性，还对地球的生物多样性、水资源和生态系统稳定性带来冲击。气候变化已严重破坏自然系统的平衡，进而挑战人类社会的可持续发展和生存条件，迫使人类重新思考气候变化、地球环境与人类健康的关系。

8.1.4　气候变化、地球系统与人类健康

未来的气候情景预估显示出极其严峻的趋势，全球气温升高、降水变化以及极端事件频发等问题将持续加剧。这些变化将给地球环境带来巨大的压力，生态系统面临空前的挑战，而人类健康也不可避免地受到影响。气候变化引发的空气污染、水资源短缺、疾病传播模式改变等问题将直接威胁人类健康乃至整个人类社会的发展。

气候变化深刻影响着地球系统现状。其中，大气圈、水圈、岩石圈、冰冻圈、生物圈等圈层形成统一的系统，与气候变化产生交互响应。大气圈中温室气体不断增加，促使气温升高，从而引发水圈和冰冻圈发生冰川融化、

海平面上升等。水面又以其反照率和巨大的冷/热储影响着大气热量平衡，冰冻圈的相变潜热、温室气体的源汇转化等也影响着大气圈，进一步加剧气候系统的不稳定性。此外，岩石圈中岩石风化的类型与强度很大程度受气候的影响，岩石风化、火山爆发从不同时间尺度上增加了碳排放，对气候变化的作用同样显著。

生物圈依赖于大气、水、土壤的稳定性，但气候变化日益凸显，生态系统中生命脆弱性逐渐显现。温度升高和降水模式的改变导致了一些动植物的栖息地/生存区缩小，生物多样性下降。其中，海洋覆盖了地球表面 70%以上，当前海水温度的升高不仅会影响海洋生物的生理活动，还会导致水体分层和循环状态改变，从而影响生物体组织扩散和营养物质运输。气候变化对微生物也产生了影响，如冻土融化会促使微生物将先前冰封的碳分解并释放到大气中，对气候变化造成正反馈，加速气候变化进程。

气候变化对地球系统产生了深远影响，非生物环境的变化以及生态系统功能的转变导致人类健康面临多重威胁。非生物环境转变带来的影响体现在气温、降水变化，以及高温热浪、暴雨洪涝和干旱等极端事件对人体健康产生不良影响。气温升高作为气候变化最主要的特征，可能引起大气中臭氧和悬浮颗粒物的浓度增加，影响呼吸系统健康，增加哮喘、缺血性心脏病或其他呼吸道疾病的发病率。降水模式的改变可能破坏农作物生长的稳定性、影响粮食生产，从而导致食品安全问题。极端事件频率的上升也会对健康构成直接威胁，且在未来此类威胁还将加剧，如更强的高温热浪和火灾会带来更高的疾病和死亡风险，水资源分布不均、干旱或洪水的频发会影响饮用水的可及性与质量。气候变化还会破坏生态系统平衡，削弱其提供生态服务的能力，进而影响人类健康。气温升高、降水模式的改变和极端天气现象可能会改变病原体、宿主和媒介的生存环境，从而加速传染病的传播。气候变化下的生态系统失衡，使得人类更容易暴露在健康风险威胁之下。

综合来看，气候变化以地球系统为媒介对人类健康产生了多重作用。人类活动导致的自然环境恶化、生态系统退化和功能受损，削弱了其为人类提供关键生态服务的能力，增加了人类面临的健康风险，挑战了星球健康的可持续发展。

8.2 气候变化对地球系统及人类健康的影响

WHO 指出，健康不仅是个体没有生理疾病，更是一种完整健康的心理状态，与个体生活质量及其所处的环境密切相关。地球是人类赖以生存的家园，地球环境的健康是实现人类健康和可持续发展的重要前提。气候变暖导致的全球海平面上升，部分区域强降水、热带气旋次数增加，极端高温和干旱等诸多问题给地球健康以及动物、植物、微生物等的生存带来了极大的挑战，并通过与人类相关联的圈层和过程影响人类健康。

8.2.1 气候变化对不同圈层的影响

大气圈是指围绕地球的一层混合气体，主要由氮气、氧气、水蒸气、稀有气体、二氧化碳及甲烷等组成，这些气体的比例和分布对于维持地球的气候和生态平衡至关重要。气候变化对大气圈层的影响不仅限于气体比例和分布的改变，还影响其稳定性。首先，气候变化加剧了温室效应，使地球表面和下层大气的温度上升，不仅改变了大气圈的热力学状态，还影响了大气中水分的蒸发速率，导致水蒸气含量增加。其次，随着气温的升高，大气圈中的能量分配和输送模式也被打乱，大气圈层的稳定性被破坏，可能导致强对流天气的发生，给人类社会带来健康威胁。此外，气候变化还影响了大气圈层中的化学成分。一方面，高温促使空气中挥发性有机化合物（VOC）和氮氧化物发生光化学反应，增加臭氧水平；另一方面，高温还可改变大气层的稳定性和垂直混合层高度，减少颗粒物的扩散和沉降速率。这些改变使得哮喘、慢性支气管炎等呼吸道疾病的发病率和死亡率增加。

水圈是指地球上所有水体的总称，包括地表水、地下水、土壤水、大气中的水汽以及生物体内的水。冰冻圈是指地球上所有处于冻结状态的水体，包括冰川、冰盖、季节性积雪和永久冻土等。对于水圈而言，气候变化导致的全球气温上升直接影响了地球的水循环，不仅导致了降水模式的变化，加剧了水资源空间分布的不均匀性，还增加了极端降水事件发生的可能性，导致洪涝灾害的发生和水源污染，提高了意外伤害和传染病带来的健康风险。此外，随着全球气候变暖，冰川和冰盖正在以前所未有的速度消融，北极海冰的范围逐年缩小，季节性积雪和永久冻土层加速融化；全球气温升高还引发了海水温度的上升和热胀冷缩现象，共同导致了海平面的上升。这不仅直接威胁沿海地区居民的生命和财产安全，还会带来海岸侵蚀、湿地丧失和淡水资源破坏等环境问题。

岩石圈是指地球表面坚硬的岩石外壳，岩石圈表层通常指的是直接接触大气圈和水圈的地壳表层，包含了土壤、沉积物以及其他松散的地质材料。随着全球气温的升高，土壤温度也随之上升，直接影响土壤微生物的活性和分布，进而干扰土壤有机物质的分解速率以及农作物和其他植物的生长速率。气候变化导致降水模式的变化也会影响土壤的质量和稳定性。高温和干旱条件下，土壤更容易发生侵蚀，导致土地退化和沙化，而极端降水事件则导致土壤流失加剧，直接影响土地的可持续利用能力和农业生产潜力。此外，增加的降雨量和温度还会加速岩石风化和侵蚀过程，造成碳酸盐岩的分解，促使释放出二氧化碳，改变碳在地表和地下的循环模式，并影响大气中的碳含量。

气候变化影响下，地球环境中各圈层变化相互交织，形成复杂的反馈机制，进一步加剧气候变化的影响，并作用于生命个体上。

8.2.2 气候变化对动物的影响

生物圈是地球上所有生物（包括动物、植物、微生物等）与其非生物环境（如大气、水、岩石等）相互作用的结果。动物作为生物圈的重要组成，气候变化可通过影响动物个体的生存环境和行为模式，改变动物的种群动态和物种分布范围，从而对人类健康造成威胁。

首先，气候变化导致的温度升高和降水模式变化，改变了动物的生存环境，迫使物种迁移，而当某些野生动物的迁徙路径经过人类居住区时，有可能会增加人兽共患病（zoonosis）的传播风险。例如，随着气候变暖，一些媒介生物，如蚊子、苍蝇和啮齿动物等，其生存范围可能会扩大或向两极移动，使疟疾、登革热等传染病的地理传播范围扩大，致使更多的人暴露于潜在的感染风险之中。其次，全球气温升高对动物的生理机能构成了挑战。很多动物的体温调节机制和代谢水平只适应于特定的温度区间。当环境温度超出这一区间时，动物可能面临热应激或冷应激的风险，进而影响其生产性能和健康状态。例如，奶牛在高温环境下产奶量会下降，家禽也可能因为热应激而导致生长速度减慢或死亡率升高。此外，温度升高还可能导致动物的繁殖周期提前或延长，这可能扰乱原有的食物链关系，影响人类的食品安全。例如，气候变暖不仅可以通过改变海水的温度和酸化程度影响海洋中动物的生存，还会加剧其体内毒素的累积。一方面，海水温度升高会导致珊瑚白化，进而直接影响依赖珊瑚礁生存的鱼类和其他海洋生物，海洋酸化还会阻碍钙化生物（如贝类）的壳或骨骼形成，导致渔业产量下降；另一方面，海水温度的升高可以加速海洋动物的新陈代谢速率，使它们更快地吸收海洋环境中的污染物；同时，较高的温度还可能会促进某些有毒物质在动物体内转化。这些有毒物质会随着食物链向上富集，最终传递给人类消费者，威胁人类的食品安全和身体健康。

8.2.3　气候变化对植物的影响

气候变化所导致的环境问题已深刻影响到全球的生态系统，其中包括植物的生长与繁殖。气温升高、降水模式变化以及极端天气频发等现象对农业植物、自然植被及森林生态系统产生了广泛而深远的影响。这些变化不仅影响植物的生长周期和生长状态，还对植物的生态系统功能和粮食生产带来了严峻挑战。

气候变化对植物生长周期，尤其是花粉和孢子生成，产生了显著影响。随着气温的上升，植物的开花和花粉产生时间提前，导致许多植物的花期与传粉者的活动时间不再匹配，从而影响植物的繁殖能力。相关研究进一步证实，植被的变化、花粉和孢子浓度的增加以及花粉季节的延长都与气候变化密切相关。具体来说，气候变暖使得某些植物的花粉期延长，进而增加了空气中花粉的传播量和浓度。这种变化不仅影响植物的繁殖，还可能对人类健康造成不良影响，如呼吸道疾病的发病率上升。

气候变化对植物生态系统的功能影响复杂而多样。植物通过光合作用吸收二氧化碳转化为有机物，气候变化可能影响植物的生长速度和光合作用效率，从而改变植物对碳的储存能力，进而影响全球碳循环。气候变化同样制约植物生长、分布和繁衍，严重威胁生物多样性。气候变化可能会导致生境退化或丧失、物种灭绝速度加快、物种分布范围和适宜生境的改变、生物物候期和物种繁殖方式发生改变、群落生产力的波动，以及种间关系变化等。气候变化同样会导致越来越多植物生态系统内的生物群系发生转移和结构变化，如高山冻土带及过渡带向上移动，北方森林过渡带向北移动，亚北极冻土带的木本植被增加，以及湖泊热栖息地的变化。

气候变化对农作物生产的影响是多方面的，主要体现在作物的生长周期、产量、质量、品质营养以及农业生态系统的稳定性等方面。全球气温上升不仅会直接影响作物的生长和发育，还会通过改变水资源和土壤环境、引发极端天气事件以及增加病虫害的发生频率，从而间接影响农作物的生产。这些因素相互作用，加剧了农业生产的不确定性。

8.2.4 气候变化对微生物的影响

气候变化正日益显现出其对微生物的深远影响。作为地球上至关重要的生命体，微生物通过参与土壤、水和空气中的关键循环（如氮、碳和氧循环）支持着整个生态系统的平衡与健康。然而，气候变化带来的温度升高、降水模式的变化以及极端天气事件的频发，正深刻改变着微生物的生态环境和功能表现。

气候变化对细菌的影响主要体现在其生长、分布范围和生态功能等方面。气候变暖会提高细菌的代谢速率，特别是在中等温度条件下繁殖的细菌。例如，随着气温上升，某些水传播的细菌（如霍乱弧菌）在温暖的海洋中繁殖加快，从而提高了霍乱疫情的暴发风险。气候变化通过改变温度、湿度和降水模式，进一步影响细菌的生物多样性和地理分布。温度升高可能使某些喜温的细菌扩展到新的地理区域，而嗜冷的细菌则可能面临栖息地缩小的威胁。此外，气候变化还导致土壤条件（如温度和湿度）发生变化，进而影响细菌的功能。例如，某些对植物生长有益的细菌种群数量减少，会削弱它们促进植物生长的作用，如固氮和固磷的生物有效性；同时，某些病原菌的繁殖可能加快，增加农作物病害的风险。

气候变化对真菌的影响同样显著。气候变化会直接影响真菌的生长速度和繁殖能力。许多真菌在温暖和湿润的条件下生长得更快，因此气候变暖可能导致某些真菌种群数量增加。在生态系统中，真菌扮演着关键角色，尤其是在有机物分解和营养循环过程中。同时，气候变化还会影响真菌与植物根系的共生关系，从而影响土壤健康和植物生长。此外，温度和湿度的变化可能导致真菌群落结构的改变，影响其在生态系统中的功能。

气候变化对病毒的影响在全球范围内引发了关注。这主要是因为气温、降水模式和生态系统的变化会显著改变病毒的传播和进化。具体而言，气温升高和降水模式变化使得许多依赖媒介传播的病毒，如蚊媒病毒（包括登革病毒、寨卡病毒和基孔肯雅病毒）扩展到了原本较冷的地区，进一步扩大了传播区域，使得受影响的地区将面临更大的病毒传播风险。气候变化可能加速病毒的进化，使之成为病毒跨物种传播的主要人为因素。随着环境条件的剧烈变化，病毒可能通过突变和适应机制来应对新的宿主或环境压力。在此过程中，温度和湿度的变化为病毒的适应和扩散提供了新的选择压力，促使它们以更快的速度进化，增强其适应力和致病性。

8.2.5　气候变化对人类健康的影响

工业革命以来，由于人类活动的日益加剧造成全球气候显著变暖，对人类社会和自然生态系统产生了广泛而深刻的影响。在气候变化的背景下，人类的生存环境日益复杂，生命健康和公共卫生安全已受到严重威胁。气候变化对人类健康的影响可分为直接和间接两种形式，二者均构成了全球公共卫生的主要挑战。

气候变化主要通过极端天气事件直接影响健康，如高温热浪、洪涝、风暴（潮）、野火等直接影响人类健康。随着全球变暖的加剧，高温热浪事件发生的频率和强度显著增加，并通过改变人体内分泌系统和交感神经系统，以及血管收缩功能和血液黏稠度等，继而增加机体发生中暑、热射病、急性肾损等疾病的风险。高温天气还会通过影响呼吸系统和循环系统，诱发慢性病的发生和发展，甚至导致过早死亡。此外，洪涝灾害可能导致溺水事件，风暴和风暴潮可能造成建筑物倒塌和海岸线的侵蚀，野火可能导致烟雾中毒和烧伤，这些灾害都会显著增加人类遭受意外伤害和死亡的风险。

气候变化还通过影响生态系统，间接对人类健康产生深远影响。例如，温度和降水模式的改变会导致昆虫繁殖模式和病原体分布发生变化，使得虫媒疾病的地理分布范围扩大、繁殖季节延长，使病毒传播扩展至高纬度和高海拔地区，最终增加疾病传播的时间跨度和地理范围。此外，洪水泛滥和异常降水事件会导致水质恶化，增加水源性疾病和胃肠道感染的风险。气温升高也对过敏症和呼吸道疾病产生了负面影响，具体表现为延长了植物的花期并增加了空气中花粉浓度，导致花粉过敏和哮喘等疾病的发生率和严重程度上升。

气候变化通过社会系统对健康的影响同样不可忽视。目前，全球有超过 8 亿人处于受饥饿影响饥饿状态，而气候变化导致粮食产量下降、粮食营养成分降低，进一步加剧粮食安全问题，严重威胁人类健康。同时，气候变化造成的水资源短缺不仅影响饮用水供应和水质，还可能会引发脱水和肾功能损害等健康问题。水资源的稀缺还会恶化社区卫生条件，影响基本卫生设施的正常运作，进而增加腹泻病和肠道传染病的发生率。

极端天气事件会破坏基础设施，如公路、桥梁和供水系统，导致人员伤亡并污染水源，增加水源性疾病的暴发风险。此外，气候变化引发的资源短缺、环境恶化等问题还会导致人口迁移和社会冲突，继而增加营养不良、疾病传播和精神健康问题的风险。迁移人口的增加也会加重资源集中地区的压力，恶化卫生条件，进一步威胁人类健康。

8.3 气候变化如何影响人类健康和疾病发生

8.3.1 人类健康及其影响因素

在人类社会早期，营养不良和卫生条件差是主要健康威胁，农业社会中粮食缺乏、饮用水源污染和缺乏基础卫生设施常导致严重的健康问题。而极端天气，如干旱和洪水，可破坏农作物生产和影响水源安全，导致食物短缺，增加营养不良和水传播疾病的风险。其中，洪水常导致饮用水源污染，增加霍乱等水源性疾病的暴发风险。

随着人类进入城市化和全球化阶段，传染病成为重大健康问题。气候变化也改变了病原体的分布和传播方式，使得一些原本只在特定地区流行的传染病开始在全球范围内蔓延。例如，疟疾、登革热等虫媒传染病随着气候变暖，其传播范围不断扩大，对人类健康构成新的威胁。近年来，新发传染病（emerging infectious disease，EID）成为健康的另一个重要威胁，尤其是新型冠状病毒感染（coronavirus disease 2019，COVID-19）、严重急性呼吸综合征（severe acute respiratory syndrome，SARS）和中东呼吸综合征（Middle East respiratory syndrome，MERS）等疾病的暴发，暴露了全球卫生体系的脆弱性。

进入现代社会后，随着生活水平的提高和医疗技术的进步，慢性病，如心血管疾病、糖尿病和癌症等逐渐成为主要的健康负担。这些疾病与不良的生活方式和环境污染密切相关。气候变化虽然不像传染病那样直接引起慢性病的发生，但它通过加剧空气污染、导致食物和水源不安全、引发极端天气对健康的压力，间接加剧了慢性病的负担。在快节奏、高压力的现代生活中，心理健康问题也日益凸显。气候变化带来的极端天气事件，如热浪、洪水、干旱、野火和飓风，不仅直接威胁人类的生命财产安全，还对心理健康产生深远影响，特别是抑郁症、焦虑症和创伤后应激障碍（post-traumatic stress disorder，PTSD）等。此外，极端天气变化也会降低整体幸福感和社会福祉，进而影响人们的社会适应能力以及政治和经济的稳定。

纵观人类健康的演变历程，从基本健康问题到传染病、慢性病再到心理健康和社会适应，气候变化的影响正逐渐超越其他所有因素，成为重要的公共卫生问题。《柳叶刀》（*The Lancet*）指出，气候变化是 21 世纪最大的全球健康威胁。此外，气候变化还加剧了社会不平等，使那些最脆弱的群体面临着更大的健康风险。

8.3.2　伤害与死亡

伤害是指机体突然或短时间内遭受超出承受范围的作用力导致的人体损

伤，包括非故意伤害（如中暑与热射病、溺水、工伤等）和故意伤害（如自杀、暴力等）。气候变化背景下极端天气与气候事件发生的频率和强度显著上升，极大地增加了人类发生伤害的风险。

高温热浪会使人体的体温调节系统处于超负荷状态并诱发热相关疾病，如美国每年有240~833人死于中暑引发的热衰竭和热射病，而我国四川2022年因热射病的死亡人数较2021年增加了37倍。此外，强降水是引发溺水死亡的重要气象因素之一，如2021年7月，河南特大暴雨创下了中国气象史上单小时降水量的新极值，造成了1479万人受灾，死亡失踪人数达到398人，其中大多数死因为溺亡。

在气候变化引发的多种伤害风险中，职业伤害（工伤）是较为常见且严重的疾病。工伤是指在生产劳动过程中，由职业事故导致的人身伤害、疾病或死亡。职业人群一旦发生工伤，轻则导致急性损伤（如软组织挫伤、骨折等），重则导致劳动能力丧失及生存质量下降（如瘫痪、失明等），甚至引发职业人群死亡。例如，当职业人群从事体力劳动时，机体内部产热增加，需散发多余的热量以平衡体核温度。如果外部环境气温过高或者防护服装导致机体散热受阻时，机体不断蓄热并超过自身调节能力，就会造成器官功能临床损害，引起如热射病、热痉挛等热暴露工伤。在广州市的一项研究发现，高温暴露会增加工伤事件发生率和保险支出金额，相较于24℃，30℃时工伤发生风险和工伤保险支出分别增加14.7%和12.3%，且青壮年男性、中低教育水平以及小企业的劳动者对高温暴露更敏感（Sheng et al.，2018）。

气候变化还会对情绪产生影响，尤其是烦躁易怒的情绪增加，导致人们更容易产生攻击性，从而增加暴力冲突、自杀、他杀等故意伤害的风险。基于印度、尼泊尔和巴基斯坦的研究发现，年平均气温每升高1℃，妇女遭受亲密伴侣暴力流行率上升4.5%，尤其是身体暴力和性暴力造成的伤害最为明显（Zhu et al.，2023）。极端高温还可能诱发自杀或他杀等暴力事件。美国加利福尼亚州的研究发现，温度每升高5.6℃，人群中自杀和他杀的发生风险分别提高7%和11%（Rahman et al.，2023）。

气候变化加大了人类发生各种伤害的风险，严重危害人类的健康和生命。然而，气候变化与伤害相关研究目前还处于起步阶段，存在着影响不明确、机制不清晰、应对难度大等问题。因此，气候变化对人类伤害的影响需要引起科学界和政府相关机构的高度重视，亟需加大研究的广度与深度，并尽早制定实施防控策略，从而有效降低由于气候变化带来的健康损害。

8.3.3　传染性疾病

传染性疾病是指由病原体感染人体后产生，能在人与人、动物与动物以及人与动物之间相互传播，在一定条件下可造成流行的疾病。传染性疾病的发生受诸多因素的影响，气候变化是其中的重要因素之一。气候变化会直接或间接地影响传染病的病原体、媒介生物、宿主以及易感人群，进而改变传染性疾病流行的模式、频率和强度。气候变化还通过影响病原体的繁殖能力和生存时间、传播媒介或中间宿主的时空分布，从根本上改变传染性疾病的传播规律与流行特征。此外，人类的社会经济行为因素（包括行为模式、人口迁徙、农业生产等）不仅受到气候变化和极端天气的影响，同时也是传染病发生、传播和流行的促成因素。

气候变暖可引起媒介生物分布的变化，使媒介生物及宿主年内活动期延长，并促进其携带病原体生长繁殖期的延长。气候变化将影响虫媒传染病的传播。这些影响主要表现为：改变虫媒的地区分布，提升虫媒繁殖速度与侵袭力，以及缩短病原体的外潜伏期。现有研究中，受气候变化影响较大的虫媒传染病包括疟疾、登革热等虫媒传染病。《2023 年世界疟疾报告》显示，2022 年巴基斯坦因灾难性洪水的影响，导致该国疟疾病例较往年增加了 5 倍。

气候变化与多种病原体引发的呼吸道感染同样关联密切。以病毒性呼吸道传染病为例，呼吸道病毒通常通过空气或物体表面接触传播，而气温、湿度等气象因素能直接影响病毒飞沫在空气或物体表面的沉降和蒸发过程，从而对病毒在环境中的存活和传播起关键作用。再者，气候变化可使空气中某些有害物质，如真菌孢子、花粉和大气颗粒物的浓度随温度和湿度增高而增加，使人群患呼吸系统疾病的易感性增加。此外，气候变化背景下，频发的极端天气事件对人类赖以生存的水文条件、空气质量等因素造成了严重影响，由于复合暴露与严重空气污染、干旱和野火等灾害的协同效应，人类对于病毒性呼吸道疾病的易感性大大增加，原先存在的呼吸道疾病也相应加剧，日益不稳定的气候条件也大大增加了人们面临呼吸道传染病的风险。

水源和食源性传染病是指通过摄入含有病原微生物污染的饮用水或食物导致的疾病，包括感染性腹泻、细菌性痢疾、伤寒、手足口病等。气候变化背景下，强降水、洪涝和高温热浪等极端天气事件通过直接或间接途径对水源性和食源性疾病的发生和传播产生影响。例如，强降水不仅会冲刷环境中的病原体、污染饮用水，还会造成基础设施较为薄弱地区的供水系统和卫生管道系统过载或破坏，进而导致感染性腹泻的发生。气温升高会导致食物容易腐败，导致食源性传染病发生和传播的风险增加。

自然生态系统中，宿主与病原体的相互作用是一个动态平衡的过程。但是，工业革命以来，人类活动导致的气候变化打破了这种平衡，加快了病原体适应外界环境变化的速度，使得病原体加速变异进而感染新的宿主，甚至脱离自然环境进入到人类社会。同时，气候变化会对人类社会和自然环境产生长期和深远的影响，通过加剧人类、动物及其共享的环境之间的相互作用，不仅增加了个人和社区的脆弱性，还可能加剧 EID 的风险。EID 具有不可预测性、高发病率、病例暴发性增长和重大社会影响等特征，严重危害公共卫生安全与民众生命健康，并带来巨大的经济和社会损失。由于气候变化、人类活动、生态环境、野生动物与病原体之间的复杂联系，未来应通过多学科和多领域的合作以应对 EID 的重大挑战。

8.3.4 慢性病

非传染性慢性疾病又称慢性病，已经成为影响居民死亡和健康的最主要公共卫生问题。WHO 统计报告显示，全球每年有 4100 万人死于非传染性慢性疾病，占死亡总人数的 74%，主要包括心脑血管疾病、慢性呼吸系统疾病、恶性肿瘤。非传染性慢性疾病的发生和恶化是遗传、生理、环境和行为等因素综合作用的结果。值得注意的是，在环境因素中，气候变化和空气污染起到非常重要的作用。IPCC AR6 的综合报告显示，全球已有 36 亿人居住在极易受气候变化冲击的区域。气候变化正在以多种方式影响人类健康，如高温天气会导致人类体力活动减少、脱水、睡眠障碍以及免疫力下降等问题，从而增加了心脑血管疾病与呼吸系统疾病的患病风险。此外，气候变化对人类和环境系统的广泛影响还包括社会经济状况以及卫生基础设施等方面。极端天气不仅出现的频率增加，而且其影响比预期更猛烈、迅速，且随着全球气温持续升高，有效应对这些变化将变得愈加困难。

心脑血管疾病是全球死亡与伤残的主要原因之一，包括冠心病、脑卒中等。除了常见的医学危险因素外，天气突变、低温、高温或者其他气象因素也是不可忽视的外因。流行病学研究发现，每 1000 例心血管疾病死亡中，炎热天气与寒冷天气造成的超额死亡分别为 2.2 例和 9.1 例（Alahmad et al.，2023）。气候变化可对人体产生直接影响，进而危害人类健康，如环境热暴露可通过改变人体凝血系统、调节炎症反应等途径造成心脏功能受损，导致心脑血管疾病的发生。具体而言，血管收缩、血黏度增高、冠状动脉血管阻力增加等，容易引发血压升高、心肌缺血缺氧。炎热天气可使人减少身体活动，长期来看会增加心血管疾病的患病风险。野火产生的烟雾包含大量细颗粒物（如 $PM_{2.5}$）、氮氧化物及其他有害化学物质，这些污染物会导致心血管疾病发病和死亡风险增加。由于气候变化增加了野火的发生概率和严重程度，高暴露人群如消防队员患心血管疾病的风险会进一步升高。

非传染性呼吸道疾病主要包括哮喘、慢性阻塞性肺疾病等。全球非传染性呼吸道疾病导致的死亡人数占死亡总人数的 10%以上。目前，已知多种气候变化相关的暴露途径会诱发非传染性呼吸道疾病，如灰尘的移动和传输、空气污染物浓度的变化、野火烟雾的增加等。气温升高会导致肺功能下降和慢性肺部疾病的加重。此外，还有部分气候变化敏感的过敏性疾病，如过敏性鼻炎和过敏性哮喘。有证据表明，气候变化还会延长北美花粉季节，增加春季过敏时间和哮喘住院率。气候变化既会加重现有的呼吸系统疾病，又会带来或加剧不利的呼吸条件。最新的全球疾病负担研究特别指出，非最适温度是慢性阻塞性肺疾病和哮喘的额外危险因素。英国的一项研究报告称，夏季气温高于 23.2℃时，气温每升高 1℃，慢性阻塞性肺疾病住院风险就会增加 1.47%，且每年约有 1800 例慢性阻塞性肺疾病住院病例归因于此。

恶性肿瘤包括癌症以及其他起源于非上皮组织的恶性肿瘤，其特征是细胞变异和增殖失控，扩张性增生并形成新生物，肿瘤组织无限制增长，并通过淋巴系统向远端转移，侵袭其他脏器，最终导致机体衰亡。气候变化通过多种途径影响癌症的发生，包括加剧空气污染、紫外线辐射以及病原体传播等。空气中 $PM_{2.5}$ 和二氧化氮等污染物浓度上升与肺癌等恶性肿瘤的高发密切相关。同时，气候变化导致臭氧层损耗和紫外线辐射增强，显著提高了皮肤癌的发病率。紫外线辐射可以诱发基因突变，间接引起免疫抑制，从而增加鳞状细胞癌、基底细胞癌和黑色素瘤风险。此外，气候变暖使温度和湿度升高为黄曲霉生长提供了更适宜的条件，更广的分布范围和更长的生长季节增加了黄曲霉毒素污染粮食的可能，间接提高肝癌发病率。

此外，不良出生结局（如早产、低出生体重）不仅直接影响新生儿健康状况，更会增加子代成年后心脏病、糖尿病等慢性病的发生风险。气候变化及其引发的极端天气灾害（如野火、酷热、空气污染、洪水、干旱等）可通过氧化应激、炎症反应、神经内分泌改变以及妊娠期合并症等机制，增加不良妊娠结局的发生风险，进而对子代早期发育造成长远且不可逆转的影响和损害。有证据表明，妊娠期暴露在高温下会增加孕妇发生子代流产、早产、低出生体重、胎膜早破、出生缺陷甚至死产的风险。然而，气候变化导致的孕产妇和新生儿死亡率上升，以及子代后期发育中慢性病的发病率变化，尚未得到全面估计，尤其是在低收入和中等收入国家，因此亟须开展相关研究工作。

8.3.5 心理健康

心理健康是指精神心理的各个方面及活动过程处于一种良好或正常的状态，与个体的幸福感、生活质量和社会民生福祉息息相关。越来越多的研究发现气候变化对人类精神心理健康存在不利影响。IPCC AR6 的综合报告首次阐明了气候变化对心理健康的影响过程，即直接和间接途径。直接途径包括两类：一是气候变化导致的环境气象因素改变，使得暴露人群发生心理问题的风险上升；二是极端天气事件直接导致精神心理创伤，如焦虑、抑郁、自杀和应激障碍等。间接途径通常包括社会、经济、生存环境变迁和粮食系统破坏，如被迫搬迁、文化冲突、移居和饥荒等。

温度、湿度等气象因素的改变可能是导致精神疾病发作的诱因。比如，高温可以诱发机体发生氧化应激、炎症反应以及神经递质紊乱，直接危害精神心理健康。一项基于中国北京的时间序列研究指出，极端高温时间与当地居民精神疾病就诊风险增加有关，其中精神分裂症、物质使用障碍的风险增加最为显著（汪子贤等，2021）。研究还发现，相比单一气象因素暴露，高温高湿复合暴露带来更高的精神疾病就诊风险。年龄、地区及经济状况可能是极端温度与精神疾病发病的影响因素。高温暴露使老年人认知功能受损风险以及累计健康亏损指数升高的风险分别增加了 41%和 92%。较低的家庭收入水平、较低的受教育程度也会导致更严重的高温相关心理健康问题。此外，高温还会使人产生疲劳、烦躁、易怒等情绪问题，甚至出现精神错乱的症状，这些变化易造成犯罪、事故、火灾等社会安全事件的增加，从而影响公共秩序的稳定。

洪涝、台风、野火、沙尘暴等极端天气事件直接影响人类的精神心理健康。极端天气事件对精神心理健康的影响取决于多种因素，如极端天气事件的严重程度、暴露度、社会支持系统、个体脆弱性等。通常，极端天气事件的频率、强度与影响范围越大，其引发的心理健康问题就越严重，甚至可能造成死亡。当洪涝灾害的严重程度及规模超出灾区居民的承受能力时，会对其心理健康产生不同程度的影响，其中 PTSD 是最为普遍的心理问题，其次为焦虑、抑郁、家庭暴力等。例如，超级台风“桑美”造成浙江灾民在情感体验方面出现负性情绪和负性认知，并产生 PTSD 和“闪回”现象。野火导致焦虑、失眠或药物滥用等问题增加，对那些遭受更大损失或直接接触该事件的人的影响更为明显。此外，灾区群众的 PTSD 发病率与社会支持度呈负相关，儿童、女性、高龄老人是脆弱人群。

气候变化的间接影响，与人类生存环境的变迁，经济、社会和粮食系统的改变有关。其影响机制包括由干旱、野火、风暴或海岸侵蚀造成的环境破坏，导致人类接触蓝色和绿色空间机会减少，以及这些事件会干扰正常行为模式、职业或社会互动。干旱是世界上造成经济损失最多的自然灾害，主要表现为影响范围广、暴露时间长，其对人类精神心理健康的影响较大，包括直面旱灾损失的农民和因粮食不安全、营养不良造成多种心理健康问题的大范围人群。旱灾持续时间越长，农民心理负担越大，长期干旱也越来越多地与暴力冲突和被迫移民联系在一起，这些因素会导致心理健康问题，如压力倾向、焦虑、痛苦和 PTSD 等。此外，洪涝、飓风和海岸侵蚀等对海防工事、防护林、公路等的破坏和水资源污染也会降低人类生活幸福感。

8.4 迈向星球健康的气候变化应对策略与可持续发展路径

8.4.1 应对气候变化的健康风险

在气候变化对人类健康构成威胁时，积极、及时和有效的气候变化健康风险应对策略既是保护公众健康的必要举措，也是实现可持续发展的重要环节。首先，将健康纳入气候变化政策框架，确保其在政策层面得到重视。其次，建立健全的应急准备与响应机制，开发有效的健康风险预测方法，完善气候健康风险监测与早期预警系统，能快速有效地预测和响应气候变化和极端天气事件对人类健康的危害，并制定相应的预防策略和适应方案。最后，亟需多层面、多角度采取综合措施，如通过城市规划与建筑设计，以应对高温的长期风险；增强健康教育，提高公众对气候变化与健康之间相互关系的认识；提前建设临时避难所，缓解流离失所者的焦虑等。这些综合措施都有助于构建更具气候恢复力的卫生体系，提升人类健康与福祉，促进星球健康的可持续发展。

目前，世界已有许多关于气候变化健康风险应对的成功案例。例如，荷兰鹿特丹通过加强洪水防御系统、增强城市海绵功能等综合性的城市适应措施，使得城市更具有气候变化抵御能力；欧盟制定了《欧盟适应气候变化战略》，通过健康监测平台，更好追踪、分析和预防气候变化带来的健康影响；中国也制定了《国家气候变化健康适应行动方案（2024~2030 年）》，正在逐步全面推进气候变化健康适应行动。

8.4.2 减缓气候变化的健康协同效益

减缓气候变化是指通过人为干预来减少温室气体排放，通常包括减少温室气体排放和增加温室气体汇，以减缓气候变化的进程。协同效益是指未考虑对总体社会福利的净影响情况下，为达到某一目标的政策或措施可能对其他目标产生的积极效果。减缓气候变化的健康协同效益，是指在实施减缓气候变化行动中，所获得的直接或间接提升人类健康水平的额外益处。

目前，减缓气候变化重点是减少温室气体成分占比最大的二氧化碳（约占温室气体总量的 75%），其主要来源于能源生产与消费、交通运输、建筑运营、工业生产，以及农业、林业和其他部门等。采取减缓措施的同时，也为改善人类健康提供了机会。例如，全球能源消费结构正处于深刻变革的转型期，正逐步摆脱对化石燃料的重度依赖，向低碳、绿色的前端转型模式迈进。随着可再生能源的发展，预计在 2020~2060 年，中国将显著减少 2200 万~5000 万例因 $PM_{2.5}$ 导致的过早死亡，人均预期寿命预计延长 0.88~2.80 岁。此外，医疗卫生系统也是能源消耗与碳排放的重要来源，有责任积极投身于脱碳行动之中，具体措施包括节能减排、使用可再生能源、优化医疗废物处理与回收利用、倡导健康生活方式等。研究表明，澳大利亚卫生部门预计到 2050 年实现脱碳，将避免 6.9 万例与温度相关的死亡（Sharma et al.，2022）。

8.4.3 星球健康的理念和策略

传统公共卫生健康以传染病预防为主体，重要理念之一是隔离，通过建立卫生设施、疫苗接种和个人防护来降低人类对“危险”环境的暴露，这一策略在过去一个多世纪取得了显著成效。然而，随着气候变化与环境危机日益加剧，这一传统理念正逐步向星球健康理念转变。星球健康理念深刻揭示了人类健康与地球生态系统之间的紧密关联，倡导将人类健康置于更广阔的自然与人类社会系统中进行全面考量，以促进人类健康与可持续发展的协同并进。

2015 年发布的《在人类世保护人类健康：洛克菲勒基金会–柳叶刀星球健康委员会报告》为星球健康理念的实施提供了战略及行动计划框架。该框架聚焦温室气体减排、食物与营养安全、可持续农渔业、健康饮食方式及城市环境的可持续发展等多个关键领域。这些战略的实施需要通过跨学科合作与全球治理的共同努力，以确保人类健康与地球生态的和谐共生。

8.4.4 实现星球健康的可持续发展路径

为了应对气候变化对人类健康和地球生态系统带来的挑战，并推动人类文明的可持续发展，我们必须将星球健康理念与可持续发展目标（sustainable development goals，SDGs）深度融合。在实施路径上，短期内应强化公共卫生与环保基础设施，同时大力提升公众对环境与健康的认知与教育；中期则需聚焦政策落实与技术创新，推动绿色转型与可持续农业发展；长期应致力于构建低碳、具有气候韧性的社会经济体系，实现碳中和与生物多样性保护。

在实现星球健康和人类健康可持续发展过程中，我们可能面临“观念和共识的不足”、“知识的缺乏”和“应对行动的迟缓”等挑战，为此，需运用新技术、新知识，加强跨学科、跨部门、跨地域的合作，共同构建全球卫生治理体系，以切实行动改善人类赖以生存的地球的健康。

总体而言，实现人类健康和星球健康的可持续发展之路，需要全球合作和多边治理。通过制定和实施综合政策，推动技术创新和科学研究，建立可持续发展指标体系，可以实现气候变化应对与公共卫生的协同发展。本章也呼吁全球和地方的合作与行动，共同应对气候变化和健康挑战，为实现星球健康和人类健康的可持续发展目标而努力。

8.5 结束语

在本章的结尾，我们站在一个关键的历史时刻，深刻反思气候变化与星球健康的重要性。气候变化不仅是一个环境问题，更是一个关乎地球整体生态系统和人类文明可持续发展的重大挑战。理解并应对气候变化，关乎我们共同的未来和地球的命运。气候变化的意义在于它对地球系统和人类健康的深远影响。气候变化正在重塑我们所熟知的世界，改变着大气、水、土地和生物多样性的平衡。这种变化不仅威胁到自然生态系统的稳定，也对全球经济、社会结构和人类健康构成了严峻挑战。星球健康的概念提醒我们，地球是一个复杂而精妙的系统，各个部分相互依存、相互影响。应对气候变化，保护星球健康，更是为了确保人类健康和社会的可持续发展，我们有责任为后代留下一个健康的地球、一个可持续发展的未来。在这个关键时刻，我们需要以科学为基础，以合作为手段，以行动为目标，共同应对气候变化，开展一次面向全人类的关乎星球可持续发展的全球前瞻性探索，开启将人类命运与星球健康紧密相连的新篇章。

思 考 题

1. 全球性的气候变化有什么特征?
2. 气候变化的驱动因素主要有哪些?
3. 如何理解气候变化与星球健康之间的关系?
4. 气候变化对生态系统功能会产生什么影响?
5. 气候变化对健康的影响可能涉及哪些疾病类型?
6. 气候变化如何影响媒介传染病的传播和扩散?
7. 为什么儿童健康更容易受到气候变化的影响?
8. 应对气候变化健康风险的策略有哪些?

参 考 文 献

黄存瑞, 刘起勇. 2022. IPCC AR6 报告解读: 气候变化与人类健康. 气候变化研究进展, 18(4): 442-451.

黄存瑞, 王琼. 2018. 气候变化健康风险评估、早期信号捕捉及应对策略研究. 地球科学进展, 33(11): 1105-1111.

秦大河, 丁永建. 2022. 中国气候与生态环境演变: 2021 综合卷. 北京: 科学出版社.

汪子贤, 程义斌, 李永红, 等. 2021. 极端高温与人群门诊量关系的时间序列研究. 环境卫生学杂志, 11(2): 126-133.

王岩，王昊，崔鹏，等. 2024. 气候变化的灾害效应与科学挑战. 科学通报, 69(2): 286-300.

中国气象局气候变化中心. 2023. 中国气候变化蓝皮书 2023. 北京：科学出版社.

钟爽，黄存瑞. 2019. 气候变化的健康风险与卫生应对. 科学通报, 64(19): 2002-2010.

Alahmad B, Khraishah H, Royé D, et al. 2023. Associations between extreme temperatures and cardiovascular cause-specific mortality: Results from 27 countries. Circulation, 147(1): 35-46.

Carlson C J, Albery G F, Merow C, et al. 2022. Climate change increases cross-species viral transmission risk. Nature, 607(7919): 555-562.

Cavicchioli R, Ripple W J, Timmis K N, et al. 2019. Scientists' warning to humanity: Microorganisms and climate change. Nature Reviews Microbiology, 17(9): 569-586.

Ebi K L, Vanos J, Baldwin J W, et al. 2021. Extreme weather and climate change: population health and health system implications. Annual Review of Public Health, 42(1): 293-315.

Gona P N, More A F. 2022. Bacterial pathogens and climate change. The Lancet, 400(10369): 2161-2163.

Higgins S I, Conradi T, Muhoko E. 2023. Shifts in vegetation activity of terrestrial ecosystems attributable to climate trends. Nature Geoscience, 16(2): 147-153.

Hughes T P, Kerry J T, Baird A H, et al. 2019. Global warming impairs stock-recruitment dynamics of corals. Nature, 568(7752): 387-390.

Lam H C Y, Anees-Hill S, Satchwell J, et al. 2024. Association between ambient temperature and common allergenic pollen and fungal spores: A 52-year analysis in central England, United Kingdom. Science of the Total Environment, 906: 167607.

Ma D L, Gregor L, Gruber N, 2023. Four decades of trends and drivers of global surface ocean acidification. Global Biogeochemical Cycles, 37(7): e2023GB007765.

Rahman M M, Lorenzo M, Ban-Weiss G, et al. 2023. Ambient temperature and air pollution associations with suicide and homicide mortality in California: A statewide case-crossover study. Science of the Total Environment, 874: 162462.

Sharma S, Bressler R D, Bhopal A, et al. 2022. The global temperature-related mortality impact of earlier decarbonization for the Australian health sector and economy: A modelling study. PLoS One, 17(8): e0271550.

Sheng R R, Li C C, Wang Q, et al. 2018. Does hot weather affect work-related injury? A case-crossover study in Guangzhou, China. International Journal of Hygiene and Environmental Health, 221(3): 423-428.

World Meteorological Organization. 2025. State of the Global Climate 2024. (2025-03-19) [2025-02-15]. https://public.wmo.int/sites/default/files/2025-03/WMO-1368-2024_en.pdf

Zhang Y X, Steiner A L. 2022. Projected climate-driven changes in pollen emission season length and magnitude over the continental United States. Nature Communications, 13(1): 1234.

Zhu Y, He C, Bell M, et al. 2023. Association of ambient temperature with the prevalence of intimate partner violence among partnered women in low- and middle-income South Asian countries. JAMA Psychiatry, 80(9): 952-961.

第9章

生物多样性与星球健康

李彬彬　孙思雨　林翰哲

本章要点

- 生物多样性是保障粮食生产和环境健康的基础
- 生物多样性与生态系统服务功能在调节环境及应对气候变化中的作用
- 全球气候变化背景下的生物多样性与人兽共患病溢出的关联概述
- 生物多样性对医药临床应用和技术发展的重要性
- 生物多样性对心理健康的影响

逻辑框图

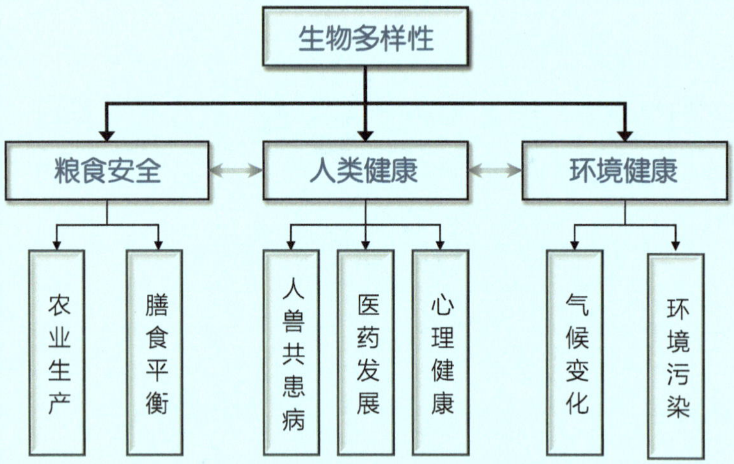

生物多样性（biodiversity）是指地球所有生物及其与环境构成的生态复合体的多样化，包括遗传多样性（genetic diversity）、物种多样性（species diversity）和生态系统多样性（ecosystem diversity）（图 9.1）。生物多样性是生态系统服务的基础，维系着全球生态系统的功能和平衡，对环境及人类的健康和福祉至关重要。截至目前，联合国可持续发展目标（sustainable development goals，SDGs）中的目标 15，昆明—蒙特利尔全球生物多样性框架（Kunming-Montreal global biodiversity framework），以及世界卫生组织“同一健康”（one health）框架均提及生物多样性对人类生活的贡献。然而，如今世界正处于一个生物多样性急剧下降的时代，由于人为活动，物种的灭绝速率是背景速率的 100~1000 倍。2019 年暴发的全球性新型冠状病毒感染（coronavirus disease 2019，COVID-19）不仅暴露了全球公共卫生系统的脆弱性，也使得人们开始重视生物多样性和人类健康之间的关系。

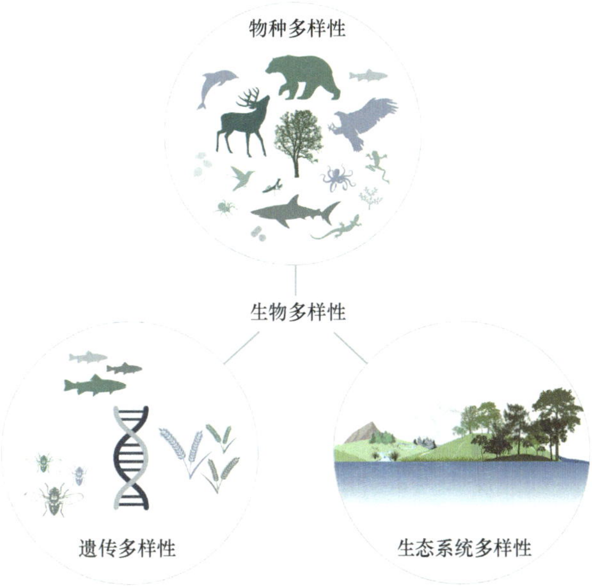

图 9.1　生物多样性包括物种多样性、遗传多样性和生态系统多样性

生物多样性与人类健康之间的联系在小到微生物水平，大到环境水平，都直接或间接地影响着人类健康。本章将通过总结已有的科学研究，详细介绍生物多样性与粮食生产、环境问题、疾病、医疗和心理健康等方面之间的紧密联系，进一步探讨生物多样性如何通过这些途径对全球人类健康产生深远的影响，强调其在维护星球健康（planetary health）中的重要作用，重视保护生物多样性的急迫性与重要性。

9.1 生物多样性与粮食生产

生物多样性对于粮食生产和饮食的营养均衡至关重要。在气候变化和土地利用的干扰下，物种多样性和遗传多样性能够保障农业生产的稳定性、确保农业生态系统的修复能力。丰富的动植物种类还能保证多样化的饮食结构，提供均衡的营养。因此，保护生物多样性是维护全球粮食安全的重要基石。

9.1.1 生物多样性与农业生产

耕地开发导致的土地利用变化和农业集约化是生物多样性丧失的主要驱动因素，而生物多样性丧失的同时也会影响粮食生产，为健康带来隐患。工业化时代开始，大量种植单一品种作物可以增加产量，提高效率，但是同时造成的遗传多样性丧失也会严重降低农作物的抗干扰能力（图 9.2）。以香蕉为例，作为非洲部分地区人民的主要能量来源，其遗传多样性由于克隆繁殖和大规模种植单一品种而大幅下降，在此背景下，巴拿马病（Panama disease）、黑条叶斑病（black leaf streak）等香蕉传染病曾给香蕉产业造成毁灭性的打击，威胁非洲地区的粮食安全（Drenth and Kema，2021；Stover，1986）。无独有偶，本地猪种在遗传漂变、自然选择及人为育种的作用下形成了繁多的品种，从而满足了人类的不同需求（Larson et al.，2010）。然而，更高效的标准化养殖导致家猪品种数量急剧下降，目前全球范围内仅剩 5 个主要品种。单一品种养殖造成的遗传多样性丧失使家猪难以抵抗非洲猪瘟（African swine fever）等传染病，对工业化养殖造成严重威胁。

丰富的遗传多样性是开发和改良作物品种的基础，为保障粮食安全和提升应对气候变化的能力提供支撑。种植业中，植物的遗传多样性能够使农作物具

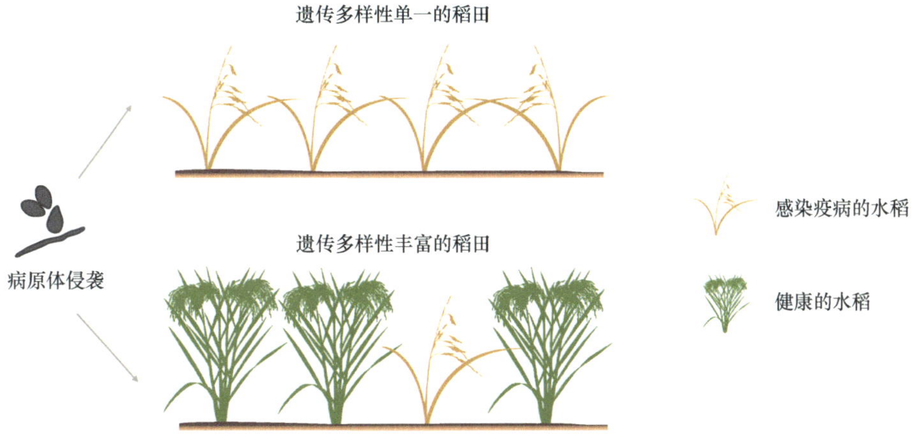

图 9.2　不同的遗传多样性对农作物抗传染病能力的影响

有快速适应环境变化的能力。例如，低温导致的欧洲酸樱桃（*Prunus cerasus*）雌蕊冻结曾严重影响樱桃产量，而育种者成功识别了另一种樱桃开花时间较晚的性状，并成功将其引入开花早的欧洲酸樱桃中，避免了后续的损失（Cai et al.，2018）。养殖业中，一些本地猪种虽然生长速度较慢，出肉率较少，但抗病能力和环境适应性较强，对于维持家猪遗传多样性、提高寿命和抗病性、增强感染疾病后的恢复力以及帮助其适应环境变化方面十分重要。由此可见，物种的遗传多样性对于可持续的农业生产和食品安全，以及满足人类社会未来高度多样化的食品需求同样不可或缺。基于生物多样性管理的生态集约化种植和养殖，在减少化学投入的情况下，有机会保持农业生态系统可持续性和高产量水平。

此外，动物传粉者的多样性对全球农业也至关重要。世界上超过 85%的开花植物和 75%的主要粮食作物需要由动物进行传粉，而除了最主要的传粉者蜜蜂，蝇类、甲虫、蝴蝶、蛾子、蚂蚁、鸟类甚至蝙蝠这些非蜜蜂传粉者对农作物的授粉同样有着不小的贡献。据估计，在全球重要粮食作物的授粉过程中，25%~50%的访花行为是由非蜜蜂类昆虫完成的；而在马来西亚和墨西哥等热带地区，蝙蝠和鸟类对本土重要作物的授粉贡献率占比可以超过 30%（Rader et al.，2016；Requier et al.，2023）。但如今，人类活动所导致的疾病传播、杀虫剂滥用、外来物种入侵、气候变化、土地利用方式改变以及农业集约化引发的生物多样性丧失，给这些传粉者的群落带来了负面影响，很多物种的种群数量正以远超预期的速度衰退，这不仅影响作物生产，更为人类的营养健康带来风险。

9.1.2 生物多样性与野生食物资源

除宏观的大规模农业生产外，野生动植物多样性在促进全球许多小范围农业生态系统的粮食生产和安全方面也发挥着重要作用。在对 24 个发展中国家约 8000 个家庭的环境收入数据所进行的比较分析显示，来源于自然环境的收入占家庭总收入的 28%，其中 77%来自天然林。而在所有由森林和自然环境提供的产品中，第二大重要的类别是食品。这些野生食物包括各种动植物产品，如水果、叶类蔬菜、木本植物、球茎和块茎、谷物、坚果、树液和树胶（可食用或用于制作饮料）、蘑菇和木耳等食用真菌、无脊椎动物（如昆虫和蜗牛）、蜂蜜、鸟蛋、小型和大型野生哺乳动物、爬行动物、鸟类、鱼类和贝类。这些野生动植物有助于满足许多贫困地区居民的营养需求，是他们的主要食物的直接来源。

9.1.3 生物多样性与营养摄入

尽管农业生产可以为人类带来足够的能量摄入，但是营养不良所导致的隐性饥饿仍然是全球最大的健康挑战之一。生态学和营养学的一个共同观点在于食物多样性能增强复杂生物系统的健康和功能。生物多样性是食物多样性的关键来源，能为人类的健康饮食提供天然且丰富的营养。虽然人们逐渐认识到生物多样性在营养方面的重要作用，但全球粮食供应的构成却愈发单一。农业政策通常只侧重于增加几种主要作物的产量，其成功与否往往以粮食数量或膳食能量供应量来衡量。然而，充足的数量并不一定能确保高营养质量。跨度长达几十年的研究就表明，尽管玉米、小麦和水稻等主要粮食作物的产量在不断提高，但它们的营养成分却都呈现下降趋势。主食作物无法满足人类对于营养元素，尤其是微量元素多样的需求，这也导致超重和肥胖的人口比例不断上升。

在解决微量元素缺乏症中，农业生物多样性扮演着重要角色。过去，应对此类问题的途径主要基于医学模式，侧重于食物强化（如加碘盐）、膳食补充（如高剂量维生素 A）以及生物强化（如提高主食作物的微量元素含量）等方法。虽然这些途径都各有优势，但农业生物多样性为解决营养元素缺失的问题提供了更有价值的补充途径。这种方法致力于增加饮食结构的多样性，不仅能够改善微量元素的摄入，同时还可以补充纤维等其他人体所需的营养成分，从而全方面改善人体的健康状况。

除此之外，野生食物的多样性也能够改善饮食结构，提供丰富的营养元素。研究表明，类胡萝卜素（carotenoid）在巴西本土的野生蔬菜中的含量明显高于商业种植的蔬菜，而丰富的类胡萝卜素有助于降低心血管疾病、黄斑变性和白内障等多种退行性疾病的风险（Kobori and Amaya，2008）。非洲的猴面包树（*Adansonia digitata*）果实中的维生素 C 含量可以达到 360 mg/100 g，是橙子的 6 倍（Fentahun and Hager，2009）。然而，生物多样性的丧失将会直接影响这些野生食物资源，对于许多以此为主要能量来源的家庭而言，这种损失会对健康造成影响。

9.2 生物多样性与环境健康

9.2.1 生物多样性与空气污染

生物多样性是维护环境健康的基石，其中植物多样性在应对空气污染中发挥着不可替代的作用。据估计，2021 年全球共有 780 万人因暴露于 $PM_{2.5}$ 中死亡（Health Effects Institute，2024）。此外，空气污染还与哮喘、鼻炎、肺病和呼吸道感染等多种疾病密切相关，对人类的健康造成了巨大的危害。而丰富的植物多样性所提供的生态系统服务则为人类应对这一挑战提供了多种保障。作为改善空气质量的主要贡献者，植物可以通过捕捉空气颗粒物、吸收污染气体来净化空气，不同种类的植物以及叶片的不同性状则在吸收污染物方面有着各自独特的作用。例如，在北京的一项研究表明，相比一些阔叶树种，油松（*Pinus tabuliformis*）和白皮松（*Pinus bungeana*）的单位叶面积能捕获更多悬浮颗粒物（Zhang et al.，2017）。在波兰华沙市的研究发现，叶表同样具有蜡质的心叶椴（*Tilia cordata*）和栓皮槭（*Acer campestre*）沉积颗粒物的能力几乎是西班牙悬铃木（*Platanus* × *hispanica*）的两倍（Dzierżanowski et al.，2011）。非等水（anisohydric）树种，包括杨树（*Populus* spp.）和栎树（*Quercus* spp.），会长时间保持气孔（stomata）开放，比起松树（*Pinus* spp.）和悬铃木（*Platanus* spp.）这些在水分供应减少时会较早关闭气孔的等水（isohydric）树种，能更高效地吸收诸如臭氧一类的污染物。此外，一些对空气质量敏感的植物还可以作为生物指示器，提供空气污染的相关信息。例如，苔藓和地衣中的污染物含量可以为绘制空气质量图提供依据。一些敏感的地衣种类在空气污染严重的区域无法生存，因此地衣的多样性也能有效量化并反映空气污染的程度。在马来西亚，研究人员便尝试通过计算地衣的生物多样性指数来判断工业城区内一氧化碳等空气污染物含量的高低（Abas et al.，2022）。

身边随处可见的植物是保护人类健康不可或缺的“天然屏障”，而生物多样性的降低也让我们面临逐渐失去这一宝贵资源的风险。因此，保护植物的多样性不仅关乎生态平衡，更是维护环境及人类健康的重要途径。

9.2.2 生物多样性与气候变化

全球气候变化是生物多样性丧失的主要因素之一，而生物多样性反过来也在减缓和适应气候变化中发挥着重要作用。现有研究表明，生物多样性能够通过增强生态系统碳封存的能力、提升生态系统对环境扰动的稳定性与韧性以及维持生态系统多样性等途径，减缓气候变化带来的负面影响。

气候变化本质上是由温室气体（如二氧化碳、甲烷等）排放导致的大气变暖和极端天气的现象。在此过程中，生态系统可以通过植物的光合作用进行碳封存（carbon sequestration），降低大气中温室气体的浓度，从而调节全球气候。研究显示，生物多样性与生态系统的碳封存能力有着密切的关联。在植物种类多样的森林、草原和农田系统中，土壤有机碳储量相比单一物种系统平均高出8%。模拟研究也表明，植物性状的多样性也可能有助于提高亚马孙热带雨林的碳封存量，增强其应对气候变化的能力。在沿海生态系统中，物种和树种的功能多样性对红树林储存蓝碳的能力也具有积极的影响。相反，森林砍伐和自然植被的减少导致的生物多样性丧失，会释放这些生态系统中已封存的碳，增加温室气体的排放。此外，多样性较低的次生林（secondary forest）和单一结构的人工林更容易发生火灾，进一步加剧碳排放和气候变化。因此，有效保护生态系统内的生物多样性有助于维持碳封存，减缓气候变化的进程。

生物多样性还可以增强生态系统本身的稳定性，提高其应对环境变化的抵抗力和韧性。最常被提及的“保险假说”（insurance hypothesis）指出，在环境多变的情况下，某些物种或功能的减少或消失可由其他物种或功能替代，因此生物多样性较高的生态系统会表现出更强的稳定性。群落层面的研究发现，森林中较高的功能多样性能有助于缓解气候变暖对树木死亡率和幼苗数量的负面影响，提高树木在干旱后的恢复能力。然而，大陆尺度的研究却发现，非洲热带植物种类最丰富的地区似乎对气候扰动更加敏感。因此，对于生物多样性在不同生境中如何影响气候变化，我们仍然需要更深入的研究。

除了物种多样性，多样化的生态系统也能增强其所在区域应对极端气候事件的能力，减轻气候变化对自然环境及人类生活的影响。例如，相比无植被的单一滩涂，盐沼（salt marsh）和红树林（mangrove forest）在减缓沿海风暴和洪水危害方面更为有效。印度孟买的水文模型与实地测量显示，红树林带对波浪能的削减率能高达 50%以上，可以有效抵御海啸和台风等极端灾害（Samiksha et al.，2019）。目前，越来越多的国家开始实施基于自然的解决方案（nature-based solution）。例如，越南、马来西亚等发展中国家已经实施海防红树林项目，通过增加沿海植被来抵御日益频繁的热带风暴。一些发达国家也在推行基于生态系统管理的防洪策略，通过增加河岸植被的多样性提高防洪能力。由此可见，保护生物多样性不仅能提供更经济的气候适应方案，还能同时提供碳汇（carbon sink）等生态效益。因此，在全球气候变化的背景下，加强生物多样性保护不仅有助于维持全球生态环境的健康，还是应对气候变化的重要举措之一。

9.3 生物多样性与疾病

9.3.1 生物多样性与微生物群

微生物在人类生活的环境中无处不在，而人体自身也是多种微生物群的宿主。人体内微生物群的多样性从生命初期开始就对人类健康发挥着重要作用。婴儿从无菌状态出生时，会通过外部环境逐步获取所需的微生物群，从而建立对病原体入侵和免疫刺激的抵抗能力。例如，顺产的婴儿在接触母亲的阴道微生物后，能够获得丰富的微生物群，对肠道健康和免疫系统发育十分重要，而剖宫产的婴儿则只能接触到母亲皮肤上的微生物群，微生物种类相对有限（Dominguez-Bello et al.，2010）。此外，“卫生假说”（hygiene hypothesis）也指出，在微生物多样性丰富的环境中成长的儿童，患哮喘等疾病的概率相对较低。随着流行病学、免疫学、微生物学和人类学等多个领域研究的深入，这一假说也在许多方面得到了越来越多的理论与研究成果的支持。对于成年人来说，微生物群对消化和吸收营养、调节新陈代谢、保护皮肤黏膜和预防病原体入侵等方面均有着重要的作用，甚至可以影响情感和认知。其中，肠道菌群就因其对健康的重要性被称作人体中“被遗忘的器官”。经研究，人体微生物群的失调与多种疾病密切相关，包括结肠炎、胃炎、肝炎、糖尿病和神经退行性变性疾病等。这些实例都强调了人体微生物多样性对于婴幼儿时期建立良好的免疫系统以及成年后维持整体生理健康的重要性。

9.3.2 生物多样性与人兽共患病

根据世界卫生组织的定义，人兽共患病（zoonosis）是指从非人类动物源跨越到人源的传染病，病原体包括细菌、病毒、寄生虫等。而人兽共患病溢出（spillover）是病原体从野生动物跨物种传播到家畜和人的现象。目前，已知的人类传染病病原体种类中，有 2/3 来源于动物，而人类与动物的直接或间接接触则为人兽共患病的溢出提供了先决条件。

各种合法和非法的野生动物贸易都让人类暴露在接触病原体的风险中，而诸如物种入侵等现象同样会带来新的病原体，感染缺乏相应免疫力的动植物和人类。历史上，人类就曾多次与人兽共患病抗争。2002~2003 年暴发的严重急性呼吸综合征（severe acute respiratory syndrome，SARS），导致全球 8000 多人感染，死亡率近 10%。在溯源过程中，科学家在花面狸（*Paguma larvata*）、貉（*Nyctereutes procyonoides*）和菊头蝠（*Rhinolophus* spp.）等动物体内均检测到了 SARS 病毒。2012 年的中东呼吸综合征（Middle East Respiratory Syndrome，MERS）造成的死亡率高达 35%，病毒宿主为单峰驼（*Camelus dromedarius*），在传染给人类前已在骆驼种群中存在了近 30 年。其他诸如尼帕病毒（Nipah virus）、埃博拉病毒（Ebola virus）、寨卡病毒（Zika virus）等由野生动物作为宿主传播的人兽共患病病毒也在很多地区给人类健康带来了严重威胁。而2019年底暴发的COVID-19波及了全球。据世界卫生组织估算，2020~2021 年，全球因 COVID-19 直接或间接导致的死亡人数高达 1490 万人，是近年来人类面临的最严重的公共卫生危机（World Health Organization，2023；Taylor，2022）。这些新发或再发的人兽共患病也让人们愈发重视生物多样性与传染病之间的关系。

传染病的传播情况受自然界中多种因素的影响，包括宿主的密度、行为和病原体的传播能力。研究表明，病原体多度（abundance）与生物多样性之间存在着复杂的关系，具体体现在两种机制中（Keesing et al.，2006）（图 9.3）。一种为稀释效应（dilution effect），即传染病风险会随着宿主生物多样性的增加而降低。稀释效应需要满足两个重要条件：一是相遇率降低，即群落中的物种种类增加会降低相同物种个体间的相遇概率，进而减少被病原体感染的机会，降低疾病风险；二是易感宿主（susceptible host）管制，是指群落中非宿主物种的增加可以通过竞争或捕食的方式影响易感宿主的出生率和死亡率，进而限制易感宿主的数量，减少感染及传染风险。另一种是放大效应（amplification effect），指在一些情况下，生物多样性可能增加传染病传播的风险。例如，近期对中国蚊媒病毒的研究就发现，病毒多样性热点地区与哺乳动物多样性较高的地区相重合（Pan et al.，2024）。

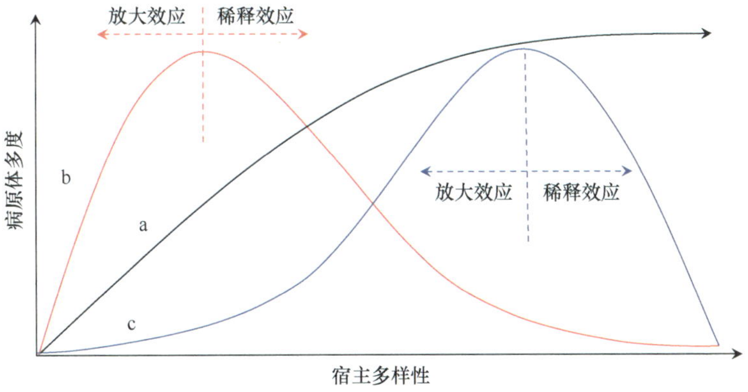

图 9.3　宿主多样性与病原体多度之间可能存在的三种关系
（刘向等，2020；Halliday and Rohr，2019）

a. 单调的渐近线（放大效应）；b. 非单调的右偏峰（更容易观察到稀释效应）；
c. 非单调的左偏峰（更容易观察到放大效应）

目前，生物多样性与人兽共患病传播的直接联系和互动机制仍然存在很多争议。某些观点认为，疾病的传播过程主要还是受接触频率的影响。在传播过程中，一些更有可能成为人兽共患病宿主的物种往往在人类占主导地位的生境中大量繁殖。而在人类活动干扰较少的地区，这些人兽共患病宿主的数量较少，病毒难以在大范围内快速传播。因此，生物多样性的增加也可以减少人类接触人兽共患病病原体的风险。莱姆病（lyme disease）、西尼罗热（west nile fever）等疾病作为较为成熟的研究体系虽然证实了稀释效应的存在，但同时，针对生物多样性对人兽共患病的溢出、传播和暴发的调节功能仍存在大量研究空缺。

9.3.3 生物多样性、气候变化与农业生产对人兽共患病溢出的协同作用

生物多样性与气候变化及人畜共患病之间的联系已得到许多关注，但三者之间在农业生产背景下的相互联系仍有待进一步研究。生物多样性的每个维度都可能影响人兽共患病的溢出风险。而土地利用变化、农业集约化和城市化、气候变化等因素在对生物多样性构成威胁的同时也能产生相互作用，影响疾病溢出的风险（图 9.4）。

1. 协同作用机制

气候变化作为生物多样性丧失的主要因素之一，在导致全球变暖及极端天气的同时也会进一步增加病毒溢出的风险。缓发性气候变化，如极地冰川和冻土融化，可能释放真菌和病毒，从而为病毒溢出提供机会。尤其对于媒介传播的疾病，气候变化会改变宿主的生理过程，影响免疫活动，改变病原体或媒介的生命周期、发育时间和适应性等，从而影响传染病传播的风险。例如，蜱传感染性疾病的扩散是近年来气候变化影响下引人注目的次生效应之一。随着温度升高，许多携带病原体的蜱虫种类的分布区域开始向更高纬度的地区扩散。一项对近30年数据的分析研究发现，环境温度的升高使篦子硬蜱（*Ixodes ricinus*）在瑞典北部的分布范围从20世纪90年代初期到2008年期间扩大了两倍（Jaenson et al.，2012a ；Jaenson et al.，2012b）。不仅如此，极端温度导致的严冬加剧了蜱虫的主要宿主——西方狍（*Capreolus capreolus*）的种群衰退，迫使大量寻找宿主的蜱幼虫转而寄生在小型啮齿类动物的身上。相比在大型动物身上，蜱传

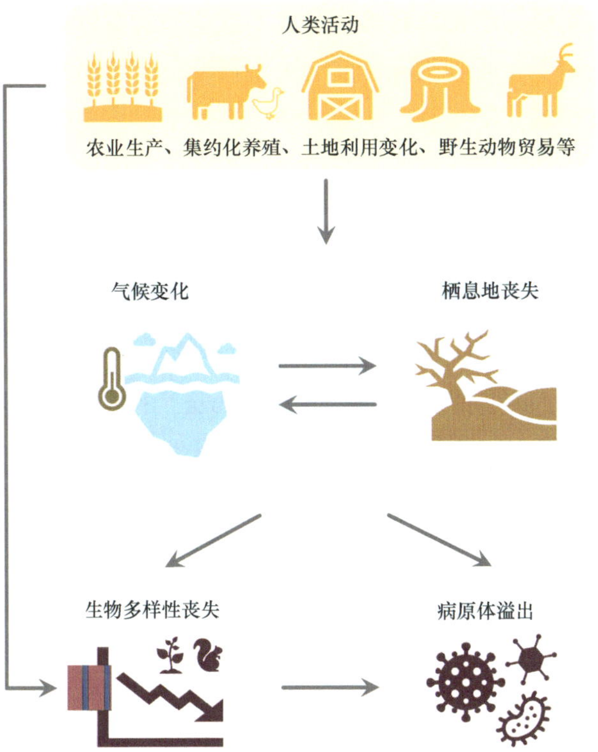

图 9.4　生物多样性丧失、病原体溢出、气候变化及人类活动之间的相互联系

脑炎病毒（tick-borne encephalitis virus）在这些小型动物体内能够存活更长时间。宿主多样性的改变加上蜱虫密度的升高让病毒在更多蜱虫间传播，最终导致人类感染蜱传脑炎的病例显著增加。因此，人们需要采取基于生态系统的解决方案，在改善生物多样性的同时减缓气候变化，以此降低健康风险。

粮食系统与人兽共患病溢出效应的联系也同样不可忽视。随着农业生产强度日渐提高，很多流行病学屏障被打破，包括病原体压力（pathogen pressure），如宿主的病原体动态、释放、存活、暴露，以及环境与人之间的界面等。在这个过程中，粮食系统与生物多样性和气候变化相互作用，通过多种途径影响人兽共患病溢出，其中主要包括栖息地丧失与破碎化（habitat loss and fragmentation）、稀释效应、生物地球化学循环改变所引起的人类和野生动物与媒介密度的变化、宿主对疾病的易感性以及因土地利用变化而扩大的物种间的交互界面。具体来说，栖息地破碎化增大了农业和自然用地的接触区，人为生态过渡带（ecotone）中具有更多样的物种和群落组成，同时农场工人密度的增加也提高了宿主和媒介的丰度，从而增强了扩散潜力和溢出风险。而土地利用变化也是影响生物多样性的主要原因之一，同时也对传染病影响显著。大量原始森林被改造为农业用地、工业用地和居民区等，增加了人类接触新的人兽共患病的风险。畜牧业中，在野外散养家畜会使牲畜成为人兽共患病的中间宿主，导致疾病的传播。例如，马来西亚森林中的养猪业使果蝠得以通过家猪将尼帕病毒传染给人类；很多地区散养的家禽也会把病原微生物传播给野生鸟类，并且随候鸟迁徙传播，造成禽流感（avian influenza）的扩散。在现代畜牧业的高度集约化生产中，高密度养殖和大量使用抗生素也会增加人兽共患病的传播和进化机会。在稀释效应的作用下，农业集约化会减少生物多样性，提高病原体宿主比例，增加人兽共患病的可能性。而农药、化肥、抗生素的使用则会改变氮磷循环等生物地球化学循环，影响宿主和媒介密度与分布，促进耐药病原体出现和媒介对杀虫剂抗药性的增强，从而增加人兽共患病风险。而气候变化背景下，更加炎热干燥的天气也会进一步扩大室内养殖的需求，为疾病传播创造条件，继续增加兽医药品及消毒液的使用，从而加快耐药病原体的形成。所有这些因素都会与生物多样性和气候变化相互作用，共同影响人类的健康风险。

2. 跨领域研究的挑战与未来方向

当前，针对生物多样性、气候变化、粮食系统和传染病的综合研究仍然面临很多挑战。这四大领域分别涵盖了多种不同的因素和变量，且不同的因素之间也会相互影响，导致其协同作用机制呈现高度复杂性。对于传染病而言，环境和生态的变化与其动力学的关系取决于特定的情境、基线以及病毒的种类，同时受不同物种、种群和传播媒介的影响。同时，生态系统与生物及传染病间的联系具有非线性的特征，因此单纯的线性方法往往无法准确预测其互动机制。这些影响所具有的随机性会使实际结果产生不确定性，进而导致基于不同研究视角和关注不同指标时得出的结论存在差异。此外，生物多样性、气候变化和传染病的尺度差异也增加了相同时空尺度下评估所有影响的难度。针对研究文化的差异，人们亟须落实政府间气候变化专门委员会报告的倡导，将动物、人类和环境角度纳入“同一健康”和“星球健康”（planetary health）。面对各方面的挑战，必须整合生态学、环境科学、公共卫生等学科的理论，开展跨学科研究和综合的方法。未来的方向需要扩大研究框架，系统考量气候和栖息地变化、野生动物保护、粮食安全以及现代农业实践的直接和间接影响，通过多维视角评估生物多样性、气候变化和农业生产对于传染病传播的协同作用。

9.4 生物多样性与医疗

9.4.1 生物多样性与传统医学

自古以来，人类便依赖自然资源以满足对药物的基本需求，而利用动植物作为治疗手段已成为复杂传统医学体系中不可或缺的部分。中医传统文献中便记载了超过十万条中药处方。与医疗体系高度发达的欧美国家不同，传统医学在东亚、印度、拉丁美洲、非洲等地的医疗体系中仍然占据主导地位。

然而，药用动植物多样性的急剧下降和传统医学知识的丧失为人类健康带来了潜在风险。随着成本效益和安全意识的提高，人类对传统药物的需求急剧上升，导致了过度采挖和栖息地丧失。目前，全球约有 15 000 种药用植物濒临灭绝。随着生物多样性丧失和野生资源需求增加，传统药物的替代、掺假和误认问题日益严重，加上缺乏监管，使用者的健康风险也在不断上升。除了自然资源本身的流失，森林等栖息地的破坏也迫使依赖传统医学的当地居民迁移，致使相关传统医学知识无法很好地保留。这些知识的消失风险甚至比动植物灭绝的威胁还要高。

9.4.2 生物多样性与现代医学

1. 生物多样性与药用生物成分

传统医学将丰富的野生动植物资源作为药物使用，而现代医学的发展使我们得以解释其中的原理，并能够进一步提取其中的有效成分。屠呦呦教授受中药和中医记载的启发，提取出的青蒿素（artemisinin）被广泛用于疟疾治疗，拯救了数百万人的生命，每年治疗患者上亿人。。1981~2019 年，美国食品和药物管理局（Food and Drug Administration，FDA）新批准的所有药物中，有 23.4%为天然产物或提取自自然界的成分，而这一比例在抗细菌和抗寄生虫药物中甚至分别高达 54.9%和 45%（Newman and Cragg，2020）。

生物多样性也为现代医学的药物成分发现提供了丰富的资源。在美国太平洋西北部地区，短叶红豆杉（*Taxus brevifolia*）一直因无商业价值被当作无用树材丢弃，直到人们发现这种植物含有一种叫紫杉醇（paclitaxel）的化学物质。与目前已知的化疗药物不同，紫杉醇独特的机制能通过抑制有丝分裂纺锤体的分解来阻止细胞分裂，促进癌细胞凋亡（apoptosis），从而抑制其生长和扩散。据此，研究人员合成了功效更好的紫杉醇类化合物，是治疗乳腺癌和卵巢癌最有前途的新药之一，如今已被用于超过 100 万名肿瘤患者的治疗。但是气候变化引起的平均温度上升严重影响了红豆杉的发芽成功率，而近交衰退（inbreeding depression）造成的有害等位基因积累以及非可持续性地采集树叶和树皮都对红豆杉的种群造成了严重威胁。同样，热带雨林中的植物为人类提供了用于治疗疟疾的奎宁（quinine）和治疗青光眼的毛果芸香碱（pilocarpine）等至关重要的药物。由于气候变化和人工砍伐，热带雨林的面积在不断减少，不仅意味着潜在药品来源的损失，更破坏了许多农村和城市贫困人口唯一的医疗资源。

除了陆生植物，海洋生物也是很多药物的重要来源。研究证明，生活在珊瑚礁中的僧袍芋螺（*Conus magus*），其毒液中提取出的多肽化合物可以阻断神经肌肉系统中的各种离子通道、受体和泵，可用于合成临床医学中的止痛剂齐考诺肽（ziconotide），效果为吗啡的 1000 倍且无成瘾性和耐药性（Malmberg and Yaksh，1995；Bowersox et al.，1998）。然而，随着世界各地的珊瑚礁受到的威胁日益加剧，包括僧袍芋螺在内的高度依赖于珊瑚礁的生物也受到了严重影响。这些重要物种的受胁可能阻碍新型药物的开发与应用，对医学领域造成潜在的负面影响。

2. 生物多样性与医学技术发展

医学技术的发展与生物多样性也有着紧密联系。统计显示，有超过 90%的诺贝尔生理学或医学奖获奖研究都直接或间接使用了生物资源。此外，用于人体的新药在进行临床试验之前必须在不同动物模型中进行安全性和有效性测试。因此，保护丰富的生物多样性，才能为人类从自然界中获取资源和技术提供无限可能。

很多现代的临床治疗手段都依赖于多样的生物资源。以烧伤为例，虽然现在烧伤的致死率已经大大降低,但每年中低收入国家仍有超过 20 万人因此死亡。虽然传统的敷料和皮肤移植手段有更好的抗菌和临时防护作用，并且能有效促进伤口愈合，但是自体皮肤移植需要在患者身上创造新的伤口，存在手术并发症、感染和排异反应的风险。相比之下，大西洋鳕鱼（*Gadus morhua*）和尼罗罗非鱼（*Oreochromis niloticus*）的鱼皮可以作为一种有效的替代方案，因其成本低、存储寿命长且无排异反应，已在多个国家和地区投入使用。

同样，昆虫作为生态系统中不可缺少的组成部分，在生物医学中的作用也正被人类逐渐开发。一些昆虫可以直接用于人体治疗，如利用蛆虫清创和用蚂蚁下颚进行伤口缝合。人类对昆虫的研究还有助于研发新的医学技术，如受蚊子口器启发而开发的微针技术以及根据膜翅目下颚而开发的仿生手术夹。在现如今昆虫数量和多样性急剧下降的背景下，保护昆虫也意味着保护更多潜在的技术灵感。

丰富的生物多样性还为很多疑难杂症的治疗提供了可能，而物种的丧失也会导致医学界失去利用更多动植物寻找治疗方法的机会。例如，澳大利亚东部地区特有的胃育蛙（*Rheobatrachus* spp.）是目前已知的唯一一类能在胃中抚养幼崽的两栖动物。被雌蛙吞下的受精卵会分泌某种化合物阻止胃酸生成，从而防止幼崽被消化。对这种机制进行研究，本可为全球数以千万计胃病患者的治疗提供潜在的研究方向（Chivian and Bernstein，2008）。然而，随着胃育蛙在 20 世纪 80 年代的灭绝，这一宝贵的研究机会也随之永远消失了。

9.5 生物多样性与心理健康

人类健康不只局限于身体机能的健康。如今，全球 14%的疾病与精神疾病相关，而人们也逐渐意识到心理健康与身体健康同样重要。这种观念的转变也促进了“同一健康”等研究领域的扩展，使我们能够更加综合地审视心理健康与生态系统之间的动态关系。许多研究表明，接触自然环境能显著改善人类的心理健康状况和提升福祉。然而，“自然环境”这一概念通常只是笼统地指代公园、绿地、城市绿化或野外等空间类型，针对生物多样性本身的具体贡献的研究却相对匮乏。

作为过去十年来逐渐兴起的交叉学科领域，研究人员普遍运用诸如亲生物假说（biophilia hypothesis）和压力缓解理论（stress reduction theory）等环境心理学理论框架，用以解析生物多样性与人类心理健康的关联。

亲生物假说认为，人类在演化过程中累积并形成了亲近自然的生理基础，因此会对接触自然界中其他生物产生偏好。例如，在城市环境中，多样化的鸟鸣声比单调的城市声音更受年轻人青睐，且鸣声种类越丰富，这种偏好越明显。在水族馆中，游客普遍更偏好物种多样性高的展区。但同时，一些物种单一但数量多的展区也受到出人意料的偏爱。这类研究认为，人们更倾向于接触更高的生物多样性，本质上是因为多样的物种能对情绪产生积极的影响。

压力缓解理论则阐释了自然环境通过缓解生理应激反应（如心率加快、血压升高等），从而减少其伴生的负面情绪和心理压力的积极作用。德国的一项研究显示，在排除其他因素的干扰后，植物和鸟类多样性与人们的心理健康水平呈正相关。美国一项实验研究也表明，当参与者在观看多样性较高的树木和鸟类图片时，会反映出更积极的情绪状态和更低的焦虑水平。这类研究说明，人们在生活中感知到的生物多样性程度越高，压力恢复效果就会越明显（Methorst et al.，2021；Wolf et al.，2017）。

现有大部分研究认为生物多样性对心理健康有着积极的作用，但也有部分研究未能证实二者之间存在明显的相关性。例如，以伦敦青少年为对象的研究便发现，接触物种多样的自然保护地与其自尊感和幸福感的水平之间并不存在明显关联（Mueller and Flouri，2023）。另一项研究也显示，虽然被试者的福祉水平随着鸟类多样性的增加而提高，但该指标与蝴蝶多样性却并未展现出明确的关系，反而还会随着植物多样性的增加而呈现下降趋势（Dallimer et al.，2012）。这些研究结果的不一致性可能源于多种因素，包括但不限于：对生物多样性概念在不同研究中的定义差异、生物多样性测量方法的不同（如客观实际测量和个人主观感知）、研究区域内生境类型的区别、调查人群的差异性，以及评估心理健康所用的指标（如情绪状态、压力水平、生理反应和个人主观反馈等）。这些复杂的因素都表明，生物多样性与人类心理健康的关系仍有广阔的探索空间，需要更系统、更深入地研究理清其中的关联机制。

9.6 结束语

本章总结了现有研究，整理了生物多样性通过多种途径对人类健康的影响，揭示了生物多样性与人类健康之间不可分割的联系。

生物多样性是粮食安全和营养健康的重要保障。物种多样性和遗传多样性为农业生产提供了丰富的遗传资源，有助于作物抗病虫害能力和适应环境变化的能力，确保了粮食的稳定供应和营养均衡。此外，野生食物资源的多样性也为人类提供了必需的微量元素和营养素，有助于改善隐性饥饿问题，促进健康饮食。

生物多样性在调节环境和应对气候变化中也发挥着关键作用。植物通过吸收污染气体净化空气，降低环境温度，减缓污染物传播，而多样的生态系统服务，如碳汇功能，有助于减缓全球气候变化，减少极端天气事件对人类健康的负面影响。

生物多样性与生理健康直接相关。微生物多样性对建立和维持人类免疫系统至关重要，而生物多样性的稀释效应和放大效应可能改变人类患人兽共患病的风险。生物多样性的丧失和气候变化等因素也可能增加新发病原体的出现和传播的风险，对人类健康构成威胁。从野生动植物中提取的有效成分，到动物在药物测试中的应用，生物多样性也为医疗健康领域提供了丰富的物质基础和灵感来源。

同样，生物多样性对心理健康的影响不容忽视。接触多样的物种对调节情绪和缓解压力可能具有积极的作用，虽然现有研究结果具有一定的不一致性，但未来更深入的研究可以帮助人们更好地理解生物多样性与心理健康之间的关联机制。

综上所述，生物多样性通过保障粮食供应和安全、调控环境、防控疾病、发展医药以及影响心理健康等多个途径，对人类健康产生了深远的影响。由此可见，保护生物多样性不仅是在生态保护层面上的需求，更是维护人类健康和福祉的重要任务。

思 考 题

1. 生物多样性包含哪些维度？为什么要重视生物多样性保护？
2. 请结合具体实例，探讨生物多样性丧失对粮食生产及营养摄入造成的影响。
3. 请描述生物多样性影响气候变化的机制和途径，并探讨改善气候灾害的策略。
4. 传染病的传播会受到哪些因素的影响？与生物多样性的关系主要体现在哪几种机制中？
5. 请结合具体实例，讨论气候变化、农业生产、生物多样性和人兽共患病溢出之间存在怎样的协同作用。
6. 生物多样性对于现代医学发展的意义是什么？
7. 为什么生物多样性对于人类心理健康的影响同样值得关注？
8. 针对生物多样性与气候变化、农业生产和人类健康之间的复杂联系，未来应如何调整研究框架以应对目前综合研究面临的各种挑战？
9. 保护生物多样性对于实现星球健康有着怎样的重要性？

参 考 文 献

刘向，陈立，周淑. 2020. 生物多样性与传染性疾病的关系：进展、挑战与展望. 生物多样性，28: 1376-1390.

Abas A, Asnawi N H, Aiyub K, et al. 2022. Lichen biodiversity index (LBI) for the assessment of air quality in an industrial city in Pahang, Malaysia. Atmosphere, 13(11): 1905.

Bowersox S, Tich N, Mayo M, et al. 1998. SNX-111. Drugs of the Future, 23(2): 152.

Cai L C, Stegmeir T, Sebolt A, et al. 2018. Identification of bloom date QTLs and haplotype analysis in tetraploid sour cherry (*Prunus cerasus*). Tree Genetics & Genomes, 14(2): 22.

Chivian E, Bernstein A. 2008. Sustaining life: How human health depends on biodiversity. New York: Oxford University Press.

Dallimer M, Irvine K N, Skinner A M J, et al. 2012. Biodiversity and the feel-good factor: Understanding associations between self-reported human well-being and species richness. BioScience, 62(1): 47-55.

Dominguez-Bello M G, Costello E K, Contreras M, et al. 2010. Delivery mode shapes the acquisition and structure of the initial microbiota across multiple body habitats in newborns. Proceedings of the National Academy of Sciences, 107(26): 11971-11975.

Drenth A, Kema G. 2021. The vulnerability of bananas to globally emerging disease threats. Phytopathology, 111(12): 2146-2161.

Dzierżanowski K, Popek R, Gawrońska H, et al. 2011. Deposition of particulate matter of different size fractions on leaf surfaces and in waxes of urban forest species. International Journal of Phytoremediation, 13(10): 1037-1046.

Fentahun M T, Hager H. 2009. Exploiting locally available resources for food and nutritional security enhancement: Wild fruits diversity, potential and state of exploitation in the *Amhara* region of Ethiopia. Food Security, 1(2): 207-219.

Halliday F W, Rohr J R. 2019. Measuring the shape of the biodiversity-disease relationship across systems reveals new findings and key gaps. Nature Communications, 10: 5032.

Health Effects Institute. 2024. State of global air 2024. (2024-06-19) [2024-11-24]. https://www.stateofglobalair.org/resources/report/state-global-air-report-2024.

Jaenson T G T, Hjertqvist M, Bergström T, et al. 2012a. Why is tick-borne encephalitis increasing? A review of the key factors causing the increasing incidence of human TBE in Sweden. Parasites & Vectors, 5: 184.

Jaenson T G T, Jaenson D G E, Eisen L, et al. 2012b. Changes in the geographical distribution and abundance of the tick *Ixodes ricinus* during the past 30 years in Sweden. Parasites & Vectors, 5: 8.

Keesing F, Holt R D, Ostfeld R S. 2006. Effects of species diversity on disease risk. Ecology Letters, 9(4): 485-498.

Kobori C N, Amaya D B R. 2008. Uncultivated Brazilian green leaves are richer sources of carotenoids than are commercially produced leafy vegetables. Food and Nutrition Bulletin, 29(4): 320-328.

Larson G, Liu R R, Zhao X B, et al. 2010. Patterns of East Asian pig domestication, migration, and turnover revealed by modern and ancient DNA. Proceedings of the National Academy of Sciences, 107(17): 7686-7691.

Malmberg A B, Yaksh T L. 1995. Effect of continuous intrathecal infusion of ω-conopeptides, N-type calcium-channel blockers, on behavior and antinociception in the formalin and hot-plate tests in rats. Pain, 60(1): 83-90.

Methorst J, Bonn A, Marselle M, et al. 2021. Species richness is positively related to mental health-A study for Germany. Landscape and Urban Planning, 211: 104084.

Mueller M A E, Flouri E. 2023. Urban biodiversity and adolescent mental health and well-being. Journal of Environmental Psychology, 92: 102154.

Newman D J, Cragg G M. 2020. Natural products as sources of new drugs over the nearly four decades from 01/1981 to 09/2019. Journal of Natural Products, 83(3): 770-803.

Pan Y F, Zhao H L, Gou Q Y, et al. 2024. Metagenomic analysis of individual mosquito viromes reveals the geographical patterns and drivers of viral diversity. Nature Ecology & Evolution, 8(5): 947-959.

Rader R, Bartomeus I, Garibaldi L A, et al. 2016. Non-bee insects are important contributors to global crop pollination. Proceedings of the National Academy of Sciences, 113(1): 146-151.

Requier F, Pérez-Méndez N, Andersson G K S, et al. 2023. Bee and non-bee pollinator importance for local food security. Trends in Ecology & Evolution, 38(2): 196-205.

Samiksha S V, Vethamony P, Bhaskaran P K, et al. 2019. Attenuation of wave energy due to mangrove vegetation off Mumbai, India. Energies, 12(22): 4286.

Stover R H. 1986. Disease management strategies and the survival of the banana industry. Annual Review of Phytopathology, 24: 83-91.

Taylor L. 2022. COVID-19: True global death toll from pandemic is almost 15 million, says WHO. BMJ: British Medical Journal (Online), 377: o1144.

Wolf L J, Ermgassen S Z, Balmford A, et al. 2017. Is variety the spice of life? an experimental investigation into the effects of species richness on self-reported mental well-being. PLoS One, 12(1): e0170225.

World Health Organization. 2023. Global excess deaths associated with COVID-19 (modelled estimates). (2023-05-19) [2024-11-24]. https://www.who.int/data/sets/global-excess-deaths-associated-with-covid-19-modelled-estimates.

Zhang W, Wang B, Niu X. 2017. Relationship between Leaf Surface Characteristics and Particle Capturing Capacities of Different Tree Species in Beijing. Forests, 8: 92.

第10章

城市化与星球健康

周伟奇　吝　涛　韩立建　郑毅诚　耿红凯　蔡嘉瑜

本章要点

- 城市和城市化对生态系统和人类健康的影响
- 城市化如何促进人类健康
- 城市化对环境因子和生物因子的改变及其对健康的影响
- 未来城市发展需要面对的挑战和应对策略

逻辑框图

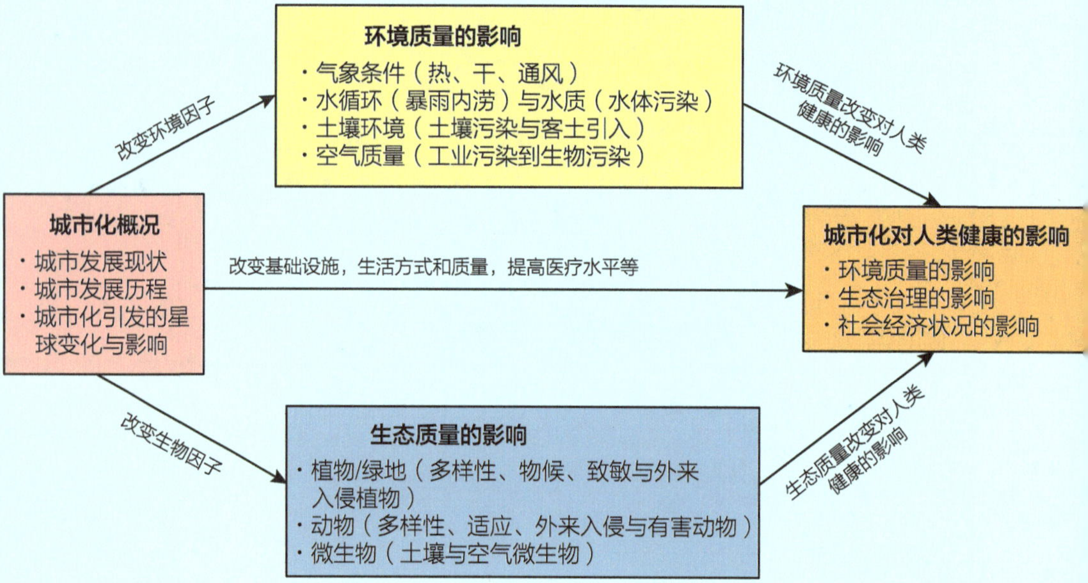
环境质量的影响
·气象条件（热、干、通风）
·水循环（暴雨内涝）与水质（水体污染）
·土壤环境（土壤污染与客土引入）
·空气质量（工业污染到生物污染）
改变环境因子
环境质量改变对人类健康的影响
城市化概况
·城市发展现状
·城市发展历程
·城市化引发的星球变化与影响
改变基础设施，生活方式和质量，提高医疗水平等
城市化对人类健康的影响
·环境质量的影响
·生态治理的影响
·社会经济状况的影响
改变生物因子
生态质量改变对人类健康的影响
生态质量的影响
·植物/绿地（多样性、物候、致敏与外来入侵植物）
·动物（多样性、适应、外来入侵与有害动物）
·微生物（土壤与空气微生物）

2008 年，全球城市人口有史以来第一次超过了农村人口。目前，超过 55%的人口生活在城市，且城市人口每年仍呈高速增长。预计到 2050 年，全球将有超过 66%的人口生活在城市。城市作为人类文明的主要载体，是人类思想、商业、文化、科学、生产力、社会和经济发展的枢纽。城市贡献了超过 80%的国内生产总值。城市化推动了全球经济繁荣，促进了星球健康（planetary health），同时也带来了一系列负面影响。

城市化是伴随工业化发展，非农产业在城镇集聚、农村人口向城镇集中的自然历史过程。城市化受地理空间结构的制约，反映了城市经济结构、社会结构和空间结构等多方面的演变过程。在地理空间结构方面，自然地理条件，如地质、地貌、气候、水文、土壤、植被等，不仅决定了人类的基本生存环境，还会影响人口分布，进而影响城市化的方向与进程；区域经济地理条件，如矿产资源、淡水资源、水热资源、动植物资源的丰度与富饶度及其组合，基础设施水平，劳动力的数量和质量，经济发展的历史传统，当前经济的发展水平和结构特征，以及未来的开发潜力等，都会影响区域的城市化（许学强等，2009）。在经济结构方面，城市化表现为生产方式的转变，即由农业向工业、服务业等非农业产业（第二、第三产业）转型，以及产业结构的优化升级，即第二、第三产业的比重不断提高，第一产业的比重相对下降。在社会结构方面，城市化表现为城乡居民生活方式的改变，即农村的意识和行为方式向城市的意识和行为方式转变，以及生活态度从乡土式向城市化转变。在空间结构方面，城市化体现为土地利用方式及地域空间格局的变化，具体表现为农业用地转化为非农业用地，居住模式由相对分散且低密度向较集中且高密度转变，生活空间从自然环境主导转变为以人工环境为主。城市拥有比较集中的用地和较高的人口密度，便于建设较完备的基础设施，包括道路交通网络、供排水系统、医疗保健等公共设施，以及丰富的文化娱乐设施，使城乡之间的生活质量差距显著缩小。

城市化过程改善了城市居民的物质文化生活质量，提高了医疗水平，促进了人类健康。与此同时，城市化过程也改变了城市及其周边区域的生态环境，带来空气、水体和土壤污染，以及生物多样性下降等问题，对城市及其周边区域的人类健康造成不同程度的影响。

基于此，本章首先从城市与城市化的现状入手，系统探讨城市发展现状以及城市和城市化对生态系统与人类健康的影响。其次，详细阐述了城市化如何通过基础设施的改善、生活方式与生活质量的提升、医疗卫生水平的提高、教育与科技的发展以及文化交流增强与社会进步等途径促进人类健康。在此基础上，进一步重点探讨了城市化对环境因子（如气候、水质、土壤环境和空气质量）和生物因子（如植物、动物和微生物）的影响，并分析其如何影响人类健康。最后，对本章进行了总结与展望，指出未来城市发展需要面对的挑战和应对策略，并强调在城市化进程中应更加注重协调社会经济发展、生态环境保护和人类健康之间的关系，以提升居民健康与福祉。

10.1 城市与城市化

10.1.1 城市与城市化的定义

全世界关于城市的定义没有统一的标准，不同国家和专家学者对城市的定义有不同的理解。Friedrich Ratzel 从地理学的角度将城市定义为交通便利、覆盖一定区域面积的人口与房屋的密集结合体。Werner Hirsch 认为城市是具有相当面积、经济活动和住户集中，以致在私人企业和公共部门产生规模经济的连片地理区域。Lewis Worth 从社会学的角度阐述城市是一个人口密度较高、人口规模相对较大的不同社会阶层个体组成的永久性定居地。William Thomas Bogart 从经济学的角度将城市解读为：城市是由大量人口构成的特殊聚集体，其基本特点是高密度。Gideon Sjoberg 将城市定义为：一个人口较多、居住密集，拥有非农业生产及专业技术人员，具有市场功能和规章制度制定权，具有超越宗族、基于法律或传统之上的社会联系。Karl Marx 则指出，城市是人口、生产、工具、资本、享乐和需求的集中。我国著名生态学家马世俊和王如松认为：城市是社会–经济–自然复合的生态系统。综合各种定义，城市可以理解为是人类文明、财富及生产生活活动聚集的空间中心，具有政治、经济、科教、自然和文化等多重属性，在促进国家发展、社会进步和人类可持续发展中具有核心作用，同时，城市还是一个复杂的巨系统，其核心是为人民服务，城市规划应以人为本，注重环境的和谐与可持续发展。

城市化包括狭义的城市化和广义的城市化。狭义的城市化指从事农业的人口不断向城市人口转移的过程；广义的城市化指以第一产业为主的传统农村社会向以第二、第三产业为主的城市地区转移变化的过程，其中包含生产方式、人口城市化和空间城市化的转变。关于城市化具体的定义目前尚无统一的概念，不同研究领域的学者从不同的角度对城市化进行理解。人口学家认为城市化是农村人口向城市人口逐渐迁移转变的过程；经济学家从农业经济和工商业经济的角度出发，认为城市化是生产要素流动的过程；社会学家认为城市化是社会主体从农村迁移到城市，人们生产生活以及居住方式逐渐改变的过程。城市化的概念包括以下几点：①城市化表现为小城镇的成长和发育；②城市化包括农村地区空间城市化和人口城市化，不仅包括城镇的发展，还包含了农村人口向城镇的转移；③城市化是农村职能的改变，注重劳动结构和经济形态上的城市化，不关注人口聚集和空间的转移。

10.1.2　城市化的发展过程

从人类社会经济发展，尤其是产业发展的角度来看，城市的发展大致可以划分为三个阶段，在不同的发展时期有着不同的特点。

前工业社会时期：以农耕文明为主导。伴随着第一次和第二次劳动大分工的出现，原有的居民聚居点开始分化成农村和城市。该时期的城市主要建立在自然经济和小农经济的基础之上，经济自主性弱，城市生产活动主要依赖于农村供给，城市的主要功能是防御和宗教活动的中心。该时期，受多方面原因的限制，城市的规模小且数量少。

工业社会时期：以工业文明为主导。18 世纪，随着欧洲工业化革命的兴起，城市发展的进程加快，机器生产的出现使原有分散的小规模生产开始向大规模聚集转变，不仅打破了传统的经济生产模式，更使整个社会体系和经济结构发生改变。工业革命促进了城乡的分离，加速了城市化的进程。该时期的城市发展以工业化为主导，片面追求经济增长。然而，以追求工业化和经济增长为主导的发展模式却造成了严重的环境污染，并对生态系统造成了严重破坏，自然资源日益短缺，直接威胁人类的健康和福祉。造成这一后果的根源在于，片面追求经济增长的发展战略，未能建立在可持续发展的基础之上，忽视了自然资源对人类生存和经济发展的支撑作用。更为严重的是，部分城市甚至不惜以牺牲环境为代价，换取短暂的经济发展。

后工业社会时期：城市在经历工业革命的浪潮后，其工业生产活动开始郊区化，逐渐由工业生产中心转变为第三产业中心。20 世纪 60 年代后，《寂静的春天》（*Silent Spring*）的发表引发了人们对环境问题的关注，促使人们开始反思工业文明，重新思考城市的发展模式。1987 年，联合国世界环境与发展委员会（World Commission on Environment and Development，WCED）将可持续发展定义为：既能满足当代人的需要，又不对后代人满足其需要的能力构成危害的发展。自此，城市的发展观开始由片面追求经济发展，逐步转向追求社会、经济和自然协调的可持续发展道路。

10.1.3 城市发展的现状

在经历了几万年的分散聚居后，人类开始进入城市发展阶段。如今，城市化不仅是人类社会发展的主流趋势，更是全球环境变化的主要驱动力之一。1950 年，全球城市人口占总人口的比例仅为 29%；2008 年，地球上有超过一半的人口居住在城市中；预计到 2050 年，世界上每 10 个人中就有 7 个人生活在城市，城市将对人类的社会经济产生重大的推动作用。根据 2010 年《自然》（*Nature*）上的一篇文章，全球人口增长正以前所未有的速度向城市集中。在发展中国家，超过 95%的人口净增长将出现在城市地区，而在大部分发达国家这个比例也将接近 80%（Bettencourt and West，2010）。这意味着，城市正在成为人类居住和发展的主要场所。

城市化对于人类及其栖息环境的影响具有两面性，作为过程和结果的一部分，城市既是人类发展的里程碑式的象征，又是对地球自然生态系统造成巨大破坏的证据。一方面，城市从周边的生态系统汲取资源，一个城市的生态足迹通常是其自身空间的数十倍，甚至数百倍。同时，城市扩张主要表现在城市土地利用方式和城市人类活动强度上，二者不仅对周边生态系统，甚至对与城市相关联的遥远生态系统都产生强烈的影响。研究表明，尽管城市土地仅占地表面积不足 3%，但是却能够产生 78%的碳排放，消耗 60%的生活用水资源以及 76%的工业用木材。城市化进程已经对全球环境产生显著影响，体现在水文循环、土地利用、生物地球化学循环过程及生物多样性等多个方面。另一方面，虽然城市不断扩张，但在其有限的土地面积内却容纳了超过一半的人口。与农村相比，城市在清洁供水、卫生设施、电力供应以及固体废弃物处理等方面的人均成本更低，同时，能够提供更好的教育、就业、医疗和社会服务。

人类拥有 6000 年的城市发展史，然而，建设可持续的城市至今仍是人类面临的重大挑战，在这一过程中，科学将起到重要的指导作用。以温室气体排放为例，城市既是最主要排放来源，同时也是控制温室气体排放的理想实验场所。作为人类创造力、想象力和精神力量的集中体现，城市既是社会文化交流的中心、经济发展的引擎，也是知识产生和创新的摇篮。因此，城市化能够在很多方面帮助人类实现可持续发展。城市集中的各种资源都极大地推动了科学研究的发展，全球绝大多数科研成果都产自城市，且科研资源也集中于城市。但是，以城市为目标的科学研究长期以来都没有受到应有的重视。随着城市化进程的加快，城市已然成为人类的主要栖息地，针对城市的研究自 21 世纪以来逐渐进入快速增长阶段。

10.1.4　城市化对生态系统和人类健康的影响

城市化已被认为是全球变化的重要驱动力。尽管城市占地面积小，但其经济运转所需的物质与能量却来源于全球，因此可以把城市比喻为一个安装在地球地表的发动机。这台发动机通过海陆空交通网络，与全球各地的农业、矿产以及能源开采等联系，驱动着全球地表土地利用与覆被的变化，进而对全球生态系统造成影响。Grimm 等（2008）从土地利用变化、生物地球化学循环、水文动力系统、区域气候变化和生物多样性演变 5 个方面，阐述了城市生态系统对全球变化的影响。人类活动通过改变土地利用方式和覆盖状况（如城市化进程、农业开发和资源开采）影响环境，进而引发全球和区域尺度的变化，包括改变生物地球化学循环、增加温室气体排放、加剧气候变化、改变水文系统以及减少生物多样性。这些变化不仅在大尺度上影响城市的社会与生态系统，同时，这些系统也作为响应者和驱动者，反过来影响人类活动，形成一个复杂的相互作用网络。

随着城市化的发展，人类社会经济和居住环境也得到了显著改善，根据联合国开发计划署（United Nations Development Programme，UNDP）的统计，1990~2020 年的 30 年间，人类发展指数（human development index，HDI）显著提升。与此同时，尽管城市提供了获得健康、教育和经济收益的机会，但全球城市化进程加快的趋势改变了人类的生活方式（如饮食习惯、室内时间和活动类型等）和环境暴露风险（如空气污染、室内霉菌、烟草烟雾和感染性病原体等），从而影响特应性过敏机制和全球疾病患病率上升。Collins 等（2024）研究表明，城市生活是心理健康状况的一个风险因素，它导致患精神病、焦虑症和抑郁症的风险增加。估计全球每年有 650 万人的过早死亡与空气污染有关，其中大部分是城市人口。

2006 年，地球系统科学联盟启动“全球环境变化与人类健康”研究计划，旨在研究全球环境变化如何影响人类生活、健康和生存，以及这些影响如何发生。该计划联合主席澳大利亚国立大学国家流行疾病与人口健康中心主任 Tony McMichael 认为：生态系统破坏、食物生产系统破坏、城市化加剧等问题都对人类的生活和健康构成了严重威胁，对这一问题的研究已经到了迫不及待的阶段；同时，人类活动和自然变化的相互作用也将带来一些新的疾病。全球环境变化与人类健康计划的主要议题包括：大气成分变化及其对健康的影响（如气候变化与人类健康、同温层臭氧耗损的健康效应）、土地利用与覆被变化对人类健康的影响、全球气候变化与传染性疾病的关系（包括土地利用及覆被变化对病媒生物及鼠传疾病的影响、人与动物关系变化引发的动物源性传染病暴发、以及通过食物和水源等途径传播的疾病）、 食物生产系统与健康、城市化与健康问题，以及脆弱性与适应性研究。其中，城市化与人类健康的关系越来越受重视。2014 年，由国际科学理事会牵头，国际医学科学院组织和联合国大学联合赞助的为期 10 年的全球计划“城市健康与福祉计划”启动，该计划国际项目办公室落户中国城市环境研究所，旨在推动全球共同关注城市化与健康福祉问题。2015 年，《柳叶刀》（*The Lancet*）的《在人类世保护人类健康：洛克菲勒基金会–柳叶刀星球健康委员会报告》中指出，人类健康若想保持现有水平或进一步提高，需要解决观念和共识的不足、知识的不足和行动的不足三项挑战带来的问题，其中也将城市化作为影响星球健康的一个重要驱动因子。

10.2　城市化促进人类健康

人类健康状况受个体遗传因素、环境因素及社会经济环境的影响。在科学技术高速发展的当代社会，对居民健康，尤其是城市居民健康而言，社会经济环境日益成为影响的关键因素，尤其是城市化进程带来社会经济的巨大变化势必对居民健康产生深远影响。本节主要讲述城市化如何通过改善基础设施、改善生活方式和质量、提高医疗卫生水平、推动教育和科技发展，以及促进文化交流和社会进步等途径来改善人类健康。

10.2.1　基础设施改善对人类健康的促进

基础设施是指以保证社会经济活动、改善生存环境、克服自然障碍、实现资源共享等为目的而建立的公共服务设施，是构成城市与区域系统的基础要素。一般可分为经济、社会及绿色基础设施三大类。经济性基础设施包括交通运输、能源供应、邮电通信等设施，直接参与到生产过程中；社会性基础设施包括教育、科研、卫生等设施，其作为城市公共服务的空间载体，供给情况与居民的生活品质和城镇化的发展质量密切相关；绿色基础设施包括公园、森林、生态廊道等自然及半自然城市绿色空间，具有调节生态环境、提升景观美学、提高健康福祉等功能。

经济与社会性基础设施是提供公共服务的基石，公共服务可以进一步为人类健康提供保障。改革开放 40 多年来，我国城市建成区面积、铺装道路面积分别由 7438 km^2、22 539 万 m^2 增长至 60 731 km^2、909 677 万 m^2；城市公共交通车辆运营规模与医院数量也有大幅度增加，分别从 25 839 辆、9293 家，提升至 589 961 辆、35 394 家。可见，我国城镇化发展得到了大幅提升，城市建成环境、基础设施建设和公共服务能力均得到明显改善。根据联合国《2021 年可持续发展目标报告》（The Sustainable Development Goals Report 2021）的数据，

2020 至 2021 年，全球有 45 个国家约 290 万贫民窟及非正式住区居民获得了新增的基本服务，这对提升当地公共卫生条件发挥了积极作用。另一项研究基于 2000~2015 年全球人口与健康调查计划（Demographic and Health Surveys，DHS）数据，在 52 个国家开展了 122 次独立家庭调查，覆盖 66~768 个地理集群，涉及近 177 万户家庭（Weiss et al.，2018）。研究显示，与基础设施服务距离越近的区域（距离城市越近），儿童发热被治疗的比例越高，即基础设施的可达性越强，越有利于满足当地居民的就医需求，从而对社区健康产生积极影响。

绿色基础设施也与居民的健康密切相关。大量研究表明，绿地作为城市自然生态系统的重要组成部分，不仅具有净化环境、调节气候、减少噪声和空气污染、节约能源等生态系统服务功能；居民暴露于绿地也有助于减少心血管及呼吸道疾病的发病率及死亡率，可促进加强运动、减少肥胖、降低压力、缓解抑郁症、焦虑症等，对人类生理和心理健康都具有积极作用；此外，还可以增进居民参与感和归属感，改善社会关系，促进社会健康。因此，为了在城市中保留人们接触和享受自然的机会，研究者、政府和各种环保组织都试图设定绿地供给的“最低标准”，以此来体现绿地在城市中的重要性（屠星月等，2019）。

10.2.2 生活方式和质量改善对人类健康的促进

影响人体健康的因素多种多样，在过去对人类健康造成危害的因素主要是生物因素，而现在影响人类健康的因素主要包括生活方式、医疗保健、环境卫生等，其中生活方式的影响最大。一般来说，生活方式主要包括两方面，一是作为活动和时间利用模式的行为表征，二是作为产生特定行为模式的行为偏好。城市中的生活方式与城市化、空间重构、郊区化密切相关，在空间与社会因素的共同作用下，表现为宏观因素制约与个体自由选择的结果，并且在家庭和工作中逐渐形成一种长期稳定的行为表现，因而集中体现了城市空间对居民生活的影响。

近 40 年来，中国社会经济转型给城市带来了巨大的转变，城市发展的核心目标越来越关注精细化社会管理与提升居民生活质量，以人为中心的城市化发展理念越来越受到重视（塔娜和柴彦威，2019）。社会结构与空间组织的变化对个体和家庭生活产生了深刻的影响，为城市居民带来了自主、开放、动态、丰富的现代生活方式。例如，发展需求增幅明显，居民锻炼和教育的经费和时间增加；享受需求显现，城市居民家务劳动社会化程度提高、休闲的投入和时间增加；私人领域需求增加，居民对于家和社区的定义越来越强调私密性。与此同时，城市化进程的加速也进一步加剧了城乡二元社会结构的分化，在分化的过程中塑造了城乡不同的生活方式与行为。城市居民普遍受健康生活理念的影响，追求积极锻炼、健康饮食的生活方式，农村居民受健康生活理念的影响则相对较少。2016 年，中国劳动力动态调查（China Labor-force Dynamics，CLDS）数据显示，生活方式与健康状况之间存在显著的城乡差异。城市劳动者的锻炼频率、锻炼时间的合理程度显著高于农村劳动者，农村劳动者的吸烟频率和饮酒频率均显著高于城市劳动者，城市劳动者的整体自评健康状况显著优于农村劳动者。

10.2.3　城市医疗服务水平提高对人类健康的促进

提升医疗技术能力和医疗质量水平是维护全民健康的主要手段，也是提高人民生活质量的有效措施。例如，香港被认为是全球最拥挤的城市之一，也是人均寿命最长的地区之一，这受益于其普遍可得的医疗服务。医疗卫生水平的提高对人类健康的影响表现在诸多方面。第一，减少传染病的流行。在人类历史的某些时期，人们易于感染各种传染病，这对人类的健康和生命造成了极大的威胁。然而，随着现代医学的发展，疫苗、抗生素和消毒等技术得以广泛应用，传染病的流行得到了极大的控制。通过人们接种疫苗、进行抗生素治疗和改善生活卫生等措施，类似于天花和麻疹等严重致死的疾病已经非常少见，世界各地也出现了良好的预防接种计划和国家医疗保障体系。第二，提高了手术成功率。现代医疗技术的另一个显著特征就是高效的手术技术。无论是心脏手术还是癌症治疗，都在较大程度上提高了手术的成功率。通过精确和复杂的医疗仪器以及手术机器人等技术的应用，手术的安全性和稳定性得以提高，患者的安全也得到了极大的保障。第三，延长寿命。随着现代医疗技术水平的不断提高，人类的平均寿命也随之增加。人们能够享受到许多高级医疗设施带来的服务，如能够实现各种手术、治疗癌症等重大疾病、实施早期预测与预防干预并进行有效治疗，将生命延长至几十岁甚至超过百岁的高龄。

在我国，医疗卫生事业在新中国成立70多年来发生了翻天覆地的变化。1949年，我国仅有2600家医院。截至2019年末，全国医疗卫生机构总数达1 007 545家。根据《“十四五”国民健康规划》数据，我国公共卫生政策对国民健康的促进作用明显，我国人均预期寿命从76.34岁提高到77.93岁，婴儿死亡率从8.1‰降至5.4‰，5岁以下儿童死亡率从10.7‰降至7.5‰，孕产妇死亡率从20.1例/10万例降至16.9例/10万例。在此期间，主要健康指标均达到中高收入国家前列，个人卫生支出占卫生总费用的比重下降至27.7%。

全球范围内，免疫接种被广泛认为是世界上最成功和成本效益最高的医疗干预措施之一，可拯救数百万人的生命。根据《联合国2021年可持续发展目标报告》的数据，2017年，全球共有1.162亿名儿童接受了免疫接种。2000~2015年，全球接种强制性百日咳–白喉–破伤风联合疫苗的儿童比例从72%上升到85%，在儿童生命的第二年或入学年龄期间给予第二剂麻疹疫苗的覆盖率从15%上升至59%，到2017上升至67%，肺炎球菌结合疫苗的覆盖率自推出以来也取得了稳步进展。如今已有数百万名5岁以下儿童免于致命疾病的侵扰，死亡率下降了49%，死亡总人数从980万下降至540万，且仍有大幅降低的趋势。

10.2.4 教育与科技发展对人类健康的促进

教育是人类社会化的过程和手段，是生产物质资源、塑造行为方式的重要资本。教育对个人健康的积极作用，包括增强身体机能、保护心理与主观健康、有效维护日常生活能力、延迟功能限制、提高预期寿命、降低疾病患病率与死亡率等。关于教育对健康的作用机制问题，Ross和Mirowsky（2006）发现主要存在两种作用路径。一种机制被称为“经济地位路径”，强调个体从教育中获取的技能与知识，可以通过生产能力转化为经济资源，为自身的健康提供物质支持。因此，人们面临不同的资源约束会产生不同的行为选择，受教育程度高的群体普遍拥有较高的健康风险应对条件，如提前接受预防性医疗服务、更早利用医疗创新成果、享受更优质的营养物质条件等来维持较好的健康水平。另一种机制则被称为“生活方式路径”，强调人们从教育经历中累积生产技能以外的信息、习惯与认知，这些综合能力有助于个体通过形塑行为方式、管理资源支配来长期维护健康。Henchoz 等（2008）研究发现个人对于自身是否患病的主观感知与受教育程度密切相关，而居民的受教育程度与其健康水平有着紧密联系。例如，受教育程度高的人较少参与危害健康的行为，在日常生活中更注重锻炼身体，也更有可能参与体检和积极采取疾病预防措施。在面对疾病时，他们更愿意遵医嘱并坚持治疗。这些积极的健康行为和态度，有助于有效优化健康维护机制，使得教育在促进健康方面发挥出更高的效能，进而提高教育对健康的配置效率，最终体现在健康水平的提升上。

科技进步对人类健康有着重大影响，这很大程度上体现在现代医疗的发展。从疾病诊断、药物研发到高端手术器械，医疗进步凝结了科技创新成果，人类医学的发展史某种程度上正是科技进步史的缩影。目前，科技创新与医疗卫生加快融合，以创新药物、高端医疗器械为主体的医药产业快速增长，远程医疗、移动医疗、精准医疗、智慧医疗等医疗模式快速发展。例如，随着我国科技自主创新能力持续提升，自主研发器械已达世界先进水平，尤其是在心血管介入系统、骨科手术机器人等产品领域。目前，虚拟现实技术和 3D 打印技术等已经广泛应用于骨科、心外科、胸外科等领域，这极大地增加了手术的精确度和安全性。

10.2.5　文化交流与社会进步对人类健康的促进

世界文化的相互交流拓展了人们的视野，同时也有利于世界人民在众多文化中博采众长。文化对健康的影响是多方面的，它不仅包括传统的价值观念、生活方式和习俗，还包括饮食习惯、休闲娱乐和社交活动等方面。例如，中医药作为我国原创的医学科学，也作为一种文化传向世界各地。随着全球疾病谱的发展变化，我国传统中医药在防治疾病和促进健康方面的独特疗效和比较优势日益凸显。例如，在新冠疫情期间，凡是中医药深度参与的地方，发病率、重症率、死亡率都大大降低。饮食方面，中式饮食追求五味平衡，认为食物对身体的影响与季节、气候息息相关。同样，在日本，人们注重“和食”——一种注重季节性、食材平衡的传统饮食方式。而在西方文化中，尤其是欧美地区，健康常与运动、饮食结构和心理健康联系在一起。地中海饮食被广泛认为有益于心脏健康，而在美国，强调高蛋白、低碳水化合物的饮食理念也备受推崇。

西方社会对健身和运动的重视也影响着人们的生活方式。

社会进步为人类健康的改善提供制度保障，如通过科学技术的创新和进步开发新的健康产品和健康服务，通过良好的健康管理体制和健康教育系统减少人类健康的风险，通过公平地分配健康资源和提供健康服务满足全体人民的健康需求。社会制度、文化习俗、道德观念等社会要素对人类健康的影响不是彼此孤立的，而是相互关联、相互影响，通过社会环境的整体效应对人类身心健康状态产生影响和作用。

10.3 城市化对环境因子的影响及其健康效应

10.3.1 城市化对气候的影响及其健康效应

随着城市化进程的快速推进，城市规模不断扩大，城市人口集聚，城市生产生活方式也发生了极大改变。这一系列变化导致城市化的气候效应不断增强，城市气象因子发生显著变化，进一步给生态环境和居民健康带来严峻挑战。探索城市化发展的背景下，城市内部温度、湿度、降水等气象条件的变化规律，并进一步探究由此引发的对城市人居环境和居民身心健康的影响，可提升城市应对气候变化和灾害风险的能力，为推进韧性安全城市建设提供理论参考。本节重点关注温度、降水和风速三个气象因子的变化，从理论概念、机理机制、影响规律、健康影响等方面阐述城市化效应。

1. 城市化对温度的影响

1）城市热岛效应

城市热岛效应（urban heat island effect，简称 UHI 效应）是城市温度显著高于其周边郊区温度的现象。1818 年，英国气象学家 Luke Howard 首次发现伦敦城市内部温度高于郊区的温度。1958 年，Gordon Manley 首次用“热岛”（heat island）描述这种城市气温高于郊区的特殊现象。此后，城市热岛的专业术语便一直被沿用至今。随着全球城市化快速推进，UHI 效应已成为全球城市普遍面临的问题，也是城市气候最明显的特征之一。UHI 效应的形成反映了城市化过程中人类活动改变自然环境的整体效果，其成因也是多方面的。地表能量平衡（surface energy balance，SEB）理论是解释 UHI 效应的理论基础。该理论认为地表吸收和释放的能量包括净辐射、显热、潜热和储热等形式，当能量在地表、地下和近地表大气之间传递时，温度也随之改变。UHI 效应的产生则是因为城市、郊区热量平衡过程存在差异。能量平衡公式如下：

$$Q^{*}+Q_F=Q_H+Q_E+\Delta Q_S+\Delta Q_A$$

式中，等号左侧为能量输入项：Q^{*}为太阳净辐射量，Q_F 为人为热排放量；等号右侧为能量输出项：Q_H 为显热通量，Q_E 为潜热通量，ΔQ_S 为储热通量，ΔQ_A 为地面传导热通量。

地表接收到太阳辐射和人为热之后，能量将以不同的形式存储和耗散，其中一部分以储热的形式存储在下垫面（ΔQ_S），另一部分将以显热（Q_H）的方式传输到大气中，用于加热底层空气，还有一部分将伴随水分蒸散以潜热（Q_E）的形式输送到空气中。城市化过程中改变了城市、郊区下垫面类型，导致能量平衡公式在城市、郊区存在差异。

在能量输入方面，城市化过程中，林地、草地、水体等自然地表类型被人工不透水面所取代；而人工不透水面的低反射率特点使得城市对太阳辐射能量的吸收增加，致使城市的太阳净辐射（Q^{*}）大于周边郊区（或农村）自然环境。随着人类工业活动、建筑制冷取暖、交通运输等活动的增加，人为热（Q_F）排放急剧增加，进一步增加了城市热量的输入。在能量输出方面，城市狭窄的街道、高大的建筑物形成了“城市峡谷”，阻挡了热量对流和风环流，致使热量（ΔQ_S）耗散减缓并长时间停留在城市空间中，导致城市温度升高。此外，林地、草地、水体等自然地表的减少，也导致了城市区域蒸腾蒸散作用降低，潜热（Q_E）通量减少。城市区域所接收到的输入能量将大部分以显热（Q_H）的形式直接进入到大气中，用于加热底层空气。

热岛强度存在明显时空异质性。基于 2003~2010 年中分辨率成像光谱仪（moderate-resolution imaging spectroradio-meter，MODIS）数据，研究人员量化了全国 67 个主要城市的热岛强度，发现白天的热岛强度具有明显季节变化，即夏季最大，冬季最小（Wang et al.，2015）。随着城市人口不断增长，城市不透水面积持续扩张，UHI 效应进一步加剧。1985~2020 年，全球 511 个主要城市的

UHI 强度随城市化发展呈线性增加趋势（Li et al.，2023）。城市不透水面积增加是 UHI 效应增强的关键因素，由于不同区域城市化程度不同，其热岛强度也存在显著差异。

2）城市热环境改变引发的区域热环境改变

随着城市化的发展，城市群已成为过去一个世纪全球城市化最突出的特征，代表着特定地理区域内紧凑的空间组织和紧密的经济联系（Fang and Yu，2017）。由于城市之间距离的缩小甚至消失，城市群逐渐成为城市“热岛群”“热岛链”，可以极大地改变区域热环境。区域热环境对空气质量、局地气候、植被生长、能源消耗和公共健康具有重要影响，因此，针对城市群区域热环境问题的探讨也日益增多。

3）局地微气候

城市是一个高度复杂且存在空间异质性的社会–经济–自然复合系统，在城郊温度差异的空间分布特征基础之上，越来越多的学者揭示并关注到城市内部温度的空间异质性，即城市温度在不同的局地范围呈现显著差异。2009 年，Iain D. Stewart 首次提出局地气候分区（local climate zone，LCZ）的概念，加快了局地微气候的研究步伐。局地气候条件因城市自身的社会经济特征和局地生物物理条件的差异而存在显著不同。人类活动、地表覆盖、城市形态是影响局地微气候的关键因素。人类活动，如交通运输、工业生产和供暖制冷等，会排放大量热量，导致交通干线周围、工业园区等局地温度更高。地表覆盖的类型和分布会改变地表和大气间的水热交换特征，进而影响局地温度和湿度条件。

4）健康影响

极端高温是一天或连续多天的气温偏离历史平均水平，超过高温阈值的天气事件。全球尺度的气候变化使极端高温发生的频率更高、强度更大且持续时间更长；同时，极端高温与城市化的气候效应叠加，使其在城市区域更加显著。城市内部社会经济的聚集和下垫面的特殊性使得城市内部热量更易聚集并保留在城市环境中，导致城市更易出现极端高温。同时，城市化的气候效应不仅能直接作用于区域/局地气候，还能通过促进全球气候变化间接作用于区域/局地气候，这也是极端高温出现的一个关键原因。

城市化在极端高温的时空演变中扮演重要角色。基于观测记录到的极端高温事件的变化趋势，自 20 世纪 50 年代以来，在气候变化和快速城市化的双重影响下，我国极端高温的频次和强度显著增加（Sun et al.，2022）。整体而言，极端高温的变化与气候变化背景下气温的变化有一定相似性，表现为：极端高温期间日最低气温的上升幅度明显大于日最高气温，夜间极端高温的上升幅度大于日间极端高温，昼夜同步出现的复合型极端高温事件增加最为显著等。分区域看，华东、华南、西北等区域的极端高温的变化趋势不尽相同，且区域内部存在较大差别，这反映出城市化和气候变化的影响在区域间和区域内的异质性。极端高温增强的时期与城市化高速发展的时期基本吻合，极端高温增强的区域随着城市建成区的扩大而扩大，其增强幅度从市中心向郊区递减，同时极端高温发生的频率、强度等指标与局地尺度的不透水面占比呈正相关。

极端高温不仅影响空气质量、土壤湿度、生物多样性等，还会破坏社会经济的正常运行，威胁居民身心健康。例如，极端高温天气增加了人体对热量的负担，容易导致热应激和中暑；长时间的高温会增加心脏和血管系统的负担，引发心血管疾病；极端高温促进空气中的污染物反应，加剧呼吸系统疾病。同时，高温天气会影响人的睡眠质量，导致精神状态下降，产生紧张、易怒、焦虑等负面情绪。应对极端高温的健康风险，不仅需要全社会的共同努力，更需要特别关注社会中的弱势群体，并有效调配应急资源。

2. 城市化对降水的影响

城市干岛效应（urban dry island effect，简称 UDI 效应）通常与 UHI 效应相伴存在，是指城市发展造成城市近地表大气湿度明显低于周边区域的现象。城市干岛的形成原因主要有两个：一方面，城市化过程中大量自然地表被不透水的建筑物和道路取代，降雨后雨水流失较快，导致地面干燥，蒸发量减少；另一方面，城市区域植被覆盖率较低，缺乏土壤和植被的吸收和保蓄功能，蒸散量较小。此外，UHI 效应导致城市温度升高，城市区域的动力湍流和热力环流较周边区域更快，造成城市区域的水汽含量减少，进一步加剧城市干岛效应。由此，城市较其周边区域空气中的水分偏少，湿度偏低，形成孤立存在的“干岛”。

城市雨岛效应（urban rain island effect，简称 URI 效应）是指城市区域降水量明显高于郊区的现象。城市人口聚集、生产活动强度大以及特殊下垫面条件等因素共同作用，使得大气边界层的特性发生变化，尤其城市区域的上升气流增强，伴随大量热能、污染颗粒物释放到空气中，形成降水的凝结核。同时，城市复杂的三维立体结构，城市相较周边区域地表摩擦力更大，导致天气系统在城市区域的移动速度相对减缓，云层滞留时间更长，最终城市及其下风向地区存在降水增多的现象。

城市雨岛效应导致城市区域降水特征的变化，一般集中出现在汛期和暴雨发生的时候，易形成大面积积水，甚至在城市里造成大范围内涝，特别是峰高量大的暴雨导致洪水发生的概率增大，从而加剧城市防洪压力。现有研究大多关注城市降水的时空变化规律，从而揭示城市化对降水的影响。

城市雨岛效应致使城市区域极端降雨频发和洪涝风险增加，严重威胁城市居民的生命财产安全。极端降雨和洪涝灾害对城市基础设施带来巨大压力和冲击，容易发生内涝和河流决堤，造成房屋被淹、道路中断等严重后果。特别是城市排水不畅的低洼地区，一旦遭受洪水袭击，将严重损害居民财产和生命安全。极端降雨和洪涝灾害造成环境污染，破坏饮用水源，还会滋生蚊虫等疾病媒介生物，增加传染病发生的风险；此外，这类灾害还会影响居民的生理机能和心理健康，引发中暑、心血管等疾病，并加重呼吸系统疾病症状（He et al.，2024）。

3. 城市化对风速的影响

城市化进程会改变地表的热力属性，进而影响空气的流动状态。一方面，由于城镇化过程中建筑密度和高度增加，建筑物阻挡以及 UHI 环流效应使得城市中心区域的风速明显低于郊区和农村地区。另一方面，城市化过程中大量兴建的高楼大厦、道路等人工不透水面显著增加了地表粗糙度，引起更多的机械湍流，阻碍空气流动，从而降低风速。城市内部风速的减小会给居民的健康带来一定影响。适度的风速有助于空气对流和污染物扩散，从而改善空气质量；但如果风速过低，空气污染不易扩散，进而引发一系列呼吸和循环系统疾病。例如，在高温天气，低风速条件下热量难以扩散，会加剧热浪效应，进而加重居民的热压力和中暑风险。此外，城市中心区普遍存在较低风速情况，会直接影响空气污染物的扩散，从而提高呼吸系统疾病，如哮喘、支气管炎等的发病率。因此，通过合理规划城市形态、优化建筑布局、营造良好通风廊道等措施的实施，有助于改善城市通风环境，缓解城市化带来的不利影响，保障居民的健康和安全。

10.3.2　城市化对水文和水质的影响及其健康效应

1. 城市化对水文的影响及其健康效应

1）城市化对水文的改变

（1）蒸散发

城市化对蒸散发的影响可能是削弱，也可能是增强，两者发生的条件主要与城市所处的气候环境有关。不透水面的迅速扩张，会阻隔地下水蒸发的通道；同时，植被面积减少也会相应地降低植被冠层的水分蒸发。此时，城市化对蒸散发的影响表现为削弱效应。而人为热和社会性耗水增加，如绿地浇灌水量的增加，城市化对蒸散发的影响表现为增强效应。城市的蒸散发过程越来越受人类活动和人为调控的影响，并与周边自然气候环境形成了显著差异。在湿润气候区，城市的年平均蒸散量普遍低于非城市地区；而在干旱气候区，城市的蒸散量往往高于非城市地区。

（2）地表径流

在自然地被植物覆盖下，约有 25%的降水渗入含水层，仅 10%最终成为地表径流；但城市化地区，不透水面的增加阻碍了降水自然下渗，使地表径流显著增多。在高度城市化的地区，自然降水中下渗所占的比例非常低，超过一半的降水会直接形成地表径流（Arnold and Gibbons，1996）。同时，城市化地表硬化使原来多样化的土地利用类型（如植被、林地、农田等）变为广场、柏油马路等，流域地表的糙率降低，汇流速度会显著加快；而且城市中密集的排水网络也会进一步缩短降水汇流的时间。这些因素导致城市地区的径流历时变短，径流变化幅度增大，城市内涝风险增加。

（3）地下径流

城市化对地下水文过程的影响可以分为正、负两类。负效应主要表现为：

城市不透水面增加会引起下渗补给水量减少，同时人工抽取地下水也会导致地下水位显著下降。正效应主要体现在：在合理的地下水开采范围内，因供水网络渗漏、市政污水回渗、地下水回灌、绿地灌溉、可渗路面铺装等人为因素，以及不透水面对地下水蒸发作用的抑制等原因，可能引起地下水位上升。城市化对地下径流影响的作用具有显著动态性和空间异质性，如中国华北平原城市因长期大规模超采地下水，开采量远超其自然补水量，造成区域性地下水位下降，但在水资源相对充足的滨海或沿河城市，通过有效的补给调控措施，城市活动可贡献地下含水层 50%的水量，地下水位呈现动态平衡。不过，沿海地区的地下水利用也面临海水倒灌的风险。

2）城市水文变化对人群健康的影响

城市水动力环境改变造成的最为突出的影响就是加剧了暴雨洪涝灾害的发生。这类灾害不仅会直接破坏城市基础设施，还可能增加腹泻等疾病的发病风险。洪涝与腹泻之间存在正相关关系，以印度为例，洪涝后的腹泻患病率要高出以往 2.60 倍（95%置信区间：1.55~4.36）。但也有部分研究指出，由于地理环境、病原体种类等多方面的差异，洪涝与腹泻的相关性并不一致。例如，在孟加拉国的研究发现，霍乱（急性感染性腹泻疾病）的发病基本不受气候因素影响。在降雨更为频繁的雨季，细菌性和寄生虫性腹泻的发病率更高，但对于轮状病毒腹泻则表现出了负相关性。

暴雨洪涝灾害还可能引发其他介水传播疾病的流行，如甲型/戊型肝炎、钩端螺旋体病等。这是因为在暴雨洪涝期间，洪水具有强大的破坏力，极有可能损坏供水网络、下水道和垃圾处理系统。一旦这些基础设施遭到破坏，多种病原体便会搭乘污水肆意扩散，大大增加相关疾病传播的风险。此外，暴雨洪涝期间气候潮湿，有利于蚊媒的滋生繁殖，可能会促进媒介传播疾病的扩散，如疟疾、黄热病、西尼罗热病等。同时，暴雨洪涝还可能给人们的心理健康带来负面影响，特别是当暴雨洪涝灾害的严重程度及规模超出灾区居民的承受能力时，影响会更为显著。最常见的心理健康障碍包括创伤后应激障碍（post-traumatic stress disorder，PTSD）、抑郁与焦虑等。Alderman 等（2012）系统性总结了暴雨洪涝灾害后出现心理障碍的主要影响因素，具体包括：暴露程度、既往应对经验、性别和年龄、社会经济地位、家庭结构、宗教信仰、社会支持系统、身体健康状况以及人格因素等。

暴雨洪涝灾害对人类健康的影响过程较为复杂。以暴雨洪涝对人群腹泻发病的影响为例，其潜在作用机制主要体现为暴雨洪涝与环境病原体蓄积的相互作用，具体可概括为以下三种效应。①浓缩效应：干燥条件下，微生物在环境中进行累积，形成病原体浓缩现象；②径流效应：暴雨将病原体冲刷入地表水，病原体附着在沉积物中发生再悬浮，随污水四处扩散造成短期的污染加剧；③稀释效应（dilution effect）：当降水强度大且持续时间长时，初期会分散累积的污染物，并在首次冲刷后通过进一步稀释降低裹挟其中的各种病原体浓度。此外，暴雨洪涝灾害还会加重卫生设施或饮用水处理基础设施负荷，导致饮用水源、食物污染，从而增加脆弱人群摄入病原体风险。

2. 城市化对水质的影响及其健康效应

城市化对水环境质量的影响同样存在正、负两种效应。正面效应是随着城市化发展，废污水回收治理措施的实施、绿色基础设施的建设和城市公共服务逐渐完善等，城市水质会得到改善，水资源利用效率也得以提高，对水环境产生积极影响。负效应是指城市化发展造成不透水面增加，改变了地表径流、峰值流量、暴雨频率和地下水补给，影响了自然的水循环。这些改变会引发水体黑臭、富营养化、水生物种生物多样性丧失等水环境问题，给水环境带来消极影响。正负效应的最终呈现方式是两者相互抵消后的动态结果，伴随城市化发展会呈现倒“U”形曲线，即在城市发展早中期以负面效应为主，并伴随城市化负面效应增强；但当城市发展进入中后期，则以正面效应为主，并伴随城市化发展正面效应增强。

城市化水质污染会对城市居民健康造成直接影响。这种影响主要体现在两个方面，饮用水的健康风险和非饮用水（景观水体）的健康风险。前者会通过食用进入人体产生健康危害，而后者则会通过皮肤、耳鼻等非食用路径进入人体，从而对人体产生危害。有研究对饮用水中的抗生素残留情况展开调查，结果发现，在直饮水与瓶装水中广泛存在痕量的抗生素残留，其中涵盖大环内酯类、喹诺酮类、磺胺类、β-内酰胺类等多种类型。流行病学调查、临床观察和研究报告均提供了大量证据，表明抗生素残留物的暴露与肠道微生物群落组成的变化密切相关。数量较少且易受抗生素影响的菌株可能会消失，而抗生素耐药菌株则会受到刺激，不仅能够存活下来，还会不断聚集。肠道菌群失衡可能导致有害菌和机会性致病菌的过度繁殖，进而导致人类产生结肠炎、结直肠癌或肠道疾病等各种疾病。耐药菌株的代谢变化可能进一步影响人体宿主的免疫和代谢功能，胎儿由于其微生物组大多来自母体而受到更大的影响。更严重的是，一旦在肠道细菌中出现了多重耐药菌，由这些菌株引发的综合征通常会导致患者因无法治愈而死亡。

城市排入景观水体的抗生素愈发引起研究学者的关注。已有研究证实城市废水是药物制剂排放到景观水体的主要途径。据统计，50%~80%的抗生素以原药或代谢产物的形式通过排泄物进入污水系统。传统的污水处理工艺对抗生素的去除效果并不理想，抗生素残留物会随着污水处理后排入景观水体。此外，含有抗生素的废水也可能因雨污混接、地下排水管道渗漏进入地下水系统，最终通过不同环境介质对人体健康产生影响。

10.3.3 城市化对土壤环境的影响及其健康效应

在城市化进程中，与自然土壤相比，城市土壤由于人类活动的干扰通常具有有机物质减少、污染物积累、土壤压实以及土壤封闭等特征（Zhu et al., 2011）。同时，园林绿化、土地复垦、基础设施建设等城市建设活动导致“客土”被广泛引入。引入外来土壤犹如一把双刃剑，优质的客土应用于城市绿化时，能够提升土壤肥力，增加城市的景观多样性。然而，劣质客土则可能引入新的污染物和微生物，进而改变原有土壤的微生物构成，打破其生态平衡。这种变化可能会削弱土壤的自净能力，导致有害物质在土壤中不断积累。城市快速扩张导致大量自然和农业用地被转化为城市土壤，这一过程中最直接的影响表现为土壤封闭（不透水表面）使土壤失去活力的同时累积污染物，从而导致对人类健康造成潜在风险。根据 2017 年《柳叶刀污染与健康重大报告》显示，全球土壤污染呈上升趋势，其中弱势群体受到的影响尤为显著，这对人类健康和福祉构成了严重威胁。土壤对健康的影响主要通过以下三个途径：①人类可能直接暴露于土壤中的化学物质或污染物；②土壤作为一个次生污染源，会间接地对人类健康产生影响；③土壤质量恶化可能导致作物品质降低甚至受到污染，进而通过食物链危害人类健康。

快速的城市化在为人们带来生活便利的同时也导致了密集化的能源消耗，带来了工业、交通、城市建设以及农业活动中更多的污染排放，因此城市土壤比自然土壤更容易受到污染物的影响。常见的城市土壤污染物包括重金属（如汞、镉、铅）、有机污染物（如多环芳烃、挥发性有机化合物）、石油产品、农药等。城市土壤主要分布在公园等城市绿色空间。尽管接触城市绿色空间有助于改善人体健康，但同时也显著增加了人与土壤污染物直接接触的机会。据统计，全球每年约有超过 50 万人因土壤污染暴露而过早死亡。人体接触被污染土壤可能出现皮肤炎症，如由刺激或过敏引起的皮炎、荨麻疹、痤疮甚至癌症。严重时，土壤中的化学污染物可以穿过皮肤角质层并进入循环系统分布到全身。在公园绿地中活动时，吸入土壤污染物也更为频繁。尤其是在户外玩耍的孩子们，他们可能会无意中吞食或吸入了被污染的土壤（图 7.8）。城市土壤更容易含有本地释放的污染物（如汽车尾气、含铅油漆、纺织化学品、家用化学品等），也有可能含有被排放的区域（全球）污染物（如氮氧化物、硫氧化物和燃烧产物）。人体吸入受污染的土壤颗粒（如吸附在尘土颗粒上的氡气、石棉、铬等无机污染物）后，这些污染物会在呼吸系统、消化系统和肠胃系统中以不同方式被吸收。长期暴露在这种污染环境下，不仅会引发哮喘、急性呼吸道感染或肺癌等呼吸系统疾病，还可能导致与室内和职业暴露相关的心血管疾病以及神经发育障碍等问题。

城市化进程加剧导致的污染问题不容忽视，即使城市居民并未直接受到城市土壤污染的影响，但这些污染仍可能以次生污染源的形式间接对公众健康构成威胁。城市化进程中建成区土壤的压实以及不透水面的增多，显著改变了自然水循环系统。近年来，中国大力推进海绵城市建设战略，即将城市绿地、水体等自然生态系统融入城市水资源管理体系，以加强城市对雨水等自然水文现象的吸纳、调蓄和净化能力。然而，如前文所述，城市化进程产生了诸多消极后果，其中之一便是城市绿地常沦为城市土壤污染物的集聚地。当降水流经受污染的城市土壤，土壤中吸附的污染物质可能会被冲刷出来，进而渗入地下水，这对城市饮用水安全及居民健康构成潜在风险。例如，土壤中渗出的硝酸盐一旦进入水源，可能诱发血红蛋白含量下降，甚至导致高铁血红蛋白症（蓝婴病）等健康问题，损害人体血液输送氧气的功能，极端情况下甚至会危及生命。

除了上述影响，城市化进程还促使人类更多地走进城市内部的绿色空间和周边的野外环境开展休闲活动。然而，这类活动也引发了一种新型环境污染问题。在户外活动时，运动服装和鞋上的微塑料和纳米塑料颗粒可能会脱落，进而沉积在土壤中。研究表明，这些微小的塑料颗粒能够渗透到土壤环境中，随着时间推移，它们会被植物根系吸收或被土壤生态系统中的微生物和小型生物摄取，进一步通过食物链进入更高级别的生物体内，进而影响人类健康。世界卫生组织（World Health Organization，WHO）、联合国粮食及农业组织（Food and Agriculture Organization of the United Nations，FAO）一致认为，土壤污染对粮食安全产生双重打击。一方面，土壤污染会削弱农作物的生产能力，持久性有毒污染物持续侵蚀土壤，会致使土壤逐渐退化，进而影响农作物的产出。另一方面，被污染的土壤种植出来的农产品有可能不符合食用安全标准。得益于各国严格实施国家及国际标准，全球食品中的污染物浓度总体维持在较低水平。FAO 和 WHO 及其下属的食品法典委员会共同发起的食品标准项目制定了基于科学研究的食品质量标准，明确规定了各类污染物在食物中的最大残留量。即便如此，城市土壤污染通过食物链对人类健康的长期累积效应仍是一个复杂的课题。在城市化进程中，释放出的多种污染物可能在人体内不断积聚，而这些污染物之间相互作用会产生怎样的具体影响，尚未得到充分的研究和阐释。

综上所述，城市化对土壤环境产生的深刻影响不仅体现在土壤物理结构破坏、化学性质改变和生物多样性丧失等方面，而且通过多种渠道对人类健康造成直接和间接的危害。城市土壤污染源多样，污染物种类繁多，包括但不限于重金属、有机物、放射性物质等。这些污染物通过直接接触、吸入、食物链传递等多种途径进入人体，诱发各种急慢性疾病，乃至致癌。城市化进程中不透水面的增加加速了污染物在土壤中的汇集，同时污染物可能通过地下水系统扩散，对城市供水安全构成威胁。此外，城市土壤污染还波及粮食安全，一方面降低了土壤肥力和农作物产量，另一方面可能使产出的食物携带污染物，影响食品安全。

10.3.4　城市化对空气质量的影响及其健康效应

1. 城市化与空气质量的演变

在城市化进程中，人口不断集聚，资源和能源被集中消耗，这在一定程度上逐步改变了人类的生活和生产方式。然而，这种发展模式也对城市及其周边的生态环境造成了不同程度的影响。生态环境的变化又反过来作用于城市的人居环境，影响城市的可持续发展水平。其中，城市及其周边区域的生态环境质量问题尤为突出，特别是大气环境。由于大气环境影响范围广泛、与人类健康直接相关、社会关注度高且治理难度较大而受到了广泛关注（韩立建，2018）。研究表明，随着城市化的推进，城市空气质量的变化呈现出一定的规律。在城市化初期，空气质量有所提升；但进入快速发展阶段后，空气质量开始下降。与此同时，公众对空气质量的要求以及空气质量管控措施的力度都呈现出先上升后趋于平稳的态势。空气质量管控措施的变化趋势与公众需求类似，只是在时间上稍有滞后（图 10.1）。

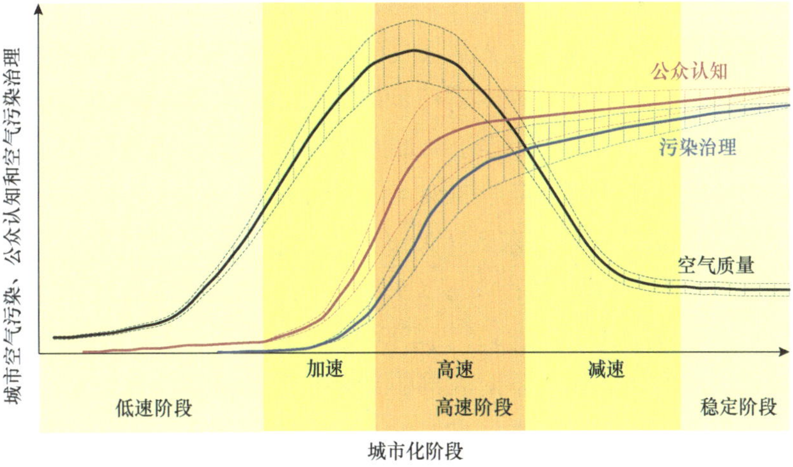

图 10.1　城市化过程中空气质量、公众认知及污染治理的阶段性变化（Zhang et al.，2022）

2. 城市空气污染对人类健康的复杂影响

城市空气污染对人类健康的影响不仅局限于直接的健康影响，还会通过城市化进程间接地加剧这种影响，从而对人类健康造成更为严重的威胁。其中，有两个最为典型的作用过程。第一，城市化所引发的人口迁移，极大地增加了人群暴露在污染源中的可能性。在城市化推进过程中，大量人口从农村涌入城市，致使城市人口密度大幅上升、建筑愈发密集，交通也日益繁忙。从而使得更多的人暴露于城市空气污染源，提高了他们患上呼吸系统疾病以及其他相关健康问题的风险。第二，城市空气污染的复合效应也进一步加大了人群接触污染源的风险。城市空气中的污染物种类繁杂，并且这些污染物之间可能会产生复合反应，从而增加对人体健康的危害程度。例如，空气中的颗粒物可能吸附有害化学物质，增加了有毒物质进入人体的机会；同时，颗粒物还可能与其他污染物发生化学反应，生成毒性更强的化合物，进一步加重了对人类健康的不良影响。综上，在城市化进程中，人口迁移和城市空气污染的复合效应共同作用，使得人群暴露于污染源的风险增加，进而加剧城市空气污染对人类健康的不利影响。因此，为了减小这种影响，必须采取切实有效的措施来控制城市空气污染，提高城市环境质量，以保障人类的健康。

城市空气污染暴露一方面受污染物浓度的影响，另一方面也受城市化引发的人口迁移的影响。城市迁入居民由低污染浓度区域迁移至高污染浓度的城市区域，进一步造成了城市人群污染暴露的加剧。以全球空气污染最为严重的 2010 年为例，虽然全球仅有 8%的陆地面积暴露于细颗粒物（$PM_{2.5}$）> 35 $\mu g/m^3$ 的污染，但却造成全球 30%（约 19.4 亿人）的人口暴露于其中，其中受影响较为严重的区域为东亚（9.66 亿人）和南亚（7.78 亿人），而受影响人口超过 1 亿的国家包括：中国（9.62 亿人，占其总人口的 72%）、印度（5.43 亿人，占其总人口的 48%）、巴基斯坦（1.53 亿人，占其总人口的 87%）。同时，城市化引发的人口迁移对人群的 $PM_{2.5}$ 污染暴露贡献显著，尤其是在中低收入国家的快速城市化地区。2010 年，全球新增 $PM_{2.5}$ 暴露人口中约 25% 归因于本地人口增长，尤其是在非洲和亚洲，这可能与这些地区快速城市化引发的人口快速集聚存在一定的关联。2000~2015 年，中国 $PM_{2.5}$ 污染持续加剧，受影响人口数量巨大且主要集中在东部高密度的城市区域。其中，东部地区的广东、上海、浙江、北京和天津，东北地区全境，以及西部地区的新疆、四川、内蒙古和重庆等地的新增 $PM_{2.5}$ 污染暴露人口主要归因于城市化进程带来的快速人口迁入。值得注意的是，在快速城市化的京津冀地区，2000~2015 年城市化和自然增长对新增 $PM_{2.5}$ 暴露人口的贡献基本持平，但不同时段呈现明显差异：2000~2005 年和 2010~2015 年，城市化贡献率显著高于自然增长；2005~2010 年城市化呈负贡献，自然增长成为暴露人口增加的主要因素。特别是北京和天津两大主要城市，其新增 $PM_{2.5}$ 暴露人口主要归因于快速的人口增长。

城市空气污染的复合影响，首先体现在化学污染物之间的转换与复合污染所产生的影响上。过去几十年，我国城市空气污染具有两个基本特征。

一是，污染类型从传统污染物（如二氧化硫、氮氧化物等）向新型污染物（如 $PM_{2.5}$、臭氧等）转变。这种转变的原因包括：工业结构调整导致传统污染物减少而新型污染物增加；交通运输量增长带来氮氧化物和挥发性有机化合物等排放增加；能源结构转型促进了新型污染物的排放；地方污染源和远距离传输使得新型污染物在某些地区增加；气候变化的影响也会间接导致新型污染物的生成和分布模式发生变化。同时，城市空气污染也由单一污染向复合空气污染转变（每年仅 20%以内的污染日为单一污染物超标），特别是 2 种或 3 种污染物复合污染对我国城市的影响呈上升趋势，这种现象在我国大城市和东部地区尤为突出。随着城市规模增大，复合空气污染水平呈先增高后降低的趋势（Han et al.，2018）。

二是，城市空气污染的复合影响还表现为化学污染物与致敏花粉之间相互作用所带来的影响。污染物使致敏花粉的致敏性发生改变，从而加重了人类身体健康的负担。气传致敏花粉与空气污染物都共处于大气中，当气传致敏花粉受外界环境污染物胁迫时，会通过基因表达的快速变化，合成特定蛋白质来响应外界环境变化，而增加对人体的不利影响。同时，空气污染物也会反向作用于致敏花粉，破坏花粉的表面，导致其释放更多的过敏原，从而提高空气中过敏原浓度和致敏效率。此外，二者之间还存在许多复杂的生物化学反应，但根据现有流行病学研究结果存在差异，它们之间的作用机理尚不明确，亟待更多更深入的实验来提供强有力的证据。因此，开展空气污染与致敏花粉的复合影响评估也是未来研究中亟待开展的主题和热点之一。

10.4 城市化对生物因子的影响及其健康效应

“星球健康”和“同一健康”（one health）理念均强调为保障人类健康，必须全面考量人类与相关的动物、植物及微生物之间的相互关联和相互影响，将其视为一个整体。生活在城市中的人类不可避免地与城市中的生物产生着千丝万缕的联系，如我们在公园的绿地中行走，会同时暴露在植物、动物和微生物环境中，而这些城市中的生物因子均会对身处其中的人类产生生理、心理和社交健康的影响（图 10.2）。当前，关于城市化对植物、动物等生物因子的影响已有大量研究，其作用机理也较为清晰；然而，城市化对微生物的影响，目前尚缺乏足够的了解。更为关键的是，城市环境中植物、动物和微生物通过何种机理、何种路径影响人类健康，这方面仍存在大量研究空白。正因如此，该领域成为星球健康研究的热点方向。

图 10.2 处于同一生态系统中的人类与生物因子（Sun et al.，2023）

10.4.1　城市化对植物的影响及其健康效应

绿地作为城市生态功能的主要载体，被认为是促进可持续和健康城市发展的关键因素。全球城市化促进了人口增长和社会经济繁荣，也加剧了全球生态环境退化，这极大地挑战了城市的可持续性（Seto et al.，2017）。人们曾普遍认为城市化会减少单个城市甚至全球城市的绿地面积（Chen et al.，2022）。然而，现有研究表明，这种绿地随城市化的减少并不绝对。绿地作为一种优质的公共物品，其需求程度随着居民收入水平的增加而增加。21 世纪初以来，城市化对植被生长的积极影响越来越大，部分抵消了城市化早期土地改造引起的植被损失，并导致人类对绿色空间的暴露程度增加（Zhao et al.，2016）。在过去的 20 年里，全球 1028 个城市中有 648 个（63%）出现了植被增加的积极趋势（Wu et al.，2023），其中高度城市化的城市绿地覆盖增加，而城市化水平较低的城市仍在经历绿地的丧失。其中，农业用地受到城市扩张的侵占和破碎程度比林地更大，特别是在城市外围。预计到 2100 年，将有 3600 万~7400 万 hm^2 的土地实现城市化，与 2015 年基准年相比增加 54%~111%，其中 11 万~33 万 hm^2 的自然生境将成为城市用地（Li et al.，2022）。

受城市化影响，土地利用变化造成了自然栖息地丧失和破碎化。截至 2020 年，生物多样性保护目标中的大多都尚未实现。全球评估显示，城市面积扩张导致当地物种丰富度损失约 50%；仅在城市化地区，物种总丰度损失高达 38%。城市化加速了本地物种的灭绝，以及非本地物种的涌入。这不仅改变了物种组合的分类，还改变了物种组合的功能和系统发育组成。城市化减少了地区之间的植物差异，导致全球城市出现生物同质化现象。尽管城市化导致城市地区的本地物种多样性减少，但在城乡梯度上，植物丰富度在中度城市化地区达到峰值，这符合景观生态学的中度干扰理论（Dial and Roughgarden，1988）。外来物种入侵是改变植物多样性的另一个主要驱动因素。城市化过程中，外来物种通常作为观赏、农业或林业材料，被无意或有意地引入，城市成为外来物种归化的集中地。在这种情况下，城市植被景观可能比周边自然生态系统具有更高的整体物种丰富度，其物种数量和丰富度随着城市化进程的推进而增加。

城市化不仅对自然生境造成破坏和干扰，还改变了城市地区的气候和环境条件，如空气组成、水文循环、土壤特性、温度分布及降水格局等的改变。这些变化对植被生长产生多重影响（Grimm et al.，2008）。城市化对植被的影响可分为直接和间接两个方面。直接影响通常是负面的，指土地覆盖从自然表面转变为不透水面，植被覆盖减少。城市化对植被生长的间接影响受气候和人为因素共同控制，通常由 UHI 效应、光污染、富营养化等人为变化引起（Wang et al.，2019）。最近，基于控制实验或区域遥感观测的研究也证实了城市植被的生长受到环境改变的刺激，从而更加高产或具有更长的生长季节。植物周期性事件（如叶子展开、开花或叶子着色）的时间对环境因素的变化很敏感，因此植物物候被视为“煤矿中的金丝雀”，成为监测气候变化的重要生物指标。一般来说，开花和落叶时间较早的物种对温度和城市化更敏感，更容易受区域温度与城市化之间相互作用的影响（Li et al.，2019）。与周边农村地区相比，城市地区的植物物候周期开始得更早，结束得更晚，生长季明显延长。城市和农村地区之间所有植被类型的生长季节长度平均相差约 9 天。城市规模每扩大 10 倍，可能导致物候期开始时间提前约 1.3 天，结束时间延迟约 2.4 天（Li et al.，2017）。对中国 343 个城市研究发现，植被生长季开始和生长季结束的提前和延迟趋势分别随着城市化强度的增加而增强。总体而言，城市核心区（城市化强度高于 50%）相对于非核心区，其物候期开始时间提前了（8.6 ± 0.54）天，结束时间延迟了（1.3 ± 0.51）天，生长季节长度相对于农村（城市化强度低于 1%）延长（9.9 ± 0.77）天（Jia et al.，2021）。但是，这种植被物候对城市化的响应在不同的气候带或者植被分区的表现也存在差异，内在作用机制仍有待深入挖掘。

物候事件（如开花和落叶）通过生物相互作用、生物地球化学循环、与气候的生物物理反馈，对特定群落中的大多数物种产生级联影响。例如，在城市化程度较高的地区，受 UHI 效应影响，植物开花时间被动延长或者多次开花，增加了城市居民的过敏风险，居民的过敏季节也会更长。21 世纪，全球健康面临重大挑战，而科学管理快速城市化正是应对这些挑战的关键策略之一。现有研究表明，在城市化进程中，城市居民的过敏性和自身免疫性疾病急剧增加，特别是在发展中国家，疾病流行率持续上升。城市化地区花粉过敏性鼻炎的患病率高于农村地区，并且上升速度比其他任何地方都快。城市化不仅影响空气中释放的花粉过敏原的数量，还影响其质量和多样性，绿色基础设施对空气质量的影响同样具有双重性。伴随着城市化进程的不当引种，城市植被包括街道和花园中的树木和观赏植物，都可能会造成重大的过敏风险。

10.4.2　城市化对动物的影响及其健康效应

城市化是当前社会发展的必然趋势。根据现有研究预测，21 世纪全球城市化覆盖率将增至当前的 1.8~5.9 倍（Gao and O'Neill，2020）。联合国数据显示，到 2050 年，全球将有 68%的人口（约 67 亿人）生活在城市。城市化在给居民带来便利、丰富的物质生活的同时，也会改变区域内原有的环境因子，进而改变城市及周边地区的动物群落，影响区域内的生态环境质量，甚至带来严重的生态问题。

动物群落是城市生态系统的重要组成部分，对维持生态系统的稳定性起到关键作用。动物群落包含多个类群，其中鸟类、昆虫和哺乳动物是受到重点关注的动物类群，承担了重要的生态系统功能。鸟类在城市生态系统中扮演着重要角色，如控制害虫种群、促进植物繁殖等；昆虫在生态系统中是重要的传粉者、分解者；哺乳动物在食物链各个层级的能量流动中扮演了重要角色，其种群数量可以反映出城市生态系统中各生物群落的健康状况和相互关系。由于鸟类、昆虫和哺乳动物的生物学特性，三种动物类群对于环境变化能够迅速作出反应，是良好的环境指示物种。通过监测其种群动态和生理状况，可以评估城市生态系统对人类健康的潜在风险。因此，在快速城市化背景下，研究城市化对动物群落的改变以及由此引发的对人类健康的影响具有重要意义。

城市化对动物群落的改变主要体现在三个层面：一是动物多样性变化，二是动物行为和物种特征发生改变，三是外来物种和入侵物种的引入。

1. 城市化对动物多样性的影响

生物多样性是国际社会广泛关注的重要议题。1992 年签署的《生物多样性公约》指出，缔约方有责任保护并合理利用生物资源，保持生物资源多样性，确保生物多样性潜力在满足现有发展需求的同时，也能够保障将来的发展需求，使生物资源可持续利用。随着社会经济的快速发展，人民对生活环境的要求也在逐渐提升，建设生态文明城市成为各地政府工作的重要目标。城市生物多样性是城市生态文明的重要组成部分，是城市生态系统健康稳定的基础。城市化对动物生物多样性的影响机制复杂多样，主要包括以下几个方面。

首先，栖息地丧失和破碎化。在城市化过程中，大片自然栖息地被建筑用地、道路、农田所取代，导致动物群落原有栖息地被破坏。栖息地的丧失和破碎化使得动物的生存空间被压缩，生境质量下降，生物多样性受到严重威胁，致使部分对环境质量要求较高的物种濒临灭绝。其次，环境污染。城市化带来的工业排放、交通尾气、垃圾处理等活动产生的污染对动物生物多样性产生直接或间接的影响。空气、水体和土壤的污染可能导致动物的生存环境恶化，直接影响其生存和繁殖，如水体污染导致水生动物种群衰退，土壤污染影响植物生长进而波及依赖植物的动物种群。再次，气候变化。城市化加剧了 UHI 效应，使得城市地区的气温高于周边地区，迫使动物调整迁徙模式和生活史策略，以及对气候变化的适应行为，从而影响动物的分布和多样性。最后，人类活动。城市化带来的人类活动，如交通、噪声、灯光等对动物生物多样性产生直接或间接的影响。例如，交通事故导致了许多野生动物的死亡，噪声污染可能影响动物的通信和觅食行为，灯光污染可能影响动物的生物钟和夜间行为。在城市化进程中，人类活动会引入外来物种，对原有动物种群产生竞争压力和损害，从而影响生物多样性。

综上所述，城市化对动物生物多样性的影响是一个复杂而多样的过程，涉及多个因素的相互作用。

2. 城市化对动物行为和物种特征的影响

城市化对动物行为和物种特征产生了深远的影响，这些影响体现在动物的孵化或出生、幼年期、青年期、成年期和老年期等各个阶段。首先，城市化导致大量自然栖息地的丧失，动物原有的生存环境遭到破坏，为了适应新环境，动物的繁殖行为也随之发生改变。其次，城市化带来的气候变化，可能影响部分温度依赖性物种的生活史特征。蝴蝶作为典型的指示物种，其生活史极度依赖栖息地的气候特征，研究表明，瑞士的蝴蝶物候期在城市化梯度上呈现推迟的分布格局。此外，城市化导致了生境的破碎化，即原本连续的自然生境被城市基础设施（如道路等）分割，形成破碎的斑块。这种生境的破碎化会阻碍动物的迁移和基因交流，尤其是对于需要大范围活动的大型哺乳动物种群影响更加严重。与此同时，城市环境中的动物常受到人为干扰，如噪声污染干扰其通讯行为，光污染扰乱其昼夜节律，频繁的交通活动不仅影响动物的觅食与繁殖行为，更直接导致大量个体死亡，数据显示，每年相当数量的哺乳动物会因交通事故而死亡。

3. 城市化引入外来物种与入侵物种

城市作为人口密集、经济活动频繁的地区，是外来物种传播的重要区域。城市化进程中，人类活动会带来大量外来物种，包括植物、动物、微生物等。交通和贸易是外来物种引入的主要途径，在国际贸易、旅游以及交通运输等活动中，大量植物、动物和微生物被频繁运输，在这一过程中，它们极有可能携带外来物种，进而将这些外来物种引入城市及其周边地区。随着城市化的推进，人们的生活方式和情感需求发生了变化，对宠物的陪伴需求日益增长，这促使大量宠物被引入并催生了活跃的宠物贸易市场。一些宠物，如鹦鹉、爬宠等，有可能逃逸或被释放到野外，侵占本土物种的生态位，挤压本土物种的生态空间，对当地生态系统造成影响，最终成为入侵物种。鳄雀鳝、巴西龟便是典型入侵物种。其中，巴西龟是常见的宠物，原产于巴西，是公认的“生态平衡终结者”，被多国列为入侵性外来物种。欧洲椋鸟作为害虫天敌被引入美国，但其种群数量迅速增长并产生显著生态影响。由于欧洲椋鸟偏好取食农作物，给美国农业带来了巨大的经济损失，现已被认定为典型的入侵物种。在城市化进程中，人类活动是直接引入外来物种的重要途径。与此同时，城市化引起的气候变化也会改变城市及其周边地区的生态环境，影响物种的分布及生态位，在这种情况下，某些原本不适应本地生存环境的外来物种反而能够适应新的环境条件并扩散到该地区，最终成为入侵物种。综上所述，城市化背景下外来物种引入和物种入侵存在多方面机制。其中，人类活动、商业活动以及自然因素等共同作用，导致外来物种和入侵物种在城市及其周边地区不断传播和扩散。

4. 动物群落的改变与人类健康的联系

在城市化背景下，动物群落发生了巨大的改变。城市生态系统是人与自然耦合的生态系统，人类活动主导了动物群落结构的变化，在此过程中，部分物种种群规模急剧下降，甚至濒临灭绝，而有些物种却在城市化过程中数量激增，成为生态系统中的优势物种。在城市生态系统中，动物群落和人类健康是当前关注的焦点。城市动物群落的改变与人类健康之间存在密切联系，主要体现在传染病传播、人身安全和心理健康等方面。福寿螺原产于南美洲，20 世纪 80 年代初作为食用螺被引入我国，因其适宜性强，繁殖迅速，成为危害极强的外来入侵物种（黎栩霞等，2023）。福寿螺不仅危害农田生态系统，还是广州管圆线虫的中间宿主，若不慎感染，会导致剧烈的头痛和恶心。在我国，浙江、福建等 10 多个省份均有因食用福寿螺而感染广州管圆线虫病，出现脑膜炎病症群体发病事件。动物群落可能携带传染病源，这会对居民的身体健康造成直接威胁。红火蚁是我国农业、林业和进境植物检疫性有害生物。它们能直接啃食农作物的种子、果实等，给农业生产带来经济损失。更为严重的是，红火蚁伤人事件时有发生，被叮咬者可能出现严重过敏反应，甚至引发过敏性休克，严重威胁人们的生命健康。在城市化进程中，部分入侵物种会对人身安全造成威胁，还有一些物种因为更能适应城市化环境，或者受益于城市生物多样性保护措施，种群规模大幅增长。这使得它们与人类的接触日益频繁，不可避免地发生冲突。近年来，城市区域野猪出现频率升高，这反映了当地政府主导下的生态保护措施颇有成效，但同时也增加了“人猪冲突”事件发生的概率。鸟类是城市动物的重要类群，在当前生态保护政策的推动下，它们的种群数量大幅提升。鸟击是指航空器在起飞、飞行或降落过程中被鸟类撞击而发生的事故，严重威胁全球航空安全。因此，在某些区域，鸟类种群的恢复导致了“鸟击事件”发生概率的增加，这严重威胁着人类的健康与安全。城市动物不仅在传染病传播和人身安全方面给人类带来威胁，还会对人类的心理健康造成干扰。城市绿地是居民放松休憩的场所，参观城市绿地有利于人们的身体、精神和社会健康。但与此同时，人与自然的直接互动也可能对健康和福祉产生各种负面影响。居民在城市绿地遇到会引起恐惧和厌恶等反应的动物的概率上升，这会在视觉上损害居民的心理健康。此外，城市动物还会从听觉上损害居民心理健康，比如蝉、乌鸦等动物发出的噪声，会干扰城市居民的正常工作。

城市动物群落的改变与人类健康息息相关。在城市化进程中，动物多样性不可避免地遭受损失，大量物种的生存空间被压缩。然而。部分动物类群却因人类活动引入、自身环境适应性强以及生态保护措施的实施，种群规模反而有所增加。在人与自然互动过程中，这些变化对人类健康造成了威胁，主要体现在传染病传播、人身安全以及心理健康等方面。因此，维护城市动物群落的健康与多样性，对保障人类健康和福祉起着关键作用。这需要采取一系列综合性的政策和措施，如加大自然环境保护力度、合理规划城市发展，避免过度侵占动物栖息地；加强传染病监测和防控，降低动物传播疾病的风险；同时，积极倡导健康的生活方式，引导公众与动物和谐相处，共同营造一个人与自然和谐共生的生态文明城市环境。

10.4.3 城市化对微生物的影响及其健康效应

大规模的城市化导致了人居环境的改变，自然景观被道路、建筑物和其他人工结构所取代。这些变化对微生物群落结构和功能产生了显著的影响，特别是土壤和空气微生物作为生态系统的基本组成部分，其变化直接关系到城市环境的健康和人类福祉（图 10.3）。据估计，每个人体内大约携带 3.9×10^{13} 个细菌，据此推算，全球人类微生物组目前包含的细菌总量超过 3.8×10^{8} kg，并且自工业

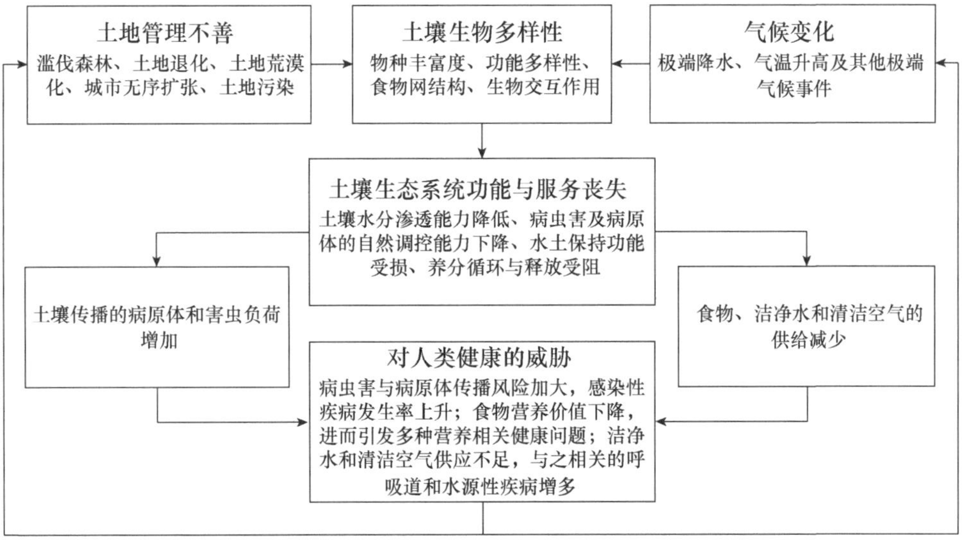

图 10.3 土壤微生物和人类健康的关系（Wall et al.，2015）

革命以来，这一生物量已增长了数倍。与此同时，日益加剧的城市化进程及其他土地利用方式的变革，正在改变近地表大气以及土壤中微生物的数量与种类构成，通常城市化会导致土壤和空气微生物的多样性下降。

微生物与人类健康息息相关。然而，随着城市环境不断变化，人们日常所接触的微生物群落类型也发生了极大变化（McCall et al.，2020）。研究表明，人体需适度接触土壤和空气中潜在的病原微生物，以此建立必要的耐受性，从而保证免疫系统的正常发育与功能。例如，相较于生活在农村或自然环境中的个体，城市居民皮肤上的细菌多样性显著偏低，这通常会导致免疫反应减弱或失调（Wall et al.，2015）。在高收入国家城市化水平较高的地区，慢性炎症性疾病的发病率显著增加，这一现象与城市环境中免疫调节机制失衡密切相关——当机体长期暴露于空气污染、饮食结构改变等环境压力时，免疫系统的“敌我识别”功能可能出现紊乱，导致其异常攻击自身组织、过度反应于环境中的无害物质（如花粉等过敏原），并产生持续性炎症反应。

新生儿的免疫系统犹如一台安装了“程序（遗传）”但却不具备任何环境分子信息数据库的计算机。因此，新生儿必须通过与微生物的广泛互动来汲取不可或缺的“微生物知识图谱”。首先，让免疫系统接触各种各样的环境微生物，就像让它认识很多不同的“面孔”，从而记住不同的分子结构。当遇到新的、可能有害的病菌时，免疫系统能很快识别出来，并迅速激发身体的防御机制，而如果没有微生物输入，人体免疫系统就无法正常发育（Rook，2013）。其次，人体肠道中也存有大量微生物，它们帮助免疫系统保持在一个合适的活跃状态，从而保护身体免受一般病菌的侵害。

城市慢性炎症性疾病的患病率显著高于农村地区，这些疾病包括过敏症、炎症性肠病以及多发性硬化症等自身免疫疾病。此外，精神健康问题，如抑郁症和焦虑症等，在城市的发病率亦明显攀升。根据 1985 年以来高收入国家多项高质量研究的元分析显示，城市居民的抑郁症发生率比农村居民高出 39%，焦虑症发病率则高出 21%。虽然这些现象常被归咎于城市生活压力或社会支持网络薄弱，但这些假设尚未得到确凿的证据支持。与此同时，越来越多的研究提示，城市环境下这些疾病发病率的升高可能与免疫系统调节功能障碍引发的炎症反应密切相关。因此，城市居民在更大程度上需要通过城市绿色空间来接触构建免疫系统所需的环境微生物，以维持免疫系统的正常功能。

现代基因组学与分子技术的迅猛发展，为人类揭示微生物多样性，以及微生物与宿主、周围环境之间复杂的相互作用开启了全新视角。然而，目前大多数微生物研究局限于单个宿主或特定环境部门，缺乏对整个生态系统层面微生物活动的全面认知。城市环境使得生态系统愈发复杂，在此背景下，生态系统微生物科学应运而生。该学科倡导运用生态学的理论框架与研究方法，以宏观视角审视微生物群落的网络连接特性，同时表征生物群落与生物、非生物环境要素之间的动态耦合关系，以及微生物在维持和驱动城市生态系统服务功能中所发挥的关键作用（图 10.4）。

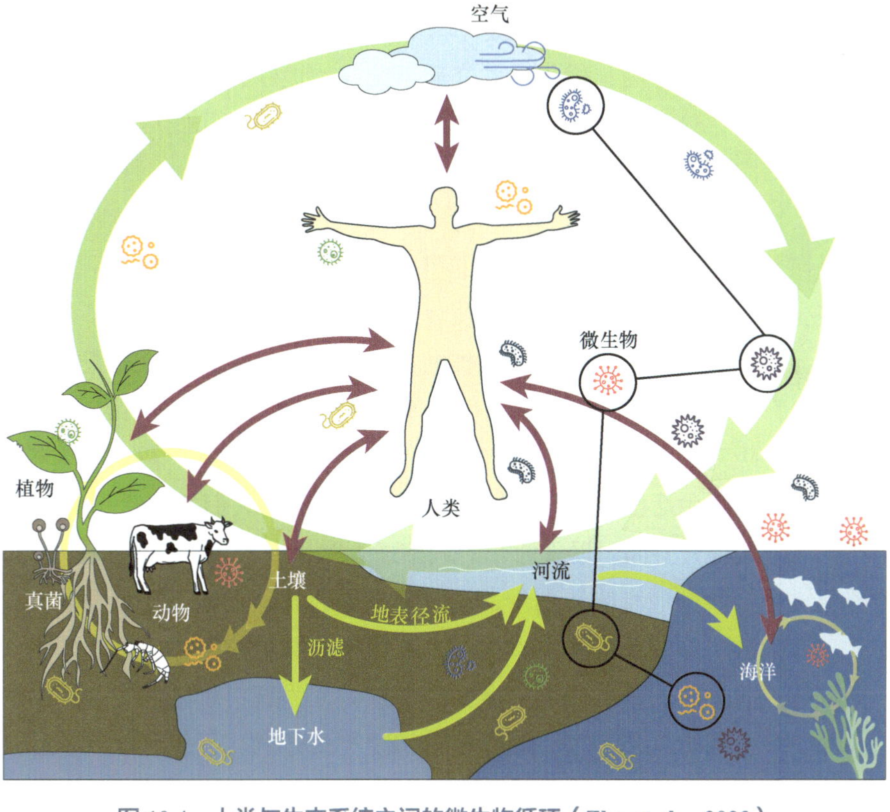

图 10.4　人类与生态系统之间的微生物循环（Zhu et al.，2023）

城市化进程深刻影响着微生物多样性，由此带来了新的健康隐患。在此背景下，基于生态系统微生物科学的视角进行研究显得尤为关键。这一视角强调要将微生物群落纳入整个生态系统的动态交互与功能网络中进行考量，从而深入探究微生物在塑造生态系统过程中发挥的作用，同时也能进一步明确如何通过科学的保护与恢复微生物多样性，来保障人类健康以及维持生态系统服务功能的稳定。

10.5 城市化、可持续发展与星球健康展望

通过基础设施改善、生活方式提升、医疗卫生水平提高、教育与科技发展、文化交流与社会进步，可以进一步提升城市的可持续发展能力，促进全球健康。

在基础设施改善方面，优化公共交通系统，如地铁、公交等，引导人们减少私家车的使用，这不仅能有效缓解交通拥堵状况，还能降低汽车尾气排放，从而改善城市空气质量。建设高效供水和排水系统同样关键，一方面可减少水资源浪费，实现水资源的合理利用，另一方面能有效降低城市洪涝风险，提升城市应对自然灾害的能力，提高城市的可持续发展水平。推广可再生能源的利用，是减少对传统能源依赖的重要途径。通过更多地使用太阳能、风能等清洁能源，能显著降低碳排放，为环境保护做出积极贡献。此外，增加城市绿地面积和绿化率，能够起到调节气候、净化空气等作用。建设高效的垃圾处理系统，可有效减少垃圾对环境的污染。二者共同作用，极大地提升了城市生态环境质量，为人们的健康生活提供了良好保障，进一步提高了人们的生活品质。

在生活方式提升方面，以人为本的城市规划对于城市可持续发展至关重要，它能够促进可持续交通和能源利用，通过建设绿色基础设施以及鼓励低碳出行等方式，有效减少环境负面影响；同时，积极推广绿色建筑和倡导低碳生活方式，如进行垃圾分类、节约用水、减少碳排放等，为城市可持续发展提供有力支持。保护城市周边生态环境、恢复植被和生物多样性，不仅可以改善空气质量、减缓气候变化，还能为居民提供健康的生活环境。鼓励公众参与环保活动、支持公益事业，能够增强公众的环保意识和责任感，从而推动城市向可持续方向转变。

医疗卫生水平提高对城市可持续发展和全球健康有着积极深远的影响，它能够改善居民健康状况，降低慢性病的发病率，进而提高居民的整体生活质量。居民健康水平的提升，有助于促进经济发展，吸引更多人才流入城市。通过优化医疗体系、提高医疗资源配置效率以及促进医疗科技创新，能够为城市居民提供更先进的医疗服务，进一步保障居民的健康，为城市的可持续发展奠定坚实基础。

教育与科技发展有助于城市可持续发展和地球健康，教育能够培养大量城市人才，为城市的各个领域提供智力支持和创新动力。借助科技手段实现智能化城市规划，可提高城市运行效率，减少资源浪费和环境污染，从而有力地促进全球可持续目标的实现。

文化交流从多方面折射出城市对可持续发展和星球健康的正面影响，它能够增强社群之间的理解与尊重，促进跨文化合作和共同发展，为城市建设更加和谐、包容的社会贡献力量。丰富的文化交流活动有助于提升城市的文化底蕴和吸引力、增强居民的文化自信和认同感，进而为城市的稳定和社会凝聚力注入强大动力，推动城市可持续发展。

减少城市化对气候变化与人类健康的影响可以通过多种途径实现。在城市设计环节，充分考虑气候因素十分关键。例如，增加蓝绿空间，这不仅能提升城市应对气候变化的能力，强化其降温功能，有效减轻 UHI 效应，还能显著提高空气质量，为居民创造更舒适的生活环境。交通领域也是重点，减少私家车的使用，鼓励公共交通、自行车和步行，这些举措不仅可以大幅减少交通尾气排放，改善空气质量，还有助于缓解气候变化带来的压力。建筑方面，采用节能建筑设计与先进技术，如优质绝缘材料、节能灯具和智能能源管理系统，可以降低建筑能耗，进而减少温室气体排放，践行绿色发展理念。能源结构调整同样不可或缺。提高太阳能和风能等可再生能源在城市能源供应中的占比，有助于降低对化石燃料的依赖，从源头上减少温室气体排放，为应对全球气候变化贡献力量。此外，减少废弃物和污染物的排放，大力提倡资源再利用与回收利用，能有效降低环境污染和资源消耗，实现资源的高效利用与循环发展。同时，提升城市应对气候变化能力，建设更具韧性的基础设施，制定并实施自然灾害防范措施，可最大程度减少极端天气等对居民健康的负面影响。提高公众对气候变化和环境保护意识，积极促进可持续生活方式的普及，鼓励公众践行环保行为，也是推动城市绿色发展、减少城市化负面影响的重要力量。

降低城市化对水动力和水环境的影响，减少对人类健康的危害，可以进一步通过以下措施实现：构建雨水收集系统，建设绿色基础设施，如雨水花园、生态屋顶和透水铺装等，这些设施能有效削减城市雨水径流，防止洪水灾害，同时增加地下水补给，提升水资源的循环利用效率。加大污水处理设施的建设和维护力度，运用先进的污水处理技术，降低污水对水体的污染，严格管控工业排放和农业面源污染，从源头减少污染物进入水体。积极维护和恢复城市周边自然水体和湿地，这些生态系统不仅能提供净化水质、调节气候等生态系统服务，还能促进生物多样性的发展，维护生态平衡。大力推动水资源的节约和再利用，实施节水措施，开展水资源回收利用项目，减少对有限水资源的过度开采，保障水资源的可持续供应。建立健全水灾防范和管理机制，提前制定应急预案，加强监督预警，降低水灾对人类健康和财产安全造成的损失。提升公众对水环境保护的认识和参与度，通过宣传教育增强公众的水环境保护意识，鼓励公众积极参与水资源管理和保护行动。

降低城市化对土壤环境的影响，进一步减少对人类健康的威胁，需要采取多种措施，包括制定并完善土壤保护政策和法规，加强土壤的保护和治理。同时，科学规划土地利用，避免不合理开发对土壤造成破坏。大力发展循环经济模式，减少废弃物的产生，降低对土壤的污染，通过资源的循环利用，提高资源利用效率，减轻土壤的承载压力。强化对土壤污染源的监管和治理，推动有机农业和绿色城市建设，建立健全土壤监测和评估体系，提高公众对土壤保护的认识和重视程度等。

降低城市化对空气质量的负面影响，需要从城市规划、交通管理、工业生产以及个人行为等多个方面入手。在交通领域，鼓励使用清洁能源，推广电动汽车和公共交通工具，以此减少传统燃油车的使用，降低尾气排放。工业生产方面，要加强工业企业排放标准，加大监管力度，督促企业采用更环保的生产技术和工艺，减少废弃物的排放。在城市建设方面，增加城市绿地和植被覆盖率，发挥植物净化空气的作用。同时，严格控制扬尘污染源，如加强对建筑工地、道路施工等场所的扬尘管控，减少扬尘对空气质量的影响。此外，建立健全空气质量监测和预警系统至关重要，以便及时、准确地掌握空气质量状况，为采取应对措施提供科学依据。还需要通过宣传教育等方式，提高公众对空气质量的认识，引导公众养成绿色出行、节约能源等环保习惯，从个人行为层面助力空气质量改善。通过综合各方面的努力，多管齐下，就能够有效降低城市化对环境和人类健康的负面影响，推动城市朝着可持续发展的方向迈进，营造健康宜居的城市环境。

降低城市化对植物、动物和微生物的负面影响，增强其生态系统服务功能，从而减少对人类健康的影响。增加城市绿色空间，种植树木、草坪、花卉和灌木等各类植物，能有效提高城市植被覆盖率。植被覆盖率的提升，不仅可以净化空气、缓解 UHI 效应，还能为动物提供栖息地等生态服务。建立城市森林和生态景观可以培育多样性的植物群落。这些生物群落不仅可以打造绿色休闲场所，供市民放松身心，还能促进城市生态平衡，为动物营造适宜的生存环境，维护生物链的稳定。另外，保护城市周边的原生植被和生物多样性，对维持生态平衡意义重大。原生植被是当地生态系统的重要基石，保护它们能为众多动植物提供稳定的栖息环境，有效防止物种因城市化进程而灭绝，确保生态系统的完整性与稳定性，从根本上保障人类健康。控制城市化扩张的速度与规模，限制不合理的土地开发活动，能够减少对植被的破坏，降低对生态环境的负面影响。在建筑业大力推广绿色建筑技术，增加建筑物表面的植被覆盖，能有效改善城市微气候，提升空气质量。同样地，保护城市周边的自然栖息地，建立城市野生动物保护区与生态走廊，这对维持动物种群的健康至关重要，也能减少野生动物与人类活动的冲突。同时，要避免城市中的噪声、光污染等对野生动物造成干扰。加强公众教育，提升公众保护野生动物的意识，建立人工栖息地和动物补给站，这些都是维护动物生存权益、促进城市生态平衡的重要举措。此外，微生物的重要性也不容忽视。通过减少污染物排放、科学处理垃圾、注重个人和环境卫生等措施，可以维持微生物的多样性，保障生态系统的健康稳定，降低微生物相关疾病的传播风险。综合考虑植物、动物和微生物的生态环境，保护生物多样性与生态平衡是维护城市生态健康（ecological health）和保障人类健康的关键所在。

10.6 结束语

未来城市的发展将是一个综合性的进程，涉及基础设施、生活方式、医疗卫生、教育科技、文化交流等诸多领域。未来城市将致力于构建更为高效智能的公共交通系统，并推广可再生能源的利用，减少对传统能源的依赖，从而降低碳排放、保护环境。同时，城市将加大对水资源和垃圾处理等基础设施建设，提升城市的生态环境质量，改善居民生活条件。在生活方式方面，城市将倡导低碳健康的生活方式，鼓励居民采取节能减排、垃圾分类等行动，共同为环境保护出一份力。医疗卫生条件的不断提升是城市发展的基本要求，提高医疗资源的配置效率，以保障居民的健康需求。教育科技方面将重视人才培养和科技创新，推动城市的智能化发展，提高城市运行效率，同时加强对可持续发展理念的教育，培养居民的环保意识和责任感。城市还将促进不同文化之间的交流与融合，增进社区之间的理解与尊重，为城市社会的和谐发展注入新的动力。综合而言，未来城市的发展将是一个多方位、全面协调的过程，旨在实现经济、社会和环境的可持续发展，为星球健康和可持续发展目标做出积极贡献。

思 考 题

1. 如何精准衡量城市化对人类健康的影响程度，你认为可以应用哪些技术方法？
2. 城市化进程对人类健康的影响何时能达到平衡？
3. 如何通过生态基础设施建设缓解 UHI 效应？
4. 如何将城市化对水动力系统的影响有效转换与利用？
5. 城市化对风环境的影响是否能在城市建设中获得有益的应用？
6. 城市污染岛效应是指城市环境介质中的污染物浓度显著高于周边非城市区域的现象，其与 UHI 效应有何关系？

7. 能否通过具体案例说明城市化对植物、动物和人类健康的系统性影响?
8. 城市外来物种入侵问题与自然区域外来物种入侵问题有何区别?
9. 如何低成本、高效地降低城市化对星球健康的负面影响?
10. 对未来我国城市化引发的星球健康问题，你认为解决思路是什么?

参考文献

韩立建. 2018. 城市化与 $PM_{2.5}$ 时空格局演变及其影响因素的研究进展. 地理科学进展, 37(8): 1011-1021.

黎栩霞, 吕鹤, 王伟民, 等. 2023. 福寿螺的分布现状、危害及其防治对策研究. 江西科学, 41(2): 236-243, 265.

塔娜, 柴彦威. 2019. 理解中国城市生活方式: 基于时空行为的研究框架. 人文地理, 34(2): 17-23.

屠星月, 黄甘霖, 邬建国. 2019. 城市绿地可达性和居民福祉关系研究综述. 生态学报, 39(2): 421-431.

许学强, 周一星, 宁越敏. 2009. 城市地理学. 2 版. 北京: 高等教育出版社.

Alderman K, Turner L R, Tong S L. 2012. Floods and human health: A systematic review. Environment International, 47: 37-47.

Arnold C L, Gibbons C J. 1996. Impervious surface coverage: The emergence of a key environmental indicator. Journal of the American Planning Association, 62(2): 243-258.

Bettencourt L, West G. 2010. A unified theory of urban living. Nature, 467(7318): 912-913.

Chen B, Wu S B, Song Y M, et al. 2022. Contrasting inequality in human exposure to greenspace between cities of Global North and Global South. Nature Communications, 13(1): 4636.

Collins P Y, Sinha M, Concepcion T, et al. 2024. Making cities mental health friendly for adolescents and young adults. Nature, 627(8002): 137-148.

Dial R, Roughgarden J. 1988. Theory of marine communities: The intermediate disturbance hypothesis. Ecology, 79(4): 1412-1424.

Fang C L, Yu D L. 2017. Urban agglomeration: An evolving concept of an emerging phenomenon. Landscape and Urban Planning, 162: 126-136.

Gao J, O'Neill B C. 2020. Mapping global urban land for the 21st century with data-driven simulations and shared socioeconomic pathways. Nature Communications, 11: 2302.

Grimm N B, Faeth S H, Golubiewski N E, et al. 2008. Global change and the ecology of cities. Science, 319(5864): 756-760.

Han L J, Zhou W Q, Pickett S T, et al. 2018. Multicontaminant air pollution in Chinese cities. Bulletin of the World Health Organization, 96(4): 233-242.

He C, Kim H, Hashizume M, et al. 2024. The overlooked health impacts of extreme rainfall

exposure in 30 East Asian cities. Nature Sustainability, 7: 423-431.
Henchoz K, Cavalli S, Girardin M. 2008. Health perception and health status in advanced old age: A paradox of association. Journal of Aging Studies, 22(3): 282-290.
Jia W X, Zhao S Q, Zhang X Y, et al. 2021. Urbanization imprint on land surface phenology: The urban-rural gradient analysis for Chinese cities. Global Change Biology, 27(12): 2895-2904.
Li D J, Stucky B J, Deck J, et al. 2019. The effect of urbanization on plant phenology depends on regional temperature. Nature Ecology & Evolution, 3(12): 1661-1667.
Li G D, Fang C L, Li Y J, et al. 2022. Global impacts of future urban expansion on terrestrial vertebrate diversity. Nature Communications, 13(1): 1628.
Li L, Zhan W, Hu L, et al. 2023. Divergent urbanization-induced impacts on global surface urban heat island trends since 1980s. Remote Sensing of Environment, 295: 113650.
Li X, Zhou Y, Asrar G R, et al. 2017. Response of vegetation phenology to urbanization in the conterminous United States. Global Change Biology, 23(7): 2818-2830.
McCall L I, Callewaert C, Zhu Q Y, et al. 2020. Home chemical and microbial transitions across urbanization. Nature Microbiology, 5(1): 108-115.
Rook G A. 2013. Regulation of the immune system by biodiversity from the natural environment: An ecosystem service essential to health. Proceedings of the National Academy of Sciences, 110(46): 18360-18367.
Ross C E, Mirowsky J.2006. Sex differences in the effect of education on depression: Resource multiplication or resource substitution? Social Science & Medicine, 63(5): 1400-1413.
Seto K C, Golden J S, Alberti M, et al. 2017. Sustainability in an urbanizing planet. Proceedings of the National Academy of Sciences, 114(34): 8935-8938.
Sun X, Liddicoat C, Tiunov A, et al. 2023. Harnessing soil biodiversity to promote human health in cities. NPJ Urban Sustainability, 3: 5.
Sun Y, Zhang X B, Ding Y H, et al. 2022. Understanding human influence on climate change in China. National Science Review, 9(3): nwab113.
Wall D H, Nielsen U N, Six J. 2015. Soil biodiversity and human health. Nature, 528(7580): 69-76.
Wang S H, Ju W M, Peñuelas J, et al. 2019. Urban-rural gradients reveal joint control of elevated CO_2 and temperature on extended photosynthetic seasons. Nature Ecology & Evolution, 3(7): 1076-1085.
Wang J, Huang B, Fu D, et al. 2015. Spatiotemporal variation in surface urban heat island intensity and associated determinants across major chinese cities. Remote Sens, 7: 3670-3689.
Weiss D J, Nelson A, Gibson H S, et al. 2018. A global map of travel time to cities to assess inequalities in accessibility in 2015. Nature, 553(7688): 333-336.
Wu S B, Chen B, Webster C, et al. 2023. Improved human greenspace exposure equality during 21st century urbanization. Nature Communications, 14(1): 6460.
Zhang X Y, Han L J, Wei H Y, et al. 2022. Linking urbanization and air quality together: A review and a perspective on the future sustainable urban development. Journal of Cleaner Production, 346: 130988.
Zhao S Q, Liu S G, Zhou D C, 2016. Prevalent vegetation growth enhancement in urban environment. Proceedings of the National Academy of Sciences of the United States of America, 113(22): 6313-6318.

Zhu Y G, Ioannidis J P A, Li H, et al. 2011. Understanding and harnessing the health effects of rapid urbanization in China. Environmental Science & Technology, 45(12): 5099-5104.
Zhu Y G, Zhu D, Rillig M C, et al. 2023. Ecosystem microbiome science. mLife, 2(1): 2-10.

第11章

可持续发展科学的未来：迈向人与自然和谐共生的星球健康

张晓玲

本章要点

- 地球自然系统的变迁与人类活动的关系
- 人类社会各行业驱动星球健康变化的影响机制
- 人类系统与自然系统相互作用的正负反馈机制
- 可持续发展科学搭建人类系统和自然系统的良性互馈

逻辑框图

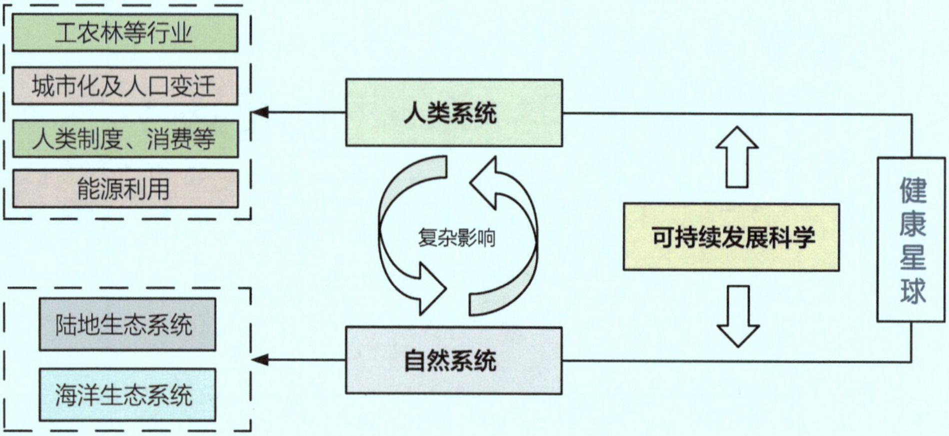

工农林等行业
城市化及人口变迁
人类制度、消费等
能源利用
陆地生态系统
海洋生态系统
人类系统
复杂影响
自然系统
可持续发展科学
健康星球

在人类世，人类对能源和资源的需求加速增长，人类活动对地球系统的影响急剧扩大，并持续地以多种方式在地球系统中占据主导地位。这意味着人类与生态系统之间的冲突不断加剧，给人类–自然耦合系统（coupled human and natural systems，CHANS）带来巨大挑战。Syvitski 等（2020）推断，人类世的人均能源消耗约为 61 GJ/年，超过 80%的能源来自化石燃料的燃烧。然而，化石能源的供应是刚性的，其形成源于数亿年的地球系统地质活动，在技术、经济、环境、社会和政治等多重约束下，可再生能源完全取代不可再生能源面临巨大挑战。此外，19 世纪中叶开始的工业化、城市化和全球化，均产生了巨大的环境负外部性，包括温室气体排放、海洋酸化、森林砍伐和生物多样性丧失等一系列严重的问题与挑战。从人类社会的总体结构上看，不同社会经济群体在消费地球自然资源方面存在着“巨大的不平等”。实际上，全球大部分资源和能源消耗的主要驱动力来自富裕阶层而非贫困阶层，他们是“大加速”的核心主体。因此，深入研究人类社会系统和地球科学系统的特征，及其与星球健康系统嵌入的冲突，对实现可持续发展的未来尤为重要。

2015 年，《在人类世保护人类健康：洛克菲勒基金会–柳叶刀星球健康委员会报告》问世（简称《在人类世保护人类健康》）。该报告认为，地球自然系统的结构和功能正发生着深远变化，对人类健康构成了越来越大的威胁。报告将星球健康（planetary health）定义为“通过科学调控人类社会的政治、经济和社会系统，同时尊重地球自然系统为人类发展设定的安全边界，从而在全球尺度实现人类健康、福祉与社会公平的最优化状态”。简而言之，星球健康是人类文明健康与其赖以生存的自然系统健康的统一体。工业革命以来，人类一直在以牺牲未来几代人的健康为代价，来实现当前的经济和发展收益，而环境变化带来的健康影响很可能在未来半个世纪及以后变得越来越突出。这一加速变化趋势源于资源消耗失衡、技术发展失序与人口持续增长的多重驱动。

为了实现人与自然和谐共生的可持续星球健康，本章将分析人类系统与自然系统之间的相互影响，及其对星球环境和健康的影响。通过自上而下、自下而上的方法，监测和分析人类系统与生态系统的格局、过程及内在互相影响的环境效应，并从时间和空间层面理解人与自然复杂系统的正负反馈关系，为促进可持续发展科学，包括自然系统与人类活动在内的地球科学系统及其互动关系的综合认知，实现人与自然和谐共生的目标提供理论基础。

11.1 自然系统变迁与星球健康

星球健康的理论和实践表明，如果人类生活在地球的安全运行空间内，人类赖以生存的自然系统（如生物圈）的健康和多样性就能得以保障，但如果该安全运行空间的边界被打破，人类的生存条件将难以得到保障，甚至会受到威胁。“星球边界理论”提出了维持地球生命保障系统的重要生物和物理过程，基于此，该理论首次界定了“安全运行空间”，将其作为人类赖以生存和繁荣的基础。举例而言，海洋酸化、淡水利用、平流层臭氧消耗等处于安全运行空间；而氮和磷、基因多样性等在生物地球化学循环中已超出不确定性界限，处于高风险；土地利用和气候变化影响虽尚无法确定，但风险在持续上升（Rockström et al.，2009）。由此可见，地球系统的变化可以呈现为全球尺度（如气候变化）、局部尺度（如生物多样性的丧失），它们呈现出一系列相似的趋势，其影响和重大变化可能导致地球环境发生快速、非线性和不可逆的变化，给人类和全球健康带来难以预见的不利影响。例如，根据《政府间气候变化专门委员会第六次评估报告》（Sixth Assessment Report of Intergovernmental Panel on Climate Change，IPCC AR6），气温上升很可能导致与高温相关的死亡和疾病的风险升高。

11.1.1 陆地生态系统

20 世纪 80 年代以来，全球变化与陆地生态系统（global change and terrestrial ecosystem，GCTE）作为国际地圈–生物圈计划（international geosphere- biosphere programme，IGBP）中的一个核心研究计划，旨在分析气候变化和人类活动对陆地生态系统结构和功能的影响，预测未来全球变化可能对生产、生活和生态系统产生的复杂影响，评价陆地生态系统变化对全球变化的反馈作用。陆地生态系统的多样性包括森林、草原、沙漠和湿地等多种类型，这些系统各自具有其独特的生物多样性特征、土壤理化性质及水文循环模式。研究表明，这些生态系统在全球碳循环中起着重要作用。据 Harris 等（2021）估计，全球森林生态系统作为陆地碳汇（carbon sink）的主体，每年从地球大气中净吸收约 76 亿 t 二氧化碳，占全球陆地生态系统总吸收量的 55%以上。这不仅有助于缓解全球气候变化，还对地球的整体健康产生了积极影响。在水循环方面，陆地生态系统通过植被和土壤的保护作用调节水循环，维持水资源平衡。研究表明，植被对降水的吸收和蒸发具有显著影响，高植被覆盖率可以有效减缓水流速度，防止洪水的发生。此外，植被还可以通过蒸腾作用将大量水分输送到大气中，对地区乃至全球的气候产生影响。

生物多样性是陆地生态系统的另一大特征。从热带雨林到寒带苔原，陆地生态系统包含了世界上最丰富的生物多样性。这些生物不仅构成了生态系统的基础，维持着生态系统的稳定性和功能，也对人类生活产生了重要影响。例如，森林生态系统为人类的生产生活提供了大量的木材和非木材森林产品。然而，生物多样性和生态系统服务政府间科学政策平台（Intergovernmental Science-Policy Platform on Biodiversity and Ecosystem Services，IPBES）发布的《全球生物多样性和生态系统服务评估报告》指出，近年来，由于人类活动的影响，全球生物多样性正在以前所未有的速度下降，这已经成为一个全球性的问题。2020 年《全球生物多样性展望》报告指出，生物多样性面临的主要威胁包括自然栖息地的丧失、退化和破碎化；生物资源的过度开发（如过度捕捞）；污染，特别是环境中氮和磷等营养物质的积累；外来入侵物种的引入以及气候变化和海洋酸化。据 IPBES 2019 年的报告，目前全球物种灭绝率估计比过去 1000 万年的平均水平至少高几十到几百倍，而且这一比率仍在持续增加。目前，全球约有 100 万个物种面临灭绝威胁，但不同分类群的灭绝风险差异很大。此外，土壤等非生物因素的多样性及其功能也同样在下降。就生态系统整体而言，全球 70%以上的陆地表面已发生显著改变，超过 85%的湿地已经消失，而自 1870 年以来，现有的森林和珊瑚已经消失了一半。

人类活动对生态系统的侵蚀和破坏增加了人兽共患病（zoonosis）的出现及传播风险。其中，毁林、生境退化和破碎化，以及不可持续的农业扩张，使人类和牲畜与野生生物的接触愈加频繁。野生生物在人为改变的环境中生存更容易生病，传染病带来的健康威胁不仅影响人类和家养动物，也对生物多样性保护构成威胁。总的来说，陆地生态系统在维护地球健康方面起着至关重要的作用。然而，由于人类活动的影响，陆地生态系统正面临前所未有的威胁。因此，保护和恢复陆地生态系统，维持其健康和功能，已经成为当务之急。

11.1.2 海洋生态系统

海洋生态系统对于维护地球健康的重要性显而易见。海洋作为地球上最大的碳酸盐缓冲体系，覆盖了地球表面约 71%，同时也是地球上规模最大的活动性碳库。自工业革命以来，海洋持续地从大气中吸收二氧化碳，其中超过 1/5 是人为排放的二氧化碳，这显著调节了大气二氧化碳含量，有效缓解了温室效应，成为地球系统应对气候变化的“调节器”，因此，海洋生态系统在全球碳循环中扮演着至关重要的角色。此外，海洋生态系统中的浮游植物，如微藻，通过光合作用产生了地球上约 50%的氧气。

海洋生态系统对全球水循环也有重要影响。据 Trenberth 等（2007）估计，全球大约 86%的蒸发和 78%的降水都发生在海洋表面。海洋表面的蒸发和降水能够调节整个地球的水循环，从而对全球气候产生重要影响。此外，Stceker 等（2013）发现，海洋生态系统还通过海洋环流对全球气候进行调节，如海洋表面的热量输送对地球气候的稳定起到关键作用。

海洋生态系统中生物的多样性同样异常丰富。海洋生物囊括了浮游生物、底栖生物、鱼类、哺乳动物等众多种类，它们形成了复杂的食物链和生态系统。人类活动通过三重路径威胁海洋系统：污染物直接排放、生物资源过度开发，以及温室气体排放引发的气候变化效应。（Whitmee et al.，2015）（图 11.1）。联合国环境规划署（United Nations Environment Programme，UNEP）在 2021 年的年度报告中指出，为了保护和恢复海洋生态系统，许多国家和国际组织已采取措施，如建立海洋保护区、限制海洋污染和合理管理渔业资源等。

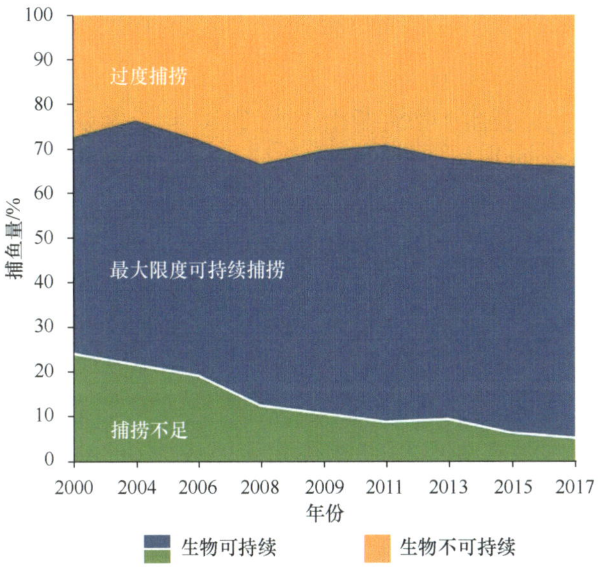

图 11.1 全球海洋鱼类资源可持续捕捞变化趋势
（Secretariat of the Convention on Biological Diversity，2020）

综上所述，海洋生态系统在维护地球健康方面扮演着重要角色，其保护和恢复功能对地球生态系统的可持续发展至关重要。

11.2 星球健康变化的人为驱动力

11.2.1 城市化与人口变迁

联合国在《2022 年世界人口展望》报告中预测，全球人口到 2030 年将达到 85 亿，此后人口将继续增长，2050 年将达到 97 亿，2100 年达到 104 亿。在可预见的未来，世界上大部分人口增长将集中在城市。清华大学龙瀛研究团队（Zhai et al.，2022）研究表明，在全球城市化进程中，收缩城市的现象往往被忽视，而这只是由复杂城市化问题的冰山一角。该团队使用夜间灯光图像和重新定义的自然城市边界，识别了 1992~2000 年、2000~2012 年和 2013~2018 年三个时段的城市收缩状况，并预测了 2018~2050 年的收缩城市趋势。收缩城市比例呈上升趋势，从 9%增加到 16%和 25%。展望未来，到 2050 年，全球将有 7166 个收缩城市，占城市总量的 37%。

《人类世保护人类健康》报告指出，到 2050 年，常年生活在缺水城市（城市边界内每人每天可使用的可持续地下水和地表水不足 100 L）的人口将从 1.5 亿增加到近 10 亿。全球低海拔沿海城市仅占世界陆地面积的 2%，但却容纳了 13%的人口。许多沿海城市普遍遭受洪水侵袭，其中某些贫困地区还容易遭受极端气候事件的影响。由于全球气候变化和城市热岛效应，城市中心暴露在危险高温下的情况也在增加，且随城市扩张而加剧。

在城镇化快速发展的背景下，收缩城市现象逐渐受到关注，这些城市通常表现为人口流失、经济衰退和空间破败，已成为全球普遍现象。Martinez-Fernandez 等（2012）也发现，人口减少可能导致劳动力市场萎缩和经济活动衰退，进而影响城市的可持续发展。同时，Pickett 等（2004）研究发现，随着人口的减少，城市空间结构可能出现衰败，房屋空置和建筑物废弃现象增多，导致环境问题和城市空间的进一步恶化。此外，全球化进程中的资本流动和产业转移可能加剧某些城市的收缩，特别是在那些缺乏适应全球化挑战能力的地区。为了应对这些挑战，需要制定有效的城市规划和政策，促进经济的多元化和城市可持续发展，同时鼓励社区参与和加强地方治理，提高居民的生活质量和城市的凝聚力。未来的研究应该关注收缩城市的长期复合影响，包括其对环境、社会和经济的持续影响，并采取跨学科的方法，以实现对收缩城市现象的全面理解和有效管理。

11.2.2 人类制度及人口增长对星球健康的影响

人类制度及人口增长对地球系统具有重要影响。人类制度在气候变化中扮演着关键角色，因此，加强政策制定与国际合作以控制人类活动对地球系统的负外部性影响显得尤为重要。例如，中国推行的碳排放交易市场制度，就是政策调控与市场监管相结合的有力举措。为进一步推进可持续发展，必须促进人类制度、生产消费模式及人口增长与地球系统之间的协调发展，从而达成人与自然和谐共生的理想状态。

首先，人类制度对星球健康的气候变化具有显著影响。人类制度包括经济、政治和文化等方面的组织安排，如政府机构、法律法规和社会规范等。人类活动导致了温室气体排放问题，成为气候变化的重要诱因之一，气候变化进而对地球系统产生影响，包括海平面上升、极端天气事件增多以及生态系统受损，这反过来又会对人类社会造成巨大的影响，如农业生产受损、自然灾害增加等。政府政策和市场机制在控制和减少温室气体排放方面发挥着关键作用。

市场机制对土地利用变化具有显著影响。市场机制是指市场需求和供给的调节机制，包括价格机制、竞争机制和信息机制等。市场需求和供给的变化会影响土地利用和开发。政府政策和市场机制的变化对土地利用的控制和管理具有关键作用。然而，市场机制的操作也存在一些问题，如土地垄断和资源浪费，需要通过政策调控和市场监管予以解决。土地利用变化也对地球系统产生影响，包括土地退化、土地资源浪费以及生态系统的破坏等。

文化因素对生物多样性具有显著影响。文化因素包括文化传承、价值观念和信仰体系等，其对生物多样性造成的破坏已经成为全球性问题。生物多样性丧失对地球系统的影响包括生态系统的破坏和生态失衡，其对人类社会的反作用也是巨大的，如食物链的破坏和生态安全面临威胁等。

11.2.3　工业、农业、林业对星球健康的影响

人类社会的关键经济活动包括工业、农业和林业，它们对星球健康产生了深远影响。具体来说，自工业革命以来，人类不断增加的生产需求对资源和能源的消耗导致了严重的资源枯竭和环境污染。

工业生产对星球健康的影响主要包括环境污染和资源消耗。工业生产释放的废气、废水、废渣等污染物质严重危害了环境和生态系统，同时对资源的消耗也加剧了长期的资源枯竭和缺乏。为了减轻工业生产对环境的不利影响，许多国家开始探索循环经济、绿色发展等新型产业模式，并采用清洁生产技术、节能减排措施。中国在“十三五”规划中就已经提出了“绿色制造”和“清洁生产”等概念，旨在推动工业生产向低碳、环保、高效的方向发展。

农业对星球健康的影响是多方面的，其中包括土地退化、生物多样性丧失、耕地破碎化以及氮素过度使用等问题。土地退化是一个全球性问题，对全球数十亿人的福祉造成影响，并导致地球面临第六次物种大灭绝。据 IPBES 2019 年

的报告估计，每年因土地退化造成的生态系统服务损失高达全球总产值的 10%以上。土地退化不仅威胁食物和水安全，还影响生物多样性及生态系统服务，引发地区冲突、大规模人口迁徙和疾病传播，加剧贫困及全球气候变化。此外，从空间形态角度分析，中国耕地普遍分散，小农农业主导农业生产，分散的农田的生产力通常较低。谷保静教授团队优化了破碎化农田的种植结构，以满足中国动物粮食需求，预计可增加 19%的动物粮食供应。这种改变作物种植结构的方法可使氮气和温室气体排放分别减少 10%和 101%，从而获得的净收益为 70 亿美元/年。如果将这些破碎化的农田整合成大规模的农业单元，可提升牲畜、蔬菜和水果产量，同时降低活性氮和温室气体排放，使净收益增加。氮肥的广泛使用虽然提高了农业生产力，但也带来了环境问题。中国已经提出一系列改进氮素管理的方法，在提高农业产量的同时降低对环境的影响。例如，中国的实地施氮管理（作为 4R①实践的一部分）使氮肥用量减少了 32%，作物产量提高了 5%。然而，这还不足以应对在减少对环境和健康影响的情景下生产更多粮食的挑战。有学者提出了食物链氮素管理的新框架，这涉及回收有机肥料、优化作物和动物生产，以及改善人类饮食等氮素管理方法，从而使氮素资源利用效率最大化与环境排放负荷最小化。这些研究进展表明，通过科学管理和技术创新，可以有效地应对农业对星球健康的影响，实现可持续发展。

Prist 等（2023）研究发现，林业对星球健康的影响主要在于森林破坏和生态失衡，这主要归因于人类的过度采伐与不合理的林业管理等问题。为了实现林业可持续发展，各国开始关注森林资源的合理利用和生态保护，通过实施林业认证制度和采用生态林业管理等方式来促进森林资源的可持续利用。例如，《欧盟反毁林条例》（EU Deforestation Regulation，EUDR）规定了森林资源的保护和可持续利用，以保护欧盟的森林资源。

11.2.4 生产和消费的能源利用对星球健康的影响

生产和消费中的能源利用是人类社会发展过程中不可或缺的重要内容。然

---

① 4R 实践是一种环保理念，强调通过减量化（reduce）、再利用（reuse）、回收（recycle）和替代（replace）来减少资源消耗和废弃物产生。

而，随着全球经济的不断发展和人口的增长，这些行业对能源的需求量也在不断增加。根据国际能源署的数据，仅 2018 年一年，人类能源消耗量达到了 1.67×10^{14} kW·h，其中约 80%来自化石燃料，如石油、天然气和煤炭。化石燃料的燃烧会产生大量的二氧化碳和其他污染物，对气候变化和环境污染造成严重威胁。

生产和消费中的能源利用也对自然资源和生态系统造成破坏。例如，全球森林覆盖面积急剧减少，其中一部分原因是森林砍伐和土地开垦用于农业和生产活动。此外，水资源的过度开采和污染也会对生态系统造成破坏。根据 UNEP（2021）的数据，全球超过 40%的人口居住在水资源短缺的地区，而水资源的过度开采和污染已经导致全球约 20%的鱼类灭绝或濒临灭绝。

能源消费，尤其是化石燃料的燃烧，会产生大量的空气污染物，这些污染物对人类健康构成严重威胁，如 $PM_{2.5}$、二氧化硫和氮氧化物，可以通过呼吸道进入人体，引发各种呼吸系统疾病，如哮喘和肺病。此外，这些污染物还可以通过食物链进入人体，进一步对人体健康造成威胁。Landrigan 等（2018）发表在《柳叶刀》（*The Lancet*）上的研究报告指出，全球每年有 900 万人的死亡与环境污染有关，其中大部分与空气污染有关。一项在《环境污染》（*Environmental Pollution*）期刊上发表的文章指出，燃煤电厂排放的污染物可以通过食物链进入人体，增加患癌风险。根据《2024 年全球空气质量报告》，在 2021 年因空气污染造成的死亡人数约为 810 万，而燃烧化石燃料产生的室外细颗粒物（$PM_{2.5}$）等污染物，导致了全球 90%以上的空气污染致死案例。

能源消费也会对动物健康产生影响。首先，空气污染物可以通过呼吸和食物链进入动物体内，对动物健康产生影响。其次，能源开采和使用过程中导致的环境破坏，如森林破坏和水源污染，也会直接影响动物的生存环境，从而影响动物健康。Ryalls 等（2022）研究发现，空气污染物会和植物挥发出的吸引昆虫传粉的有机物混合，从而影响并减少昆虫传粉。Bhandari 和 Bijlwan（2022）研究指出，空气污染对野生动物的生存和繁殖产生的负面影响，可能导致种群数量减少和生物多样性丧失。

能源消费对食物系统的影响主要体现在农业生产和食品安全方面。首先，能源利用导致的气候变化会改变农业生产条件，影响农作物的产量和质量。

Myers 等（2017）等研究发现，气候变化可能导致全球粮食供应减少 15%，使得全球 8200 万人口面临食物短缺的风险。此外，能源开采和使用过程中的环境污染会影响食品安全，燃煤电厂排放的重金属污染物可通过食物链进入食品。

11.3 人类系统对自然系统的作用：动态分析框架及监测方法

11.3.1 动态分析框架

星球健康的理论框架与实践路径将人类健康视为人类–自然耦合系统的核心组成部分。在该系统中，物种所面临的生存威胁超越了传统病理学范式下的直接物理性风险因子（如病原体感染、气候变异、海洋碳酸化或化学污染物暴露），深植于人类活动所构建的社会–生态复合系统之中，表现为多层次、多尺度的系统性风险耦合体。在人类与自然系统的相互作用中，社会条件、健康、文化、民主、权力、公平等因素与地球系统及其生物圈之间存在复杂的相互作用。这种联系涵盖了地方、区域和全球范围内的互动和依赖关系，涉及生态系统的稳定性、气候变化、生物多样性等诸多方面。接下来，本文将重点探讨人类系统对自然系统的影响、外部性成本、尺度和频率等问题。

首先，人类对自然系统的影响主要表现在生态系统破坏、资源消耗和环境污染等方面。例如，人类的工业化和城市化进程导致了大量的污染物排放和资源消耗，加剧了自然系统的破坏和生态环境的恶化。同时，人类的土地利用和开发活动也导致了生物多样性的丧失和生态系统的破坏。例如，森林砍伐和土地开垦导致了生物多样性的丧失和水土流失等问题。此外，人类活动还对自然系统的气候、水文和地质等方面产生影响，导致了自然系统的变化和不稳定。大量的研究已经证实了人类活动对自然系统的影响。例如，人类对环境的干预导致大气中二氧化碳浓度增加，进而导致全球变暖。一方面，人类活动引发的土地利用和土地覆盖变化是全球温室气体排放的主要来源之一，约占全球人为温室气体排放量的 24%；另一方面，地球系统中碳的变化会导致极端的季节性变化，并重新分配全球和区域气候模式。表 11.1 展示了影响气候和碳循环的各种因素及其相互作用机制。

表 11.1　全球主要地理区域的碳驱动因素及其对环境–气候介质产生的正向或负向反馈（整理自 Hari and Tyagi，2022）

地理区域	陆地碳驱动因素	碳源/碳汇及其环境–气候反馈
北极地区	光合作用	碳源，正反馈为主
	呼吸作用	碳源，正反馈为主
北美洲	CO_2 施肥效应	碳汇，正反馈为主
	氮可得性	碳源+碳汇，正反馈为主
南美洲	气候	碳源+碳汇，负反馈为主
	土地利用变化	碳源+碳汇，负反馈为主
亚洲东部	物候	碳汇，正反馈为主
	野火	碳源，负反馈为主
亚洲北部	分解作用	碳汇，正反馈为主
亚洲东南部	干旱	碳源，负反馈为主
印度洋地区	水文	碳汇，正反馈为主

其次，人类对自然系统的影响带来了巨大的成本（图 11.2）。具体来说，工业生产与制造、农业扩张、土壤污染、过度捕捞、采矿等活动不仅导致生物多样性的丧失和生态系统服务的减少，还影响人类的食品安全和生态平衡。人类活动对水资源的影响也日益严重。过度开发、污染和气候变化导致全球水资源的短缺和水质下降。这对人类生活和生态系统健康造成了严重的不良影响，如饮用水短缺、河流生态系统退化等。气候变化导致全球极端天气事件增多，这也极大影响了人类的生产和生活。此外，人类活动对自然系统的影响还导致了自然灾害，如洪水、干旱等给人类的生命和财产带来了严重的威胁。

最后，人类对自然系统的影响在不同的尺度和频率上表现出不同的特征。在小尺度上，人类活动对自然系统的影响主要体现在局部生态环境的破坏和资源的消耗等方面；而在大尺度上，人类活动对自然系统的影响则表现为全球气候变化和生物多样性的丧失等方面。Ellis 等（2010）发现，人类活动对地球生态系统产生了深远影响。对于陆地生态系统，人类活动直接改变了约 75%的陆地表面，影响了近 90%

的陆地植被净初级生产力和80%的全球树木覆盖。对于海洋生态系统，人类活动影响范围已覆盖全球海域，其中41%的海域受到多种人类活动的严重影响。

为了减轻人类活动对自然系统的负面影响，许多国家和国际组织已经采取一系列措施，包括制定环境法规、实施可持续发展政策、推广清洁能源技术和提高资源利用效率等。然而，要实现全球生态系统的可持续发展，还需要进一步加强国际合作、提高公众环保意识和加大科技创新力度。

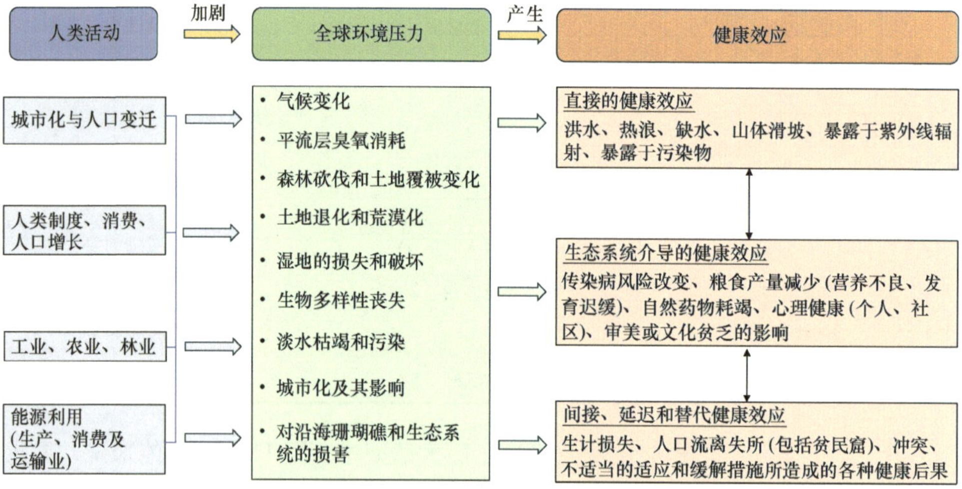

图 11.2 社会生态系统变化对人类健康的可能性影响

（整理自 Millennium Ecosystem Assessment，2005）

11.3.2 监测方法

通过整合遥感、地理信息系统（geographical information system，GIS）、数学模型等技术，以及生态学方法和野外实验等手段，并基于“自上而下”和“自下而上”的监测验证体系，可有效监测、理解人类系统和地球生态系统的格局、过程及内在互相影响的环境效应。

1. “自上而下”监测方法

“自上而下”监测方法是指从宏观层面出发，通过对全球、区域或国家尺度的数据进行分析和建模，来监测和理解人类系统和生态系统的格局、过程及内在互相影响的环境效应。利用卫星遥感数据、气象数据、人口数据等多源数据建立模型，可用来预测和评估人类活动对生态系统的影响。例如，利用气候模型和地球系统模型可以对全球气候变化和生态系统的响应进行预测和评估。同时，通过对国家尺度的数据进行分析和比较，可以评估不同国家的环境政策和措施的效果，为全球环境治理提供参考依据。

一种典型的“自上而下”方法是利用遥感技术和 GIS 技术对地表覆盖进行监测和分析。遥感技术可以获取高分辨率的地表覆盖信息，如森林、草原、湿地、城市等，从而评估人类活动对生态系统的影响。GIS 技术可以将遥感数据和其他环境数据进行整合和分析，建立空间分析模型，评估不同人类活动对生态系统的影响。例如，利用遥感和 GIS 技术可以评估森林砍伐对生态系统的影响，包括对生物多样性、土地覆盖和碳储量等方面的影响。

另一种典型的“自上而下”方法是利用数学模型对人类活动和生态系统的相互作用进行建模和模拟。数学模型可以模拟不同人类活动对生态系统的影响，包括气候变化、土地利用变化、生物入侵等因素。通过模拟不同人类活动对生态系统的影响，可以评估不同环境政策和措施的效果，为环境治理提供科学依据。例如，利用数学模型可以评估不同气候政策对全球气候变化的影响，并预测未来气候变化的趋势。

2. “自下而上”监测方法

“自下而上”监测方法是指从微观层面出发，通过对局部生态系统的观测和实验来模拟和探究人地关系互动情景，具体是指利用生态学、生物学、地理学等多学科的知识，通过对生态系统的结构和功能进行研究，来评估人类活动对生态系统的影响。例如，通过对森林生态系统的观测和实验可以评估人类活动对森林生态系统的影响，包括森林砍伐、土地开垦等因素的影响。

首先，利用生态学方法对生态系统的结构和功能进行研究。生态学方法通过研究生态系统的物种组成、生态位、能量流动和物质循环等特征，可有效评估人类活动对生态系统的影响。例如，Sun 等（2016）通过研究湿地生态系统评估了不同人类活动（包括污染、开垦等因素）对湿地生态系统的影响。

其次，利用实验室和野外实验对生态系统进行研究。实验可以通过对生态系统的控制和干预，来评估不同人类活动对生态系统的影响。例如，Lu 等（2017）通过草原生态系统实验评估了不同放牧强度对草原生态系统的影响，包括对草原植被生长、土壤质量、碳储量等方面的影响。

11.4 打开黑箱：科学认知可持续发展和星球健康复杂系统的关联

当前，人地系统复杂性的观点愈加凸显，成为可持续发展科学所面临的终极挑战。人类与自然的密切互动使得人地系统的复杂性愈发显著，人类活动不仅影响着生态系统的稳定性和多样性，还导致了气候变化、生物多样性丧失以及社会不平等等问题的加剧。人类–自然耦合系统复杂性的观点强调了人类与自然系统之间错综复杂的相互作用，人类的行为不仅影响着自然系统的稳定性和韧性，也对社会和经济系统产生了深远影响。为实现可持续发展科学的未来愿景，亟须通过通过科学创新、社会变革和全球合作来系统认知人类–自然耦合系统的复杂性及其所衍生的多维度机遇与跨尺度挑战，为迈向人与自然和谐共生的星球健康奠定坚实基础。本节将系统探索人类活动与自然系统各要素的互动及其对星球健康的影响（图 11.3）。

11.4.1 可持续发展科学的研究目标与方法论

可持续发展科学是一个跨学科研究领域，其集环境科学、社会科学、经济学等多方面的知识于一体，旨在理解和解决地球的环境和发展问题，涉及气候变化、生物多样性、土地退化、能源和资源利用效率、社会公正、社会福利等多方面。

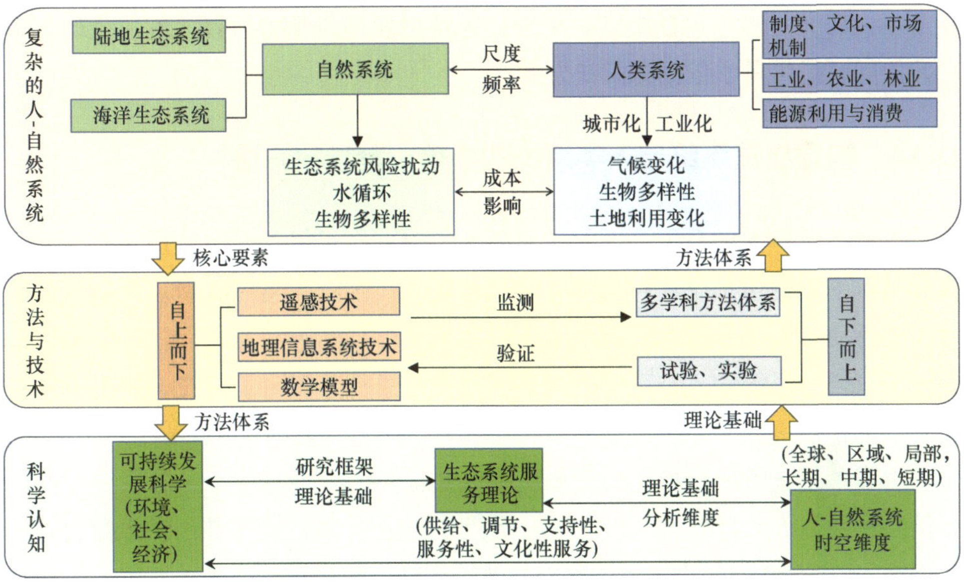

图 11.3　可持续发展科学：迈向人与自然和谐共生的星球健康

在环境方面，可持续发展科学的研究重点是理解和预测全球环境变化趋势，以及寻找应对的防治策略。例如，气候变化已经成为一个重要的研究领域，许多研究者正在尝试理解气候变化的机制，预测未来的气候变化趋势，以及评估气候变化对人类社会和生态系统的影响。同时，生物多样性的保护和土地退化的防治也是可持续发展科学的重要研究内容。

在经济方面，可持续发展科学的研究重点是探索可持续的经济发展模式，以及提高资源和能源的利用效率。例如，循环经济、绿色经济等新型经济模式的研究已经受到了广泛的关注。同时，如何通过技术创新和政策调整提高资源和能源的利用效率，也是可持续发展科学的重要研究内容。

在社会方面，可持续发展科学的研究重点是促进社会公正和社会福利，以及提高社会的适应能力和韧性。例如，如何通过公平的政策和制度，实现社会公正和社会福利的提高，是可持续发展科学的一个重要研究领域。同时，如何提高社会对环境变化的适应能力和韧性，也是可持续发展科学的重要研究内容。

总的来说，可持续发展科学的研究深度和广度都在持续推进，研究方法不断革新，研究内容也日益丰富。未来，可持续发展科学将继续为解决地球环境和发展问题提供科学依据和解决方案。

11.4.2 构建自然系统与人类系统的桥梁：跨学科方法

自然系统与人类系统之间存在着复杂的相互作用关系。例如，人类活动对自然系统的影响包括土地利用变化、气候变化、生物入侵等因素。而自然系统对人类活动的影响包括水资源供给、食物安全、自然灾害等方面。近年来，研究者们对自然系统和人类系统之间的相互作用进行了深入的研究，提出了许多新的理论和方法。

生态系统服务用于描述自然系统为人类提供的各种惠益。生态系统服务包括供给性服务（如食物、水和木材）、调节性服务（如气候调节、洪水控制和疾病控制）、支持性服务（如土壤形成和营养循环）和文化性服务（如娱乐、精神和教育价值）等多个方面。

生态系统服务的研究可用于量化和评估自然系统与人类活动之间的相互关系。通过研究生态系统服务，我们可以更好地了解自然系统对人类社会的贡献，以及人类活动对自然系统的影响。这有助于我们制定更有效的环境保护政策和措施，实现可持续发展。

除了生态系统服务理论，研究者们还提出了许多其他方法来研究自然系统与人类系统之间的相互作用。例如，景观生态学方法可以帮助我们了解土地利用变化对生态系统的影响；生态经济学方法可以帮助我们评估经济活动对环境的影响和环境保护的成本效益；社会生态系统框架可以帮助我们理解社会和生态系统之间的相互作用和反馈。

总之，自然系统与人类系统的研究进展为我们提供了丰富的理论和方法，有助于我们更好地理解和解决地球环境和发展问题。

11.4.3 人地系统互动的时空分析

人地系统互动是指人类活动与地球系统之间的相互作用。这种相互作用是复杂的、动态的，并且在不同的空间尺度和时间尺度上表现出不同的特征。因此，人地系统互动的研究需要综合空间尺度和跨时间尺度进行分析。

在空间尺度上，人地系统互动可以从全球尺度、区域尺度和局部尺度进行研究。全球尺度上，人类活动对全球气候、生物多样性和海洋系统等产生了深远影响。区域尺度上，人类活动，如城市化、农业扩张和工业发展等对地区的土地利用模式、水资源和生态系统等产生了显著影响。局部尺度上，人类活动，如采矿、旅游和生物入侵等对局部生态系统和社区产生了直接影响。

在时间尺度上，人地系统互动可以分为短期、中期和长期进行研究。短期内，人类活动和自然事件，如自然灾害和气候异常等可能导致人地系统的短暂扰动。中期内，人类活动，如土地利用变化和气候变化等可能导致人地系统的结构和功能发生显著变化。长期内，人类活动和自然过程，如生物进化和地质变化等可能导致人地系统发生根本性变化。

人地系统互动的科学认知需要我们整合不同领域的知识，包括地理学、生态学、社会学、经济学等，建立多学科的合作机制，以实现跨学科的综合研究。这需要我们不断创新研究方法，开发新的理论和模型，以更好地理解和预测人地系统的动态变化和相互作用。

11.4.4　基于科学认知的行动路径与未来挑战

面对全球变化与星球健康挑战，公共和私营机构必须解决三大关键问题：风险的不确定性、行动可行性评估及政策滞后效应。建立适应性治理体系是应对这些问题的必由之路。以全球生物多样性的趋势为例，图 11.4（左轴）显示生物多样性指数一直在下降，在一切照旧情景设定下，该指数将继续下降（黑直线）。各领域的行动可减缓生物多样性下降的速度，所有行动组合加在一起甚至有可能停止和扭转下降趋势（黑曲线），可能到 2030 年后会实现生物多样性净增加。具体来说，这些行动组合包括：①加强生态系统的保护和恢复；②减缓气候变化；③采取行动降低污染、外来物种入侵和过度开发等驱动因素的消极影响；④更加可持续地生产货物和服务，特别是粮食；⑤减少消费和浪费。然而，任何单一行动领域或部分结合的行动领域都难以独立实现生物多样性丧失趋势扭转。此外，各个行动领域的成效都受其他领域的影响。

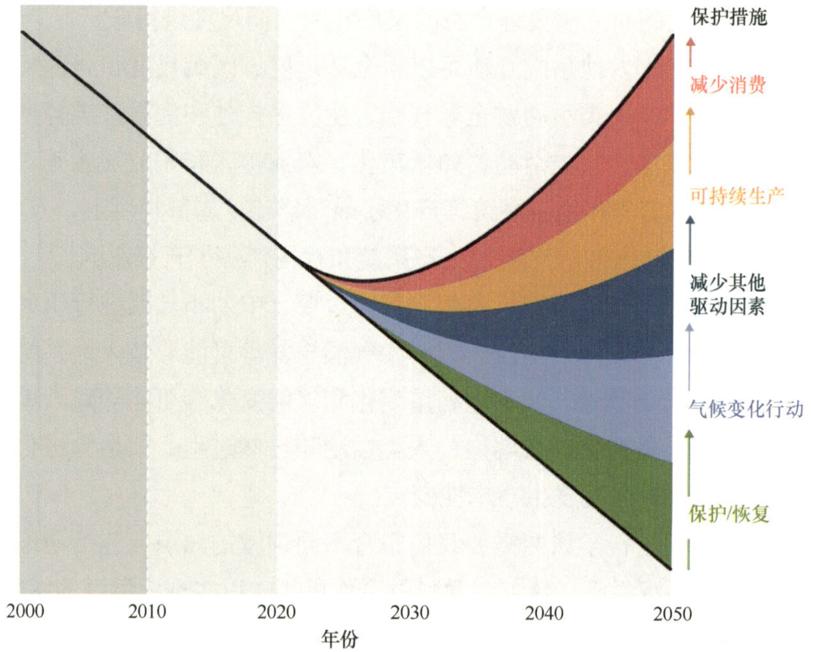

图 11.4　减少生物多样性丧失和恢复生物多样性的行动组合

（Secretariat of the Convention on Biological Diversity，2020）

据第五版《全球生物多样性展望》估计，2000~2020 年，自然保护区的面积有显著扩大，陆地面积从约 10%增加到 15%，海洋面积从约 3%增加到 7%。同期，对生物多样性重要区域的保护比例也从 29%增加到 43%。

11.5　结束语

为了呼吁全球社会采取行动，应对气候变化，推动可持续发展，维护星球的健康和人类后代的福祉，本章系统地剖析了实现人与自然和谐共生的可持续发展愿景所面临的挑战与机遇。通过定量和定性相结合的方法，探讨了能源需求、资源消耗、人口变化、城市化以及消费模式等关键因素如何塑造地球系统的健康状态，凸显了人类活动对地球系统功能与结构的主导作用，以及这些活动对生态系统稳定性、生物多样性、气候变化适应性和社会经济福祉的广泛影响。采用遥感技术、GIS 技术、数学建模以及生态学野外实验等宏观与微观相结合的方法，揭示了人类系统与自然系统之间复杂的动态反馈机制，为评估人类活动的环境效应提供了多尺度的视角，并为制定科学的环境政策与管理措施奠定了坚实的基础。在行动路径方面，强调了基于科学认知的策略的重要性，以应对全球变化带来的挑战。这包括但不限于强化国际协作机制、提升公众的环境意识、激励科技创新以及实施综合性环境管理政策。为了实现地球系统的可持续管理，必须采取跨学科、多领域的综合性方法，促进环境、经济和社会系统的协调发展。

综上所述，本章强调了星球健康在促进人类与自然和谐共生中发挥的关键作用，并提出了实现这一目标所需的科学基础、方法论和行动策略。通过跨学科协同努力，我们期望为全球环境治理和可持续发展贡献智慧和力量，共同迈向一个健康、繁荣和可持续的未来。

思　考　题

1. 预计到 2050 年，人类系统将对陆地和海洋生态系统产生哪些影响？
2. 工业、农业及林业等不同产业部门是如何影响星球健康的？
3. 如何监测人类系统与自然系统的相互作用，有哪几种方法？
4. 列举一些可持续发展科学助力星球健康建设的例子？

参 考 文 献

Bhandari B S, Bijlwan K. 2022. Effects of atmospheric pollutants on biodiversity // Information Resources Management Association. Research Anthology on Ecosystem Conservation and Preserving Biodiversity. Pennsylvania: IGI Global Scientific Publishing: 805-829.

Deng O P, Ran J Y, Huang S, et al. 2024. Managing fragmented croplands for environmental and economic benefits in China. Nature Food, 5(3): 230-240.

Ellis E C, Goldewijk K K, Siebert S, et al. 2010. Anthropogenic transformation of the biomes, 1700 to 2000. Global Ecology and Biogeography, 19(5): 589-606.

Hari M, Tyagi B. 2022. Terrestrial carbon cycle: Tipping edge of climate change between the atmosphere and biosphere ecosystems. Environmental Science: Atmospheres, 2(5): 867-890.

Harris N L, Gibbs D A, Baccini A, et al. 2021. Global maps of twenty-first century forest carbon fluxes. Nature Climate Change, 11(3): 234-240.

Kampa M, Castanas E. 2008. Human health effects of air pollution. Environmental Pollution, 151(2): 362-367.

Landrigan P J, Fuller R, Acosta N J R, et al. 2018. The lancet commission on pollution and health. The Lancet, 391(10119): 462-512.

Lu X Y, Kelsey K C, Yan Y, et al. 2017. Effects of grazing on ecosystem structure and function of alpine grasslands in Qinghai–Tibetan Plateau: A synthesis. Ecosphere, 8(1): e01656.

Martinez-Fernandez C, Audirac I, Fol S, et al. 2012. Shrinking cities: Urban challenges of globalization. International Journal of Urban and Regional Research, 36(2): 213-225.

Millennium Ecosystem Assessment. 2005. Ecosystems and Human Well-being: Synthesis. Washington: Island Press.

Myers S S, Smith M R, Guth S, et al. 2017. Climate change and global food systems: Potential impacts on food security and undernutrition. Annual Review of Public Health, 38: 259-277.

Pickett S T, Cadenasso M L, Grove J M. 2004. Resilient cities: Meaning, models, and metaphor for integrating the ecological, socio-economic, and planning realms. Landscape and Urban Planning, 69(4): 369-384.

Prist P R, de Andreazzi C S, Vidal M M, et al. 2023. Promoting landscapes with a low zoonotic disease risk through forest restoration: the need for comprehensive guidelines. Journal of Applied Ecology, 60(8): 1510-1521.

Ren K Y, Xu M G, Li R, et al. 2022. Optimizing nitrogen fertilizer use for more grain and less pollution. Journal of Cleaner Production, 360: 132180.

Rockström J, Steffen W, Noone K, et al. 2009. A safe operating space for humanity. Nature, 461(7263): 472-475.

Ryalls J M W, Langford B, Mullinger N J, et al. 2022. Anthropogenic air pollutants reduce insect-mediated pollination services. Environmental Pollution, 297: 118847.

Secretariat of the Convention on Biological Diversity. 2020. Global Biodiversity Outlook 5. Montreal. (2020-09-15) [2025-01-20]. https://oursharedseas.com/wp-content/uploads/2020/10/Global-Biodiversity-Outlook-5. pdf.

Sun T T, Lin W P, Chen G S, et al. 2016. Wetland ecosystem health assessment through integrating remote sensing and inventory data with an assessment model for the Hangzhou Bay, China. Science of the Total Environment, 566: 627-640.

Stocker T F, Qin D, Plattner G K, et al. 2013. Climate Change 2013: The Physical Science Basis. Contribution of Working Group I to the Fifth Assessment Report of the Intergovernmental Panel on Climate Change. Cambridge: Cambridge University Press.

Syvitski J, Waters C N, Day J, et al. 2020. Extraordinary human energy consumption and resultant geological impacts beginning around 1950 CE initiated the proposed Anthropocene Epoch. Communications Earth & Environment, 1(1): 32.

Trenberth K E, Smith L, Qian T T, et al. 2007. Estimates of the global water budget and its annual cycle using observational and model data. Journal of Hydrometeorology, 8(4): 758-769.

United Nations Environment Programme. (UNEP). 2021. Making Peace with Nature: A scientific blueprint to tackle the climate, biodiversity and pollution emergencies. (2021-02-18) [2025-04-12]. https://www.unep.org/resources/making-peace-nature.

Whitmee S, Haines A, Beyrer C, et al. 2015. Safeguarding human health in the anthropocene epoch: Report of the Rockefeller foundation-lancet commission on planetary health. The Lancet, 386(10007): 1973-2028.

Zhai W X, Jiang Z D, Meng X F, et al. 2022. Satellite monitoring of shrinking cities on the globe and containment solutions. iScience, 25(6): 104411.

索　引